高等职业教育建筑智能化工程技术专业 BIM 应用系列教材

建筑设备工程 BIM 技术应用

吴玲倩　包　焱　主　编

王瑞璞　孙　洁　余芳强　副主编

褚　敏　唐林峰　主　审

中国建筑工业出版社

图书在版编目（CIP）数据

建筑设备工程 BIM 技术应用 / 吴玲倩，包焱主编；
王瑞璞，孙洁，余芳强副主编. -- 北京：中国建筑工业
出版社，2025. 2. --（高等职业教育建筑智能化工程技
术专业 BIM 应用系列教材）. -- ISBN 978-7-112-30738-8

Ⅰ. TU8-39

中国国家版本馆 CIP 数据核字第 2025YB9835 号

　　本教材是为了满足当前建筑行业对高技能人才的迫切需求，提供给从业者一个全面系统的学习框架，帮助他们掌握并深化对 BIM 技术在建筑设备工程领域中的应用与运营维护的理解而编写，本教材以 Revit 2019 版软件进行操作教学，以 BIM 全生命周期应用案例进行应用介绍，并辅以思政案例作为思政提升，学生将树立科技报国的使命担当、培养精益求精的工匠精神、对传统文化的自信与认同感以及具备良好的职业道德。

　　本教材共有 3 个模块，分别是认识 BIM、机电系统 BIM 设计实例、BIM 技术应用。其中模块 1 包括 BIM 概述和 Revit 基础 2 个部分内容；模块 2 包括给水排水系统 BIM 模型的创建、消防系统 BIM 模型的创建、通风空调系统 BIM 模型的创建、电气照明系统 BIM 模型的创建、机电管线综合优化 5 个部分内容；模块 3 包括 BIM 技术应用概述、BIM 技术全生命周期应用案例分析 2 个部分内容。

　　本教材可作为高等职业教育智能建造、工程项目管理、智慧城市管理技术、建筑智能化工程技术、现代物业管理、供热通风空调工程技术、建筑给水排水技术及相关专业课程教材，也可作为相关行业从业人员工作的参考用书。

　　为更好地支持相应课程的教学，我们向采用本书作为教材的教师提供教学课件，有需要者可与出版社联系，邮箱：jckj@cabp.com.cn，电话：(010) 58337285，建工书院 http://edu.cabplink.com (PC 端)。欢迎任课教师加入专业教学 QQ 交流群：745126886。

责任编辑：吴越恺
文字编辑：黄　辉
责任校对：李美娜

高等职业教育建筑智能化工程技术专业 BIM 应用系列教材
建筑设备工程 BIM 技术应用
吴玲倩　包　焱　主　编
王瑞璞　孙　洁　余芳强　副主编
褚　敏　唐林峰　主　审

*

中国建筑工业出版社出版、发行（北京海淀三里河路 9 号）
各地新华书店、建筑书店经销
霸州市顺浩图文科技发展有限公司制版
北京同文印刷有限责任公司印刷

*

开本：787 毫米×1092 毫米　1/16　印张：14¼　字数：349 千字
2025 年 6 月第一版　　2025 年 6 月第一次印刷
定价：**48.00** 元（附数字资源及赠教师课件）
ISBN 978-7-112-30738-8
(44097)

前　言

BIM（Building Information Modeling）——建筑信息模型，是一种将数字信息技术应用于设计建造、管理运维的数字化方法，也是运用计算机技术共享信息资源，为工程项目全生命周期中的决策提供可靠依据的过程。它是一种基于三维模型的智能流程，能让建筑设备工程设计、施工和运营维护及各方专业人员深入了解项目并高效地规划、设计、构建和管理建筑及基础设施。在现代建筑行业的快速发展中，BIM 技术已经成为推动设计、施工及设施管理革新的重要力量。建筑信息化技术被列为"建筑业十项新技术"之一，意味着 BIM 将成为每个工程师应该掌握的技能之一。

本教材编写的背景是建立在当前建筑行业对高技能人才的迫切需求之上的。随着复杂项目数量的增加，传统的二维图纸和线性工作流程已经无法满足项目管理的需求。BIM 技术以其可视化、协同性以及信息集成的特点，为建筑设备的设计、安装、调试和维护带来了革命性的变革。因此，本教材将重点介绍 BIM 技术在建筑设备工程全周期中的应用，包括概述、软件基础、给水排水系统建模及应用、消防系统建模及应用、通风空调系统建模及应用、电气系统建模及应用、管线综合应用以及竣工模型应用于项目后期运维、并以真实案例为依托介绍 BIM 数字孪生和全生命周期的具体应用。

本教材以 Revit 2019 版软件进行操作教学，以 BIM 全生命周期应用案例进行应用介绍，并辅以思政案例作为思政提升，使读者在良好的学习体验中树立科技报国的使命担当、培养精益求精的工匠精神、产生对传统文化的自信与认同感以及具备良好的职业道德。为使读者更加直观地理解本教材 Revit 操作内容，我们以"融媒体"教材的模式开发了与本教材配套的微课。读者可通过扫描封二中所附的二维码进行微课视频观看，通过扫描教材中对应标志图片查看增强现实 BIM 模型，还可以通过扫描教材中二维码在线学习本教材配套视频教程及其他拓展知识。另外，我们深知理论与实践相结合的重要性，因此本教材除了提供丰富的理论知识外，还特别强调案例分析和实操技能的培养。通过典型案例的剖析，读者可以更直观地理解 BIM 技术在实际操作中的应用效果，同时，教材还提供了一系列练习和操作指南，帮助读者通过实践来巩固和应用所学知识。

本教材分为 3 个模块，其中包括 9 个章节。模块 1 认识 BIM，其中包括 BIM 概述、Revit 基础 2 个章节；模块 2 机电系统 BIM 设计实例，其中包括给水排水系统 BIM 模型的创建、消防系统 BIM 模型的创建、通风空调系统 BIM 模型的创建、电气照明系统 BIM 模型的创建、机电管线综合优化 5 个章节；模块 3 BIM 技术应用，其中包括 BIM 技术应用概述、BIM 技术全生命周期应用案例分析 2 个章节。各个模块的主要内容如下：

模块 1：认识 BIM，主要内容包括 BIM 概述、初步认识 Revit 及 Revit 基础术语与操作。本阶段学习的主要目的是认识 BIM 技术及支撑 BIM 的不同平台，掌握 Revit 相关术语与常规操作，学会 Revit 及相关交互软件的安装及卸载方式。

模块 2：机电系统 BIM 设计实例，以真实案例项目来进行机电系统模型创建（案例项目由深圳斯维尔科技股份有限公司提供），主要内容包括给水排水系统模型创建、通风空调系统模型创建、电气照明系统模型创建等。本模块将以某地下室机电系统设计为案例贯穿学习 Revit 各种工具的使用方法及操作要点，从而达到掌握 Revit 机电系统信息模型绘制及正确调整局部复杂细节的目的。

模块 3：BIM 技术应用，主要包括项目全生命周期的 BIM 应用，从设计、施工到运维阶段的应用。如管线综合优化、施工进度模拟、工程量计算、运维管理系统平台的应用等。最后本模块以某一项目案例的真实应用，阐述 BIM 技术应用的效果和价值。通过这一模块的学习，读者应掌握如何运用带有信息的 BIM 模型，以达到高效地设计、施工、运营维护的目的。

本教材由上海城建职业学院吴玲倩、包焱担任主编，上海城建职业学院王瑞璞、孙洁、上海建工集团信息总监余芳强担任副主编，上海城建职业学院张小怀、许劼、中建电商股份有限公司研究院院长张江波、深圳斯维尔科技股份有限公司姚玉楠参与编写，上海城建职业学院党委书记褚敏、上海上安物业管理有限公司副总经理兼总工程师唐林峰担任主审专家。褚敏在教材内容政治方向、思想观点、价值导向、课程思政深度挖掘等方面进行了把关，确保了教材符合国家教育政策和课程思政的要求。唐林峰在教材创新点的提出、问题解决等方面也提出专业建议。他们的专业知识和宝贵经验是本教材得以成型的关键。同时，我们也希望读者能以开放的心态接受新知，勇于探索和实践，在 BIM 技术的海洋中乘风破浪，引领建筑设备工程 BIM 全生命周期应用的未来。

我们期望本教材能成为桥梁，连接学术研究与行业实践，不仅为在校学生提供指导，也为从业工程师提供参考。我们相信通过阅读本教材，读者能够：

1. 掌握 BIM 技术的基础理论及其在建筑设备工程中的核心应用；

2. 理解 BIM 技术如何助力项目管理，提高决策质量和工作效率；

3. 学会使用主流 BIM 软件工具，进行建筑设备的设计、分析及管理；

4. 培养解决实际问题的能力，通过案例学习了解行业内的最佳实践；

5. 探索 BIM 技术在未来发展中的新趋势和挑战，为终身学习和职业发展打下坚实基础。

由于编者的认识和水平有限，同时，建筑设备工程设计施工和运维的数字化还正处在快速发展过程中，书中内容难免有遗漏或不足之处，敬请读者们予以批评指正并及时反馈，以使本书日臻完善。

作　者

目　　录

模块 1　认　识　BIM

模块 2　机电系统 BIM 设计实例

模块 3　BIM 技术应用

模块1

认识BIM

第1章　BIM概述

【内容提要】

本章介绍了 BIM 技术的起源和发展历程，让学生对 BIM 技术的行业发展有初步认知；阐述了 BIM 应用现状和应用趋势，让学生对 BIM 的应用前景有了进一步了解；最后以 BIM 技术应用现状调研报告作为本章的实践训练项目，加深学生认识。

【知识目标】

(1) 通过对 BIM 技术基本知识的学习，能叙述 BIM 技术的概念、特点；
(2) 通过对 BIM 技术应用现状和趋势的学习，了解 BIM 技术的应用现状和趋势。

【能力目标】

(1) 认识 BIM 技术；
(2) 了解 BIM 的发展；
(3) 熟悉 BIM 平台。

【思政与素养目标】

(1) 让学生理解拥有出色的本领才能为社会主义建设做贡献的道理；
(2) 激发学生爱国情怀和争做大国工匠的决心；
(3) 拥有开拓创新的职业精神。

【学习任务】

学习任务	知识要点
认识 BIM 技术	BIM 的起源、含义和特点
了解 BIM 的发展	BIM 技术的发展历程和趋势
熟悉 BIM 工具	现阶段各种主流 BIM 工具的比较

1.1　BIM 的起源

从 1975 年"BIM 之父"——乔治亚理工大学的 Chunk Eastman 教授创建 BIM 理念至

今，BIM 技术的研究经历了三个阶段：萌芽阶段、产生阶段和发展阶段。BIM 理念的启蒙，受到了 1973 年全球石油危机的影响，美国全行业需要考虑提高行业效益的问题。1975 年"BIM 之父"Eastman 教授在其研究的课题"Building Description System"中提出"a computer-based description of-a building"，以便于实现建筑工程的可视化和量化分析，提高工程建设效率。

当前社会发展正朝集约经济转变，建设行业需要精益建造的时代已经来临。当前，BIM 已成为工程建设行业的一个热点，在政府部门相关政策指引和行业的大力推广下迅速普及。

BIM 是 英 文 Building Information Modeling 的缩写，国内比较统一的翻译是：建筑信息模型。BIM 是以建筑工程项目的各项相关信息数据作为模型的基础，进行建筑模型的建立，通过数字信息仿真模拟建筑物所具有的真实信息。BIM 在建筑的全生命周期内（图 1-1），通过参数化建模来进行建筑模型的数字化和信息

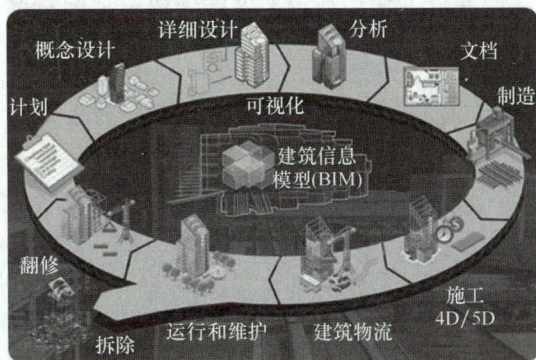

图 1-1　建筑全生命周期

化管理，从而实现各个专业在设计、建造、运营维护阶段的协同工作。

1.2　BIM 的概念和特点

1.2.1　BIM 的概念

什么是 BIM?

国际智慧建造组织（building SMART International，bSI）对 BIM 的定义包括以下三个层次：

（1）第一个层次是 Building Information Model，中文可称之为"建筑信息模型"。bSI 对这一层次的解释为：建筑信息模型是工程项目物理特征和功能特性的数字化表达，可以作为该项目相关信息的共享知识资源，为项目全生命周期内的所有决策提供可靠的信息支持。

（2）第二个层次是 Building Information Modeling，中文可称之为"建筑信息模型应用"。bSI 对这一层次的解释为：建筑信息模型应用是创建和利用项目数据并在其全生命周期内进行设计、施工和运营的业务过程，允许所有项目相关方通过不同技术平台之间的数据互用在同一时间利用相同的信息。

（3）第三个层次是 Building Information Management，中文可称之为"建筑信息管理"。bSI 对这一层次的解释为：建筑信息管理是指通过使用建筑信息模型内的信息支持项目全生命周期信息共享的业务流程组织和控制过程，建筑信息管理的效益包括集中和可视化沟通、更早进行多方案比较、可持续分析、高效设计、多专业集成、施工现场控制、竣工资料记录等。

不难理解，上述三个层次的含义互相之间是有递进关系的，也就是说，首先要有建筑信息模型，然后才能把模型应用到工程项目建设和运维过程中，有了前面的模型和模型应

用，建筑信息管理才会成为有源之水、有本之木。

目前业界对 BIM（Building Information Modeling）的定义：建筑信息模型（BIM）是以建筑工程项目的各项相关信息数据作为模型的基础，进行建筑模型的建立，通过数字信息仿真模拟建筑物所具有的真实信息。

其内涵可以表述为：BIM 不是简单地将数字信息进行集成，而是一种数字信息的应用并可以用于设计、建造、管理的数字化方法。这种方法支持建筑工程的集成管理环境，可以使建筑工程在其整个进程中显著提高效率。

1.2.2 BIM 的特点

BIM 的特点：可视化、一体化、参数化、仿真性、协调性、模拟性、优化性、可出图性、信息完备性。

1. 可视化

可视化即"所见即所得"的形式，对于建筑行业来说，可视化真正运用在建筑业的作用是非常大的。例如通常拿到的施工图纸，只是各个构件的信息在图纸上的线条绘制表达，但是其真正的构造形式是需要建筑业参与人员去想象的。对于一般简单的造型来说，这种想象也未尝不可，但是近几年建筑业的建筑形式各异，复杂造型在不断地推出，这种光靠人脑去想象的造型难度较大。所以 BIM 提供了可视化的思路，让人们将以往线条式的构件形成一种三维的立体实物图形展示在人们的面前。建筑业也可以在设计方面出效果图，但是这种效果图是分包给专业的效果图制作团队进行识读设计并采用线条式信息制作出来的，并不是通过读取构件的信息自动生成的，缺少了同构件之间的互动性和反馈性，然而 BIM 提到的可视化是一种能使同构件之间形成互动性和反馈性的可视。在 BIM 建筑信息模型中，由于整个过程都是可视化的，所以可视化的结果不仅可以用来进行效果图的展示及报表的生成，更重要的是，项目设计、建造、运营过程中的沟通、讨论、决策都可以在可视化的状态下进行。

2. 一体化

一体化是指基于 BIM 技术平台从设计到施工再到运营管理贯穿建设项目全过程生命周期的一体化管理。BIM 技术核心是 3D 实体模型所形成的一个数据库，里面不仅包括了建筑设计师的设计信息，而且还包括从设计到建成再到使用，甚至是周期总结的全部过程信息。BIM 技术能够提供项目工程的设计、成本及进度信息，这些信息完全协调并完整可靠。BIM 技术能够在数字环境下使信息保持及时更新并且允许访问，能够使建筑设计师、结构设计师、施工人员及建设方全面了解工程项目。

这些工程项目信息在设计、施工及管理的过程中能够提升工程项目质量及效益。BIM 技术的应用并不局限于设计类阶段，而是贯穿于整个建设项目的各个阶段，BIM 技术可以使建设项目从设计到运营各个阶段进行不断完善，从而根本上实现建筑项目工程全生命周期的信息管理，最大程度实现 BIM 技术的意义。在设计阶段中，BIM 技术能够使给水排水、建筑、电气、结构等各专业基于同一个 3D 实体模型进行工作，从而实现了真正意义上的协同设计，最后可以将全部专业设计整合到一个共享的模型中。

设备与设备、设备与结构之间的冲突会很直观地显示出来，工程设计师们可以对 3D 模型随时查看，并且可以很准确地看到冲突的详细位置，能够在 3D 模型中及时调整，从而极大地减少施工过程中物力与人力的浪费，较大程度上促进设计与施工一体化的形成。在施工过程中，BIM 技术能够实时提供工程质量、成本及进度信息，能够实现施工全过程的可视化模拟与管理，帮助施工人员及时地为建设方展示建筑场地情况，改善施工规划方案，最终目的是使建设方能够将更多资金投入到整个建筑工程项目中。另外，BIM 技术还能够在运营阶段提高成本管理水平与收益。BIM 技术这场信息技术革命，对于建筑工程项目的所有环节都产生了极大影响。

3. 参数化

BIM 技术可以参数化模型及构件，通过利用参数化信息进行智能化的设计并建立模型。例如，在设计承重柱的过程中，设计者使用 BIM 软件结合相关规定及该项目的实际状况将相应的荷载参数输入进去，能够设计出智能的三维立体模型，将柱的荷载参数关联到同它连接的梁、板等的荷载参数上，假如荷载参数变动，BIM 软件就会自动匹配柱、梁、板的结构参数，并调整位置。与之相比，以前的 CAD 图形中的构件参数没有关联，很难自行匹配和调整参数。

BIM 模型不仅可以将建筑物直观展现出来，涉及构件的尺寸数据属性，还有构件的非几何属性，例如，强度等级、造价数据、商家厂家等，BIM 的参数化能够自行进行分析数据。例如，能够获得工程量及计价、设备消耗量等，而且使用 BIM 模型还能够检测碰撞，进行虚拟建造，并且和其他专业共用数据。

从宏观角度来看，各专业进行参数化有所区别。例如，土建与机电安装不同。而且各行业的参数化都是不一样的，例如，轨道建设与矿山工程不同。BIM 参数化的水平会影响智能化的水平。从微观层次分析，大家在使用 BIM 技术进行设计的过程中，参照相关标准进行参数值录入，修改得到 BIM 模型，软件能够按照参数的标准范围来约束构件，这样能够避免设计出现问题。

4. 仿真性

（1）性能分析仿真

在设计过程中，设计师赋予模型包括几何信息、材质、属性等多种项目信息，通过将 BIM 模型导入相关性能分析（能耗分析、光照分析、设备分析、通风分析）软件，可以得到可靠的分析结果，相比 CAD 阶段性能分析，避免了大量的数据输入，提高了设计质量。

（2）施工仿真

施工方案模拟，在施工之前通过 BIM 技术进行施工模拟，可以验证项目某些难度较大地方的施工可行性，直观了解整个施工过程。施工单位通过模拟结果对项目进行优化处理，提高施工单位工作效率，保障项目施工安全性。

1）工程量仿真计算。BIM 模型作为二维数据库，包含了项目所有工程信息。在造价分析过程中，BIM 模型提供所需数据，通过模型数据可以快速地对工程成本进行预算，竣工后进行核算，避免了人工计算过程经常出现的错误。

2）避免施工冲突。目前大部分新建建筑复杂性都较以往大了很多，施工过程中经常出现专业间冲突，比如水暖管线在施工过程中碰撞，导致施工人员提交申请单，各专业设计师重新对管线进行调整排布。BIM 技术的运用，可以有效地避免此类问题，设计师可以在 BIM 机电模型中及时发现并排除可能会在施工过程中遇到的碰撞冲突，减少因冲突问题引发的工期延误情况的发生。

（3）运维仿真

1）设备运行监控。设备的稳定运行是整个项目前期工作的目的，在设备信息集成到BIM模型的前提下，通过BIM技术在计算机中可以针对设备进行搜索、定位、信息查询等操作，信息涵盖生产厂商、使用寿命期限、维护管理情况，对设备定期维护预设提示，对发生故障的设备做到立即定位、处理。

2）管网空间管理。其可以通过BIM技术定位地下管网或地下综合管廊的空间位置，记录管网或管廊信息，实现对管网各种信息（管线类型、材质、规格等）的提醒，根据管线变更可以随时更新数据，保持数据的实时性。

5. 协调性

协调性是建筑业中的重点内容，不管是施工单位还是业主及设计单位，无不在做着协调及相配合的工作。一旦项目在实施过程中遇到了问题，就要将各有关人士组织起来开协调会，找出问题发生的原因及解决办法，然后做出变更，或采取相应补救措施等，从而使问题得到解决。那么这个问题的协调真的就只能在出现问题后再进行吗？在设计时，往往由于各专业设计师之间的沟通不到位，而出现各种专业之间的碰撞问题。例如暖通等专业中的管道在进行布置时，由于施工图纸是各自绘制在各自的施工图纸上的，真正施工过程中，可能在布置管线时正好在此处有结构设计的梁等构件阻碍管线的布置，这种情况在施工中较常遇到。像这样的碰撞问题的协调解决就只能在问题出现之后再进行吗？

BIM的协调性服务就可以帮助处理这种问题，也就是说BIM可在建筑物建造前期对各专业的碰撞问题进行协调，生成并提供协调数据。当然BIM的协调作用也并不是只能解决各专业间的碰撞问题，它还可以解决如电梯井布置与其他设计布置及净空要求的协调、防火分区与其他设计布置的协调、地下排水布置与其他设计布置的协调等。

6. 模拟性

模拟性并不是只能模拟设计出的建筑物模型，还可以模拟不能够在真实世界中进行操作的事物。在设计阶段，BIM可以对设计上需要进行模拟的一些东西进行模拟实验，例如：节能模拟、紧急疏散模拟、日照模拟、热能传导模拟等；在招投标和施工阶段可以进行4D模拟（三维模型加项目的发展时间），也就是根据施工的组织设计模拟实际施工，从而来确定合理的施工方案来指导施工；同时还可以进行5D模拟（基于3D模型的造价控制），从而来实现成本控制；后期运营阶段可以模拟日常紧急情况的处理方式，例如地震发生时人员逃生模拟及火灾时消防人员疏散模拟等。

7. 优化性

事实上，整个设计、施工、运营的过程就是一个不断优化的过程，当然优化和BIM也不存在实质性的必然联系，但在BIM的基础上可以做更好的优化、更好地做优化。优化受三样东西的制约：信息、复杂程度和时间。没有准确的信息做不出合理的优化结果，BIM模型提供了建筑物的实际存在的信息，包括几何信息、物理信息、规则信息，还提供了建筑物变化以后的实际状况。复杂性达到一定程度，参与人员本身的能力无法掌握所有的信息，必须借助一定的科学技术和设备。现代建筑物的复杂程度大多超过参与人员本身的能力极限，BIM及与其配套的各种优化工具提供了对复杂项目进行优化的可能。基于BIM的优化可以做下面的工作：

（1）项目方案优化

通过把项目设计和投资回报分析结合起来，设计变化对投资回报的影响就可以实时计算出来，这样业主对设计方案的选择就不会停留在对形状的评价上，而是可以使得业主知道哪种项目设计方案更有利于自身的需求。

（2）设计优化

BIM技术可视化、协调性等优势，能对建筑工程中的裙楼、幕墙、屋顶等施工难度大、施工问题较多的特殊部分进行优化。这些部分虽然在项目中的比例不大，但是往往占据相当高的投资比例，是项目中最主要的部分。对这些特殊部分进行有效优化，能显著降低项目工程造价，推动项目工期进度。

（3）施工优化

利用BIM技术进行的4D（时间＋BIM模型）施工进度模拟，不仅能了解各个节点的实际施工进展，还能对施工重点和难点进行提前演示，制定切实可行的施工计划，减少物料、人力、工时的浪费。通过加入成本维度，还能进行5D施工模拟，跟踪实际成本，降低施工费用。

8. 可出图性

运用BIM技术，可以进行建筑各专业平、立、剖面，详图及一些构件加工的图纸输出。但BIM并不是为了出大家常见的设计院所出的设计图纸，而是通过对建筑物进行了可视化展示、协调、模拟、优化以后，帮助建设方出如下图纸：

（1）综合管线图（经过碰撞检查和设计修改，消除了相应错误以后）；

（2）综合结构留洞图（预埋套管图）；

（3）碰撞检查报告和建议改进方案。

9. 信息完备性

BIM是设施的物理特征和功能特性信息的数字表达，它包含了设施的全部信息，包括对设施三维几何信息和拓扑关系的描述，还包括完整的工程信息的描述。例如：结构类型、对象的名称、建筑材料、工程性能设计等信息；施工进度、施工成本、施工质量和人、材、机等施工信息；工程安全性能、材料耐久性能等维护信息；对象之间的工程逻辑关系等。

信息的完备性还体现在创建BIM模型过程中，在这个过程中，设施的前期策划、设计、施工、运营维护各个阶段都连接起来，把各个阶段产生的信息都储存在BIM模型中，使得BIM模型的信息来自唯一的工程数据源，其包含设施的所有信息。BIM模型内的所有信息都是用数字化的形式保存在数据库中，为了方便更新和共享。信息的完备性使得BIM模型能够具有良好的基础条件，支持可视化操作、优化分析、模拟仿真等功能，为在可视化条件下进行各种优化分析（体量分析、空间分析、采光分析、能耗分析、成本分析等）和模拟仿真（碰撞检测、虚拟施工、紧急疏散模拟等）提供了方便的条件。

1.2.3　BIM的工具

BIM可理解为在实体建造的全生命过程中同时创建一个与之对应的信息系统（Projects create buildings＋lots of information）以实现信息共享和精益建造，这个信息系统

（Model、Modeling、Management）包含了共享数据库、数据库应用（取和推送数据）、数据库创建及应用标准。BIM 并不会改变设计施工的本质，它影响的是建筑信息的记录方式，影响的是工作流程及信息管理的方式，改变的是一个过程，并不改变结果。

在 BIM 软件工具体系中，可按照软件工具的主要功能划分为建模软件平台工具、协同管理平台、专项功能软件、插件工具。

BIM 建模工具只是 BIM 软件工具体系中的一种，而 BIM 软件工具体系是 BIM 体系中一个分支体系。

建模软件平台工具能够独立创建模型数据并且数据支持共享和集成应用，例如 Revit 系列产品 Bentley Microstation 相关系列产品等。

协同管理平台是一款对 BIM 数据进行管理应用，以达到协同目标的平台工具，其具有承载、表达和管理应用 BIM 数据的能力，但不能独立创建 BIM 数据。目前市场上协同管理平台种类繁多，但功能大同小异，同质化严重。

专项功能软件工具在某领域或某专业方面具有专项功能，例如结构分析软件、模型渲染软件、建筑性能分析软件等。专项功能软件工具与建模平台工具之间的区别是，建模平台工具的主要功能是数据创建，且建模平台工具的功能更加全面，而专项功能软件的主要功能是数据分析和应用，其在该专项领域的功能要更深入，部分专项功能软件具备独立创建数据的能力，但其数据共享能力不足。

1.2.4　BIM 技术的优势

BIM 所追求的是根据业主的需求，在建筑全生命周期之内，以最少的成本、最有效的方式得到性能最好的建筑。因此，在成本管理、进度控制及建筑质量优化方面，相比于传统建筑工程方式，BIM 技术有着非常明显的优势。

1. 成本

美国麦格劳-希尔建筑信息公司（McGraw-Hill Construction）指出，在 2013 年最有代表性的国家中，约有 75% 的承建商表示他们对 BIM 项目投资有正面回报率。可以说 BIM 给建筑行业带来的最直接的利益就是成本的减少。

不同于传统工程项目，BIM 项目需要项目各参与方从设计阶段开始紧密合作，并通过多方位的检查及性能模拟不断改善并优化建筑设计。同时，由于 BIM 本身具有的信息互联特性，可以在改善设计过程中确保数据的完整性与准确性。因此，可以大大减少施工阶段因图纸错误而需要设计变更的问题。47% 的 BIM 团队认为施工阶段图纸错误与遗漏的减少是影响高投资回报最直接的原因。

此外，BIM 技术在造价管理方面有着先天性优势。众所周知，价格是随经济市场的变动而变化，价格的真实性取决于对市场信息的掌握。而 BIM 可以通过与互联网的连接，再根据模型所具有的几何特性，实时计算出工程造价。同时，由于所有计算都是由计算机自动完成，可以避免手动计算所带来的失误。因此，项目参与方所获得的预算量会非常贴近实际工程，控制成本将更为方便。

对于全生命周期费用，因为 BIM 项目大部分决策是在项目前期由各方共同进行的，前期所需费用会比传统建筑工程有所增加。但是，在项目经过某一临界点之后，前期所付出的努力会给整个项目带来巨大的利益，并且将持续到最后。

2．进度

传统进度管理主要依靠人工操作来完成，项目参与方向进度管理人员提供、索取相关数据，并由进度管理员负责更新并发布后续信息。这种管理方式缺乏及时性与准确性，对于工期影响较大。

对于 BIM 项目，由于各参与方是在同一平台，利用统一模型完成项目，因此可以非常迅速地查询到项目进度，并制定后续工作计划。特别是在施工阶段，施工方可以通过 BIM 对施工进度进行模拟，以此优化施工组织方案，从而减少施工误差和返工次数，缩短施工工期。

3．质量

建筑物的质量可以说是一切目标的前提，不能因为赶进度而忽视。建筑质量的保障不仅可以给业主及使用者提供舒适的环境，还可以大幅降低运营费用、提高建筑使用效率，最终致力于可持续发展。BIM 的信息性与协调性都是以最终建筑的高质量为首要目标，即通过最优化的设计、施工及运营方案展现出与设计理念相同的实际建筑。

设计阶段，设计师与工程师可通过 BIM 进行建筑仿真模拟，并根据结果提高建筑物性能。施工阶段的施工组织模拟，可以为施工方在进行实际施工前提供注意事项，以防止出现缺陷。

当然，建得再好的建筑物，如果没有后期维护将很难保持其初期质量。运维阶段，通过 BIM 与物联网的合作，可以实时监控建筑物运行状态，以此为依据在最短时间内定位故障位置并进行维修。

1.3　BIM 应用现状及发展趋势

1.3.1　AEC 行业的发展历程

AEC 为 Architecture Engineering and Construction 的缩略词，即建筑、工程与施工。从人类开始建造房屋起到现在，随着技术发展与管理需求的提升，AEC 行业发生了多次翻天覆地的变化。与根据时代背景而频繁出现的不同建筑思想与建筑技术相比，建筑流程只有过三种不同形式。

在古代社会，建筑设计与施工的分化并不像现在如此明确，两项均由一名工匠负责。工匠会以自己所在地区自然条件与生活习惯等为依据，进行设计与施工。即便项目非常复杂，建筑相关所有信息均出自工匠一人的头脑。因科技水平的限制，工匠较少采用设计图纸，大多数情况下设计与施工是在现场同步实施。

第一次重要变化出现在文艺复兴时期。在这期间设计与施工逐渐分离，建筑师脱离现场手工制作，专门从事于建筑艺术创作，而后期施工则由专门工匠负责。在这个分离过程中，建筑过程及建筑工具都发生了根本性改变。建筑师需要把自己的设计概念完整地灌输到工匠脑中，因此设计图纸变得尤为重要，并且成为最重要的施工依据。同时随着造纸技术的发展，图纸在整个建筑业运用得非常频繁，而这也衍生出了除设计与施工以外的交付过程。之后随着科技的发展，建筑也运用了大量的机电设备，同时也分化出多个专业，如暖通、给水排水、电气等。可是对于建筑过程的变化则少之又少，还是以手绘图纸为基础，设计师进行设计并交到施工方手中进行施工。

直至 1980 年以后，计算机的普及对 AEC 行业带来了又一波巨大的冲击，其主要以计算机辅助设计（Computer Aided Design，CAD）为主。第一台电子计算机早在 1946 年就被制造成功，而 CAD 也诞生于 20 世纪 60 年代。可是由于当时硬件设施昂贵，只有一些从事汽车、航空等领域的公司自行开发使用。之后随着计算机价格的降低，CAD 得以迅速发展，AEC 行业也开始经历信息化浪潮。计算机代替手工作业带来的不仅是设计工具的升级，细节与效率上的提升同样非常显著。比如利用 CAD 修改设计不再容易出现错误，画图作业也不需要传统画图方式，传递设计文件更加方便。虽然此次改变对建筑工具产生根本性改变，可是对于整个建筑过程，与之前形式相差无几。建筑师设计方案敲定之后由多位专业工程师依次进行后续设计，最后交付到施工团队。由于各团队间协调配合工作不够完善，在后期施工期间，依然有大量问题出现。

在这种背景下，随着项目复杂度的提升，对于整个工程项目全程协调与管理的重要性也同样逐渐提高。1975 年，查理·伊斯特曼博士在《AIA 杂志》上发表一个叫建筑描述系统（Building Description System）的工作原型，被认为是最早提及 BIM 概念的一份文献。在随后的三十年中，BIM 概念一再被提起并由许多专家进行研究，但由于技术所限还是只停留在概念与方法论研究层面上。直至 21 世纪初，在计算机与 IT（Information Technology）技术长足发展的前提下，应 AEC 市场需求，欧特克（Autodesk）在 2002 年将 Building Information Modeling 这个术语展现到世人面前并推广。而 BIM 的出现，也正逐渐带来第三次建筑流程改变。

1.3.2 BIM 在国外的发展路径与相关政策

1. 美国

美国作为最早启动 BIM 研究的国家之一，其技术与应用都走在世界前列。与世界其他国家相比，美国从政府到公立大学，不同级别的机构都在积极推动 BIM 的应用并制定了各自目标及计划。

早在 2003 年，美国总务管理局（General Services Administration，GSA）通过其下属的公共建筑服务部（Public Building Service，PBS）设计管理处（Office of Chief Architect，OCA）创立并推进 3D-4D-BIM 计划，致力于将此计划提升为美国 BIM 应用政策。从创立到现在，GSA 在美国各地已经协助 200 多个项目实施 BIM，项目总费用高达 120 亿美元。以下为 3D-4D-BIM 计划具体细节：

（1）制定 3D-4D-BIM 计划；

（2）向实施 3D-4D-BIM 计划的项目提供专家支持与评价；

（3）制定对使用 3D-4D-BIM 计划的项目补贴政策；

（4）开发对应 3D-4D-BIM 计划的招标语言（供 GSA 内部使用）；

（5）与 BIM 公司、BIM 协会、开放性标准团体及学术/研究机关合作；

（6）制定美国总务管理局 BIM 工具包；

（7）制作 BIM 门户网站与 BIM 论坛。

2006 年，美国陆军工程师兵团（United States Army Corps of Engineers，USACE）发布为期 15 年的 BIM 发展规划（A Road Map for Implementation To Support MILCON

Transformation and Civil Works Projects within the United States Army Corps of Engineers），声明在 BIM 领域成为一个领导者，并制定六项 BIM 应用的具体目标。之后在 2012 年，声明对 USACE 所承担的军用建筑项目强制使用 BIM。此外，他们向一所开发 CAD 与 BIM 技术的研究中心提供资金帮助，并在美国国防部（United States Department of Defense，DoD）内部进行 BIM 培训。同时美国退伍军人部（United States Deparment of Veterans Affairs，VA）也发表声明称，从 2009 年开始，其所承担的所有新建与改造项目全部将采用 BIM。

美国建筑科学研究所（National Institute of Building Sciences，NIBS）建立 NBIMS-USTM 项目委员会，以制定国家 BIM 标准并研究大学课程添加 BIM 的可行性。2014 年初，NIBS 在新成立的建筑科学在线教育上发布了第一个 BIM 课程，取名为 COBie。

除上述国家政府机构以外，各州政府机构与国立大学也相继制定 BIM 应用计划。例如，2009 年 7 月，威斯康星州对设计公司要求五百万美元以上的项目与两百五十万美元以上的新建项目一律使用 BIM。

2. 英国

英国是由政府主导，与英国政府建设局（UK Government Construction Client Group）在 2011 年 3 月共同发布推行 BIM 战略报告书（Building Information Modeling Working Party Strategy Paper），同时在 2011 年 5 月由英国内阁办公室发布的政府建设战略（Government Construction Strategy）中正式包含 BIM 的推行。此政策分为 Push 与 Pull，由建筑业（Industry Push）与政府（Client Pull）为主导发展。

Push 的主要内容为：

（1）由建筑业主导建立 BIM 文化、技术与流程；

（2）通过实际项目建立 BIM 数据库；

（3）加大 BIM 培训机会。

Pull 的主要内容为：

（1）政府站在客户的立场，为使用 BIM 的业主及项目提供资金上的补助；

（2）当项目使用 BIM 时，鼓励将重点放在收集可以持续沿用的 BIM 情报，以促进 BIM 的推行。

英国政府表明从 2011 年开始，对所有公共建筑项目强制性使用 BIM。同时为了实现上述目标，英国政府专门成立 BIM 任务小组（BIM Task Group）主导一系列 BIM 简介会，并且为了提供 BIM 培训项目初期情报，发布 BIM 学习构架。2013 年末，BIM 任务小组发布一份关于 COBie 要求的报告，以处理基础设施项目信息交换问题。

3. 芬兰

对于 BIM 的采用，全世界没有其他国家可以赶得上芬兰。作为芬兰财务部（The Finnish Ministry of Finance）旗下最大的国有企业，国有地产服务公司（Senate Properties）早在 2007 年就要求在自己的项目中使用具备 IFC（Industy Foundation Classes）标准的 BIM。

4. 挪威

挪威政府在 2010 年发布声明将大力发展 BIM，随后众多公共机关开始着手实施 BIM。例如，挪威国防产业部（The Norwegian Defense Estates Agency）开始实施三个

BIM 试点项目。作为公共管理公司和挪威政府主要顾问，Statsbygg 要求所有新建建筑使用可以兼容 IFC 标准的 BIM。为了推广 BIM 的采用，Statsbygg 主要对建筑效率、室内导航、基于地理的模拟与能耗计算等 BIM 应用展开研发项目。

5. 丹麦

丹麦政府为了向政府项目提供 BIM 情报通信技术，在 2007 年着手开展数字化建设项目（the Digital Construction Project）。通过此项目开发出的 BIM 要求事项在随后由政府客户，如皇家地产公司（the Palaces & Properties Agency）、国防建设服务公司（the Defense Construction Service）等，相继使用。

6. 瑞典

虽然 BIM 在瑞典国内建筑业已被采用多年，可是瑞典政府直到 2013 年才由瑞典交通部（Swedish Transportation Administration）发表声明使用 BIM 之后开始推行。瑞典交通部同时声明自 2015 年开始，对所有投资项目强制使用 BIM。

7. 澳大利亚

2012 年澳大利亚政府通过发布国家 BIM 行动方案（National BIM Initiative）报告制定多项 BIM 应用目标。这份报告由澳大利亚 buildingSMART 协会主导并由建筑环境创新委员会（Built Environment Industry Innovation Council，BEIIC）授权发布。此方案主要提出如下观点：

（1）2016 年 7 月 1 日起，所有的政府采购项目强制性使用全三维协同 BIM 技术；

（2）鼓励澳大利亚州及地区政府采用全三维协同 Open BIM 技术；

（3）实施国家 BIM 行动方案。

澳大利亚本地建筑业协会同样积极参与 BIM 推广。例如，机电承包协会（Air Conditioning & Mechanical Contractors Association，AMCA）发布 BIM-MEP 行动方案，促进推广澳大利亚建筑设备领域应用 BIM 与整合式项目交付（IPD，Integrated Project Delivery）技术。

8. 新加坡

早在 1995 年，新加坡启动房地产建造网络（Construction Real Estate NETwork，CORENET）以推广及要求 AEC 行业 IT 与 BIM 的应用。之后，建设局（Building and Construction Authority，BCA）等新加坡政府机构开始使用以 BIM 与 IFC 为基础的网络提交系统（e-submission system）。在 2010 年，新加坡建设局发布 BIM 发展策略，要求在 2015 年建筑面积大于 $5000m^2$ 的新建建筑项目中 BIM 和网络提交系统使用率达到 80%。同时，新加坡政府希望在后 10 年内，利用 BIM 技术为建筑业的生产力带来 25% 的性能提升。2010 年，新加坡建设局建立建设 IT 中心（Center for Construction IT，CCIT）以帮助顾问及建设公司开始使用 BIM，并在 2011 年开发多个试点项目。同时，建设局建立 BIM 基金以鼓励更多的公司将 BIM 应用在实际项目上，并多次在全球或全国范围内举办 BIM 竞赛大会以鼓励 BIM 创新。

9. 日本

2010 年，日本国土交通省声明对政府新建与改造项目的 BIM 试点计划，此为日本政府首次公布采用 BIM 技术。

在日本除政府机构外，一些行业协会也开始将注意力放到 BIM 应用上。2010 年，日本建设业联合会（Japan Federation of Construction Contractors，JFCC）在其建筑施工委员会（Building Construction Committee）旗下建立了BIM专业组，通过标准化BIM的规范与使用方法提高施工阶段BIM所带来的利益。

10. 韩国

2012年1月，韩国国土海洋部（Korean Ministry of Land，Transport & Maritime Affairs，MLTM）发布BIM应用发展策略，表明2012年到2015年间对重要项目实施四维BIM应用并从2016年起对所有公共建筑项目使用BIM。另一个国家机构韩国公共采购服务中心（Public Procurement Service，PPS）在2011年发布BIM计划，并计划在2013年到2015年间对总承包费用大于五千万美元的项目使用BIM，并从2016年起对所有政府项目强制性应用BIM技术。

在韩国，以国土海洋部为首的许多政府机构参与BIM研发项目。从2009年起，国土海洋部就持续向多个研发项目进行资金补助，包括名为SEUMTER的建筑许可系统以及一些基于OpenBIM的研发项目，如超高层建筑项目的OpenBIM信息环境技术（OpenBIM Information Environment Technology for the Super-tall Buildings Project）、建立可提高设计生产力的基于OpenBIM的建筑设计环境（Establishment of OpenBIM based Building Design Environment for Improving Design Productivity）。同样，韩国公共采购服务中心在2011年对造价管理咨询（Cost Management Consulting）研发项目提供资金支持。

1.3.3　BIM在国内的发展路径与相关政策

2011年，我国住房和城乡建设部发布《2011—2015年建筑业信息化发展纲要》，声明在"十二五"期间，基本实现建筑企业信息系统的普及应用，加快建筑信息模型、基于网络的协同工作等新技术在工程中的应用，推动信息化标准建设，促进具有自主知识产权软件的产业化，形成一批信息技术应用达到国际先进水平的建筑企业。这一年被业界普遍认为是中国的BIM元年。

2016年，我国住房和城乡建设部发布《2016—2020年建筑业信息化发展纲要》，声明全面提高建筑业信息化水平，着力增强BIM、大数据、智能化、移动通信、云计算、物联网等信息技术集成应用能力。建筑业数字化、网络化、智能化取得突破性进展，初步建成一体化行业监管和服务平台，数据资源利用水平和信息服务能力明显提升，形成一批具有较强信息技术创新能力和信息化应用达到国际先进水平的建筑企业及具有关键自主知识产权的建筑业信息技术企业。

此外，我国住房和城乡建设部在2013年到2016年期间，先后发布若干BIM相关指导意见：

（1）2016年以前政府投资的20000m^{2}以上大型公共建筑以及申报绿色建筑项目的设计、施工采用BIM技术；

（2）截至2020年，完善BIM技术应用标准、实施指南，形成BIM技术应用标准和政策体系；在有关奖项如全国优秀工程勘察设计奖、鲁班奖（国家优质工程奖）及各行业、各地区勘察设计奖和工程质量最高的评审中，设计应用BIM技术的条件；

（3）推进建筑信息模型（BIM）等信息技术在工程设计、施工和运营维护全过程的应用，提高综合效益，推广建筑工程减隔震技术，探索开展白图代替蓝图、数字化审图等工作；

（4）到 2020 年末，建筑行业甲级勘察、设计单位以及特级、一级房屋建筑工程施工企业应掌握并实现 BIM 与企业管理系统和其他信息技术的一体化集成应用；

（5）到 2020 年末，以下新立项项目勘察设计、施工、运营维护中，集成应用 BIM 的项目比率达到 90％：以国有资金投资为主的大中型建筑、申报绿色建筑的公共建筑和绿色生态示范小区。

同时，随着 BIM 的发展进步，各地方政府按照国家规划指导意见也陆续发布地方 BIM 相关政策，鼓励当地工程建设企业全面学习并使用 BIM 技术，促进企业、行业转型升级，以适应社会发展的需要。

1.3.4　BIM 的应用

BIM 发展至今，已经从单点和局部的应用发展到集成应用，同时也从阶段性应用发展到了项目全生命周期应用。

1. 规划阶段 BIM 应用

（1）模拟复杂场地分析

随着城市建筑用地的日益紧张，城市周边山体用地将逐渐成为今后建筑项目、旅游项目等开发的主要资源，而山体地形的复杂性，又势必给开发商们带来选址难、规划难、设计难、施工难等问题。但如能通过计算机，直观地再现及分析地形的三维数据，则将节省大量时间和费用。

借助 BIM 技术，通过原始地形等高线数据，建立起三维地形模型，并加以高程分析、坡度分析、放坡填挖方处理，从而为后续规划设计工作奠定基础。比如，通过软件分析得到地形的坡度数据，以不同跨度分析地形每一处的坡度，并以不同颜色区分，则可直观看出哪些地方比较平坦，哪些地方相对陡峭，进而为开发选址提供有力依据，也避免过度填挖土方，造成无端浪费。

（2）进行可视化能耗分析

从 BIM 技术层面而言，可进行日照模拟、二氧化碳排放计算、自然通风和混合系统情境仿真、环境流体力学情境模拟等多项测试比对，也可将规划建设的建筑物置于现有建筑环境当中，进行分析论证，讨论在新建筑增加情况下各项环境指标的变化，从而在众多方案中优选出更节能、更绿色、更生态、更适合人居的最佳方案。

（3）进行前期规划方案比选与优化

通过 BIM 三维可视化分析，也可对运营、交通、消防等其他各方面规划方案进行比选、论证，从中选择最佳结果。亦即，利用直观的 BIM 三维参数模型，让业主、设计方（甚至施工方）尽早地参与项目讨论与决策，这将大大提高沟通效率，减少不同人因对图纸理解不同而造成的信息损失及沟通成本。

2. 设计阶段 BIM 应用

从 BIM 的发展可以看到，BIM 最开始的应用就是在设计阶段，然后再扩展到建筑工程的其他阶段。BIM 在方案设计、初步设计、施工图设计的各个阶段均有广泛的应用，尤其是在施工图设计阶段的冲突检测、三维管线综合以及施工图出图方面。

（1）可视化功能有效支持设计方案比选

在方案设计和初步分析阶段，利用具有三维可视化功能的 BIM 设计软件，一方面设计师可以快速通过建立三维几何模型的方式表达设计灵感，直接就外观、功能、性能等多方面进行讨论，形成多个设计方案，进行一一比选，最终确定出最优方案。

另一方面，在业主进行方案确认时，针对一些设计构想、设计亮点、复杂节点等，通过三维可视化手段予以业主直观表达或展现，方便业主了解技术的可行性、建成的效果以及便于专业之间的沟通协调，及时作出方案的调整。

（2）可分析性功能有效支持设计分析和模拟

确定项目的初步设计方案后，需要进行详细的建筑性能分析和模拟，再根据分析结果进行设计调整。由 BIM 三维设计软件导出多种格式的文件与基于 BIM 技术的分析软件和模拟软件可以无缝对接，进行建筑性能分析。这类分析与模拟软件的功能包括日照分析、光污染分析、噪声分析、温度分析、安全疏散模拟、垂直交通模拟等，能够对设计方案进行全性能的分析，只要简单地输入 BIM 模型，就可以提供数字化的可视分析图，对提高设计质量有很大的帮助。

（3）集成管理平台有效支持施工图的优化

BIM 技术将传统的二维设计图纸转变为三维模型并整合集成到同一个操作平台中，在该平台通过链接或者复制功能融合所有专业模型，直观地暴露各专业图纸本身问题以及相互之间的碰撞问题，使用局部三维视图、剖面视图等功能进行修改调整，提高了各专业设计师及负责人之间的沟通效率，在深化设计阶段解决大量设计不合理问题、管线碰撞问题，空间得到最优化，最大限度地提高施工图纸的质量，减少后期图纸变更次数。

（4）参数化协同功能有效支持施工图的绘制

在设计出图阶段，方案的反复修改时常发生，某一专业的设计方案发生修改，其他专业也必须考虑协调问题。基于 BIM 的设计平台所有的视图中（剖面图、三维轴测图、平面图、立面图）构件和标注都是相互关联的，设计过程中只要在某一视图进行修改，其他视图构件和标注也会跟着修改，如图 1-2 所示。不仅如此，施工图纸在 BIM 模型中也可

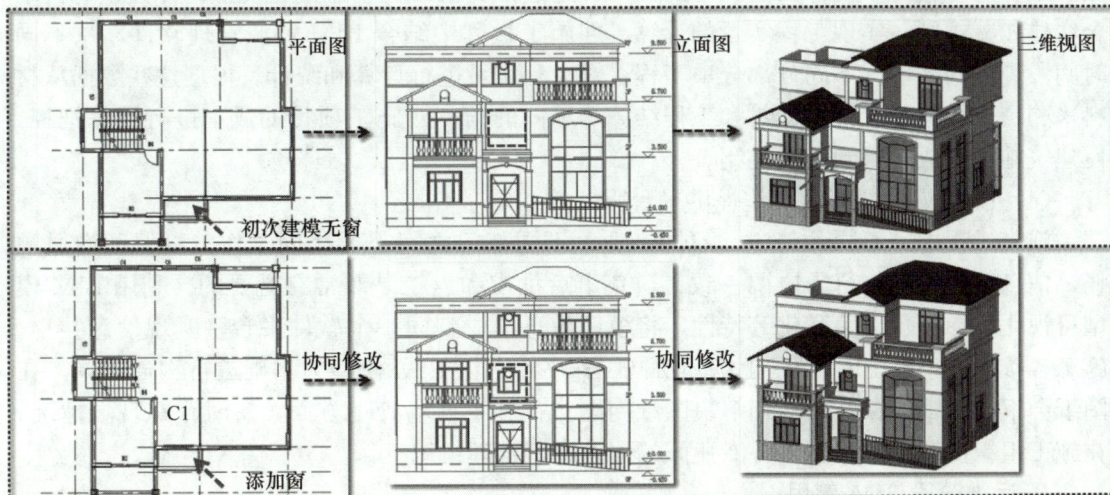

图 1-2　参数化协同功能

自动生成，这让设计人员对图纸的绘制、修改的时间大大减少。

3. 施工阶段 BIM 应用

施工阶段是项目由虚到实的过程，在此阶段施工单位关注的是在满足项目质量的前提下，运用高效的施工管理手段，对项目目标进行精确地把控，确保工程按时保质保量完成。而 BIM 在进度控制与管理、工程量的精确统计等方面均能发挥巨大的作用。

（1）BIM 为进度管理与控制提供可视化解决方法

施工计划的编制是一个动态且复杂的过程，通过将 BIM 模型与施工进度计划相关联，可以形成 BIM 4D 模型，通过在 4D 模型中输入实际进度，则可实现进度实际值与计划值的比较，提前预警可能出现的进度拖延情况，实现真正意义上的施工进度动态管理。不仅如此，在资源管理方面，以工期为媒介，可快速查看施工期间劳动力、材料的供应情况、机械运转负荷情况，提早预防资源用量高峰和资源滞留的情况发生，做到及时把控、及时调整、及时预案从而防止出现进度拖延。

（2）BIM 为施工质量控制和管理提供技术支持

工程项目施工中对复杂节点和关键工序的控制是保证施工质量的关键。4D 模拟不但可以模拟整个项目的施工进度，还可以对复杂技术方案的施工过程和关键工艺和工序进行模拟，实现施工方案可视化交底，避免由语言文字和二维图纸交底引起的理解分歧和信息错漏等问题，提高建筑信息的交流层次并且使各参与方之间沟通更加方便，为施工过程各环节的质量控制提供新的技术支持。另外，通过 BIM 与物联网技术可以实现对整个施工现场的动态跟踪和数据采集，在施工过程中对物料进行全过程的跟踪管理，记录构件与设备施工的实时状态与质量检测情况，管理人员及时对质量情况进行分析和处理，BIM 为大型建设项目的质量管理开创新途径和新方法并提供了有力的支持。

（3）BIM 为施工成本控制提供有效数据

对施工单位而言，具体工程实量、具体材料用量是工程预算、材料采购、下料控制、计量支付和工程结算的依据，是涉及项目成本控制的重要数据。BIM 模型中构件的信息是可运算的，且每个构件具有独特的编码，通过计算机可自动识别、统计构件数量，再结合实体扣减规则，实现工程实量的计算。在施工过程中结合 BIM 资源管理软件，从不同时间段、不同楼层、不同分部分项工程，对工程实量进行计算和统计，根据这些数据从材料采购、下料控制、计量支付和工程结算等不同的角度对施工项目的成本进行跟踪把控，使建筑施工的成本得到有效控制。

（4）BIM 为协同管理工作提供平台服务

施工过程中，不同参与方、不同专业、不同部门之间需要协同工作，以保证沟通顺畅，信息传达正确，行为协调一致，避免事后扯皮和返工是非常有必要的。利用 BIM 模型可视化、参数化、关联化等特性，将模型信息集成到同一个软件平台，实现信息共享。施工各参与方均在 BIM 基础上搭建协同工作平台，以 BIM 模型为基础进行沟通协调。在图纸会审方面，能在施工前期解决图纸问题；在施工现场管理方面，实时跟踪现场情况；在施工组织协调方面，提高各专业间的配合度，合理组织工作。

4. 运维阶段 BIM 应用

运营阶段是项目投入使用的阶段，在建筑生命周期中持续时间最长。在运营阶段设施运营和维护方面耗费的成本不容小觑。BIM 能够提供关于建筑项目协调一致和可计算的信息，该信息可以共享和重复使用。通过建立基于 BIM 的运维管理系统，业主和运营商可大大降低由于缺乏操作性而导致的成本损失。目前 BIM 在设施维护中的应用主要在设备运行管理和建筑空间管理两方面。

（1）建筑设备智能化管理

利用基于 BIM 的运维管理系统，能够实现在模型中快速查找设备相关信息，例如：生产厂商、使用期限、责任人联系方式、使用说明等信息；通过对设备周期的预警管理，可以有效防止事故的发生；利用终端设备、二维码和 RFID 技术，迅速对发生故障的设备进行检修，如图 1-3 所示。

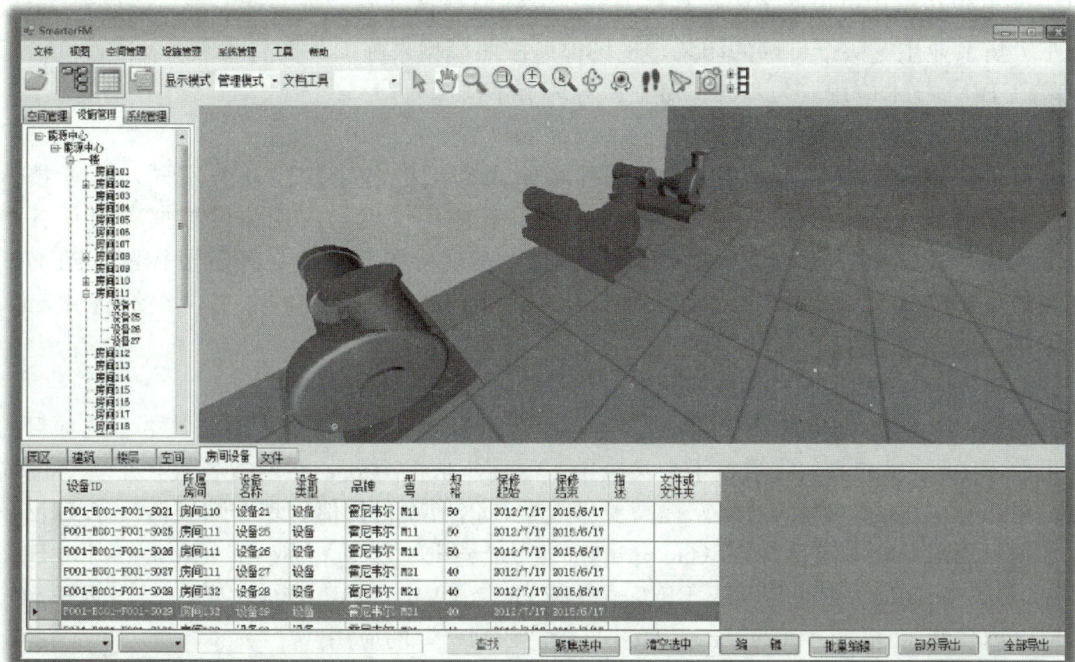

图 1-3 设备运维系统

（2）建筑空间智能化管理

对于大型商业项目而言，业主可以通过 BIM 模型直观地查看每个建筑空间上的租户信息，如租户的名称、建筑面积、租金情况，还可以实现对租户各种信息的提醒功能，同时还可以根据租户信息的变化，随时进行数据的调整和更新。

1.3.5 BIM 的发展趋势

依据 BIM 技术的应用成熟度，建筑业中的 BIM 经历了以模型为主的 BIM1.0 可视化应用时期、以各阶段应用为主的 BIM2.0 全生命周期应用时期和以多技术综合应用为主的 BIM3.0 "BIM＋" 集成应用时期。BIM 技术进入我国后，将二维图纸用可视化的三维模型表达出来，这样建筑设计与图纸检查转化为了计算机中的建模与碰撞检查工作，此时 BIM 主要应用于建筑设计阶段，应用重点为三维模型的建立、二维图纸的自动生成、通过可视化特点实时观察设计成果，该时期称为 BIM1.0 可视化应用时期。当

BIM进一步拓宽应用范围，进入BIM2.0全生命周期应用时期时，BIM以信息综合为基础，应用于建筑的前期策划至运营维护阶段的进度与成本协同管理、工程量与成本的核算、质量与安全跟踪管理、工艺模拟等工作。随着国家大力发展智能制造工程，BIM的多技术集成应用方向也就随之确定。BIM结合大数据、3D打印、5G等技术，能够加快信息技术与制造技术的融合发展、实现建筑智能化制造，此时期为BIM3.0"BIM＋"集成应用时期。

1. BIM1.0可视化应用

利用BIM技术的可视化模型，参数化建模解决某个阶段的设计问题，进行单方面的应用，如构建专业模型、虚拟漫游、图纸审查、三维场地布置、机电碰撞检查等。基于BIM的可视化应用可以改善沟通环境，营造好建筑整体的真实性及体验感，给管理人员、施工人员及业主等一个良好的印象，现场也可按照模型来施工，提高效率以及准确度。但该阶段BIM技术应用较为基础，对工程各环节不够深入。

2. BIM2.0全生命周期应用

策划、设计、施工、运维，建筑工程全生命周期的各个阶段任务不同，BIM技术在其基础功能上继续开发，实现多维度应用，其应用维度与应用深度根据项目任务重点不同而有所侧重。各专业工程人员利用BIM实现协同管理，在各阶段控制建筑的性能与成本，实现对建筑全生命周期的投资、设计、施工、运维的全方位组织优化与系统管理。

3. BIM3.0"BIM＋"集成应用

随着BIM技术研究与应用的深入，实际项目仅仅应用BIM是不够的，更多的项目需要采取BIM技术与其他先进技术交叉应用、深度集成的方式，在发挥各类技术优势的同时，更达到"1+1＞2"的效果，提高项目效益，倍增项目价值。现今陆续涌现了BIM＋大数据、BIM＋地理信息系统（Geographic Information System 或 Geo-Information System，GIS）、BIM＋3D打印、BIM＋虚拟现实（Virtual Reality，VR）、BIM＋5G、BIM＋物联网（Internet of Things，IoT）等"BIM＋"的应用。

（1）在设计阶段

"BIM＋大数据"整合了图纸资料，使得大量无序信息以有序的形式保留并为建筑各单位提供决策依据，提高设计效率；"BIM＋GIS"直观反映城市规划、交通、环境、市政管网、居住区规划等信息，提高建模质量和分析精度，并为大型、长期项目的管理打下坚实基础。

（2）在施工阶段

"BIM＋3D打印"实现了信息技术设计模型到物理模型这一质的飞跃，不仅为施工人员提供可360°观察的施工方案物理模型，也为复杂构件的工艺制作提供第二种可能，甚至部分建筑物都可以实现整体打印；"BIM＋VR"为复杂的施工方案、不同的施工过程提供相对应的多维虚拟场景，及时发现工程隐患，为工程质量护航。

（3）在运营阶段

"BIM＋5G"实现万物互联的同时又保证了3D场景演示，解决了建筑运营交流不畅和建筑缺陷不直观、不具体的问题；"BIM＋IoT"提高了设备日常维护的效率、重要资产的监控水平，增强建筑运营安全管控能力。为进一步提升建筑业信息化水平，促进建筑产业绿色化、建筑信息共享化、信息技术创新化、工作过程协调化发展，以及满足国家相关战略要求，增强建筑业信息化的发展动力，优化建筑行业信息化的发展环境，加快技术链与建筑业的深度融合，强化信息技术对建筑行业的支撑作用，重新塑造建筑业的新业态，这里就需要着力增强 BIM 技术拓展应用领域，增强 BIM 与移动通信、智能化、云计算等信息技术相集成的应用能力。建筑业需要在信息化、智能化管理等方面开拓进取，加快构建集监督、运营、服务等功能于一体的管理平台，在实现数据资源最大化利用的同时，形成一批具备高新信息技术、自主知识产权的建筑业信息技术企业，这就要求建筑业顺应"互联网＋"的形势，推进 BIM 信息技术与企业管理的紧密结合，加快 BIM 技术的普及应用，实现建筑业企业的技术革新升级，强化企业的专业管理能力，达到智能建造的目的。在"互联网＋"概念迅速崛起的今天，建筑行业正跨入以 BIM 为基础的智慧建造新时代，"BIM＋"的发展之路近在眼前。

1.4　实践操作

1. 实训内容

通过查询 BIM 应用实际案例、网络资料搜索等方法进行 BIM 应用现状的初步调研，学生完成 800 字左右的调研报告。

2. 实训目的

学生初步认识 BIM 技术的基本状况，激发学生对本课程的学习兴趣和热情，通过现场调研的综合实践，培养感性认识，为今后的专业学习打下良好的基础。

3. 实训要点

（1）学生必须高度重视，服从教师和企业导师的教学安排，听从指导，严格遵守实训单位的各项规章制度和纪律要求。

（2）学生在实训期间应保证安全第一，同时认真、好学、积极主动完成调研报告。

4. 实训过程

（1）实训准备

1）做好实训前相关资料的查阅；

2）练习参观项目案例，提前沟通各个环节。

（2）调研内容

调研内容主要包括 BIM 项目概述、BIM 技术应用、BIM 全生命周期项目运行现状等。

（3）调研步骤

1）领取调研任务；

2）分组并分别确定实训企业和案例项目现场地点；

3）现场调研并做好记录；

4）整理分析调研资料，完成调研报告；

5）教师指导点评和疑难解答；

6）每组代表分享调研心得；

7）进行总结。

5. 实训评估

实训项目：　　　　　　　　　　　　　　　　　指导教师：

项目技能	评分项	备注
现场调研	a. 按时出勤 b. 调研期间服从安排 c. 调研积极主动	总分3分，酌情给分
调研报告	a. 内容完整 b. 报告表达流畅，逻辑清晰 c. 格式美观	总分4分，酌情给分
自我评价	对照评分项自评	总分2分，客观评价
小组评议	各小组间互相评价 取长补短，共同进步	总分1分，提供优秀作品观摩学习

自我评价：　　　　　　　　　　　　　　　　个人签名：
小组评价：　　　　　　　　　　　　　　　　组长签名：
　　　　　　　　　　　　　　　　　　　　　教师签名：

年　月　日

思 政 提 升

本章节的思政目标是为学生提供 BIM 技术相关的基础理论知识，教会学生能够通过实践应用 BIM 技术解决建筑领域的问题，培养学生的创新意识、责任意识和合作精神，引导学生在技术学习和实践中树立正确的人生观和价值观，进而为奉献国家和社会打下思想基础。

近年来，国家大力推广建筑信息模型技术（即 BIM 技术），BIM 技术涵盖建设工程和设施的规划、设计、施工及运营维护阶段全生命周期，能够更好地与建设各方共享信息，从而达到节约材料和降低成本的目的。当下，我国建筑业要以智能建造人才为基础，大力发展智能建造技术。

【思政案例】　BIM 技术国内外的差距在哪里？

1. 案例简介

在英国，政府明确要求 2016 年前企业实现 3D-BIM 的全面协同。在美国，政府自 2003 年起，实行国家级 3D-4D-BIM 计划，自 2007 年起，规定所有重要项目需要通过 BIM 进行空间规划；在韩国，政府计划于 2016 年前实现全部公共工程的 BIM 应用；在新加坡，政府成立 BIM 基金并计划于 2015 年前超八成建筑业企业广泛应用 BIM；在北欧，挪威、丹麦、瑞典和芬兰等国家，已经孕育了很多主要的建筑业信息技术软件厂商；在日本，建筑信息技术软件产业成立国家级国产解决方案软件联盟。

在中国，无论政府还是行业巨头，对 BIM 的发展预期远不如上述国家明确乐观，对数字化目标和标准制定表述模糊。但 BIM 趋势已经明朗，已经有很多招标项目要求工程建设的 BIM 模式，部分企业开始加速 BIM 相关的数据挖掘，聚焦 BIM 在工程量计算、投标决策等方面的应用，并实践 BIM 的集成项目管理。目前市面上最常用的一些 BIM 软件，比如 Revit、Bentley、Tekla 版权属于国外技术公司，在核心技术领域，国内的 BIM 软件公司还存在一定的差距。

相比国外，国内对 BIM 的政策支持更有力。前者是市场推进政策，后者是政策推进市场。2021 年，住房和城乡建设部发布《中国建筑业信息化发展报告（2021）》，强调加快 BIM 技术研发和应用。2022 年，《"十四五"建筑业发展规划》提出加快推广 BIM 技术应用，提高建筑行业信息化水平。2023 年，住房和城乡建设部办公厅发布通知，明确加快建立工程建设项目全生命周期数字化管理机制，推动 BIM 在建筑全生命周期管理的应用。各地也积极响应，如北京市要求新建大型公共建筑项目必须采用 BIM 技术，上海市对 BIM 示范项目给予补贴。这些政策共同促进了 BIM 技术在国内建筑行业的广泛应用和数字化转型。

最后，也是最重要的一点，国内在建设工程体量方面远远领先世界，有更广阔的 BIM 应用空间。已有业内专家预言："虽然 BIM 技术在国外应用已经有十余年历史，但最终将在中国取得突破性进展。"

2. 思政元素

本案例主要是通过介绍我国与国外在 BIM 技术方面的差距，希望能够激发学生的家国情怀和学习热情，并奋力为祖国补齐短板。

3. 思政目标

（1）通过案例学习，让学生了解我国在 BIM 技术方面的短板，激发学生的家国情怀并奋力拼搏，帮助国家在这方面补齐短板；

（2）让学生认识到 BIM 技术的重要性，激发学生主动学习、终生学习的态度。

本章小结

1. BIM 是基于数字技术的建筑信息模型的总称。

2. BIM 技术具有模型一体化、模型可视化、参数化、仿真性、协调性、优化性、可出图性、信息完备性等特点。

3. BIM 热潮逐渐席卷了中国建筑行业，BIM 技术在国内呈现爆发式增长，掌握 BIM 技术是成为一名工程师必备的技能。

4. 目前主流的 BIM 平台及软件主要有 Revit、Bentley、ArchiCAD、CATIA、Tekla 等。

课后习题

1. BIM 的全称是什么？
2. BIM 技术具有什么特征？
3. 说说 BIM 技术的发展趋势。

第2章　Revit 基础

【内容提要】

工程项目建设涉及从规划、设计、施工到运行维护全过程。Revit 作为最广泛应用的 BIM 平台之一，提供了一整套针对建筑工程、市政工程等领域的解决方案。这些解决方案涉及多个软件、多种协同配合的方式。其中诸多领域，尤其是以建筑工程为代表的新型建造技术都是以 Revit 为核心，需要读者对 Revit 有更深层次的认知。

【知识目标】

（1）模型真实性、关联性、参数化设计、协同作业、实时提取工程量信息；
（2）掌握 Revit 应用特点；
（3）掌握 Revit 软件的管理技能；
（4）掌握 Revit 源生文件格式。

【能力目标】

（1）准确使用 Revit 的基本命令；
（2）创建和编辑实例；
（3）应用项目浏览器进行基本的操作；
（4）合理选择视图并对视图进行有效控制。

【思政与素养目标】

（1）能进行人际交往和团队协作；
（2）具有较强的口头与书面表达能力、人际沟通能力；
（3）具备优良的职业道德修养，能遵守职业道德规范。

【学习任务】

学习任务	知识要点
掌握 Revit 应用特点	模型真实性、关联性、参数化设计、协同作业
掌握 Revit 软件的管理技能	Revit 安装步骤、Revit 配置、Revit 卸载
掌握 Revit 基本术语	Revit 图元和参数化

2.1　Revit 概述

常用 BIM 建模软件有哪些?

1. Revit

Revit 最重要的特点是所有组件、视图和注释之间的关系模式,使得任何组件的改变会自动传播,保持模型内容的一致性。例如,移动一片墙时,其相邻的墙、地板和屋顶会自动调整,同时更正相关的位置和尺寸标示,调整房间面积报表,重绘相关剖面图等。因此,该模型将保持所有文件的一致性。组件、视图和标注之间的双向关联性是 Revit 最显著的特点。

Revit 提供团队协作的机制,以所谓"中央档案"为共享数据库,可以多人同时开启后,另存成"本机档案"使用,而以工作集控制编辑权,可以避免对象被不同的用户同时编辑。Revit 也模拟传统 2D 制图的环境,提供图纸、符号、表格、图例等功能,以与传统接轨。但 Revit 在 3D 上也还有很多限制,不能任意斜切剖面,也做不到展开图,过细的塑模和复杂的智能组件则会显著影响效能。

Revit MEP 模块提供 3D 管线、设备等机械、电气设施的建模工具,可应用在配电、照明、空调、给水、排水、火警、消防、监视等系统,除此之外也提供风量计算等设计工具。Revit Structure 模块提供结构组件,以完成结构塑模,它异于建筑柱的结构柱品类,似乎隐喻建筑与结构各自建模的建议。但至少可利用 2D 或 3D 建筑模型作为结构建模的参考,在此基础上独立搭建结构 BIM 模型作为分析使用。

Revit 基础

2. Tekla

Tekla Structures 是从原名为 XSTEEL 的软件开发而来,提供结构工程师处理混凝土结构、钢结构等较细致的结构功能。Tekla Structures 最擅长施工细节的建置,尤其是钢结构的施工图方面,发展得非常完善,在业界有大量应用实绩。Tekla 亦可导入控制系统,控制钢筋弯曲机,控制预制混凝土的生产。结构分析所需的非几何信息,如:荷载、荷载组合、支承条件,亦可包括在结构模型中。

目前一般 BIM 软件均未提供结构分析功能,而是采用搭配传统分析设计程序进行分析设计。根据 BIM 技术的理论方法,建筑模型与结构模型本应实现双向互联,这意味着结构工程师可以直接从建筑模型获取所需的结构分析数据。但目前从 BIM 模型向分析软件传输数据仍存在较大障碍,包括 Tekla 在内的主流软件都面临这一问题。虽可从三维视觉模型产生 SAP2000、STAAD PRO、MIDAS 等分析程序输入档案,但仅为梁、柱结构系统,至于板、墙结构则尚未突破。Tekla BIMsight 是在 2011 年初推出的一款免费软件,可以借由 IFC 格式,检视多种 BIM 软件模型,以进行设计和施工时的冲突检测、检视与审查、注释和标记红线。

3. Autodesk Naviswork

BIM 设计软件众多,依据专业类别会有不同的软件,并产生不同的文件格式。Naviswork 能汇入目前市面上大部分的 BIM 软件格式,Naviswork 承担了整合、浏览、审核的基本工作,另外较进阶的功能为冲突检测、4D 施工进度仿真。初步来看,Naviswork 是设计师跨专业整合的工具，也是业主单位成果体验及审查的工具。

Naviswork 环境提供使用者在 3D 空间体验 BIM 设计成果，设计者可自由标注设计沟通意见和空间尺寸的量测，业主可留下审查意见及追踪。但目前台湾业主单位对于 BIM 的工作要求是厂商的事情，业主尚不能意识到如何运用 BIM，如何透过 BIM 成果检视设计需求、验证空间使用机能是否达到预期目标等，业主的积极参与可降低日后设计变更的频率。

4. Autodesk Ecotect Analysis

建筑物坐北朝南是我国先民留下的智慧，历久弥新。建筑物理的数值模拟则进一步提供量化的数据。Ecotect 是用于建筑物理仿真及能源分析的软件，可作为建筑设计节能效益的评估工具。Ecotect 是一套非常直观的分析软件，支持特定 BIM 模型格式，经过相关地理条件、物理条件、材质属性等设定后，可做太阳辐射、热、光、声、耗能评估，并以可视化方式呈现分析成果。

虽然 Ecotect 分析精确度尚不如一些专业分析软件，且建筑师对于分析数据判断能力仍相当有限，加上分析成果并不能与台湾绿色建筑指标对应。但 Ecotect 在建筑设计初期仍是相当快速的节能评估工具，目前已慢慢被建筑师所接受。

5. Autodesk Civil 3D

Civil 3D 是 Autodesk 公司以 AutoCAD 为平台开发的 BIM 软件，以 3D 地形为基础，提供铁公路定线、路廊、整地、土石方、重力管线、压力管线等 3D 设计环境。由于 AutoCAD 是过去被广泛采用的绘图工具，其 2D 图纸最被广大使用者接受。其利用 Civil 3D 可将传统的测量数据或地形图等高线转换为 3D 地形，作为所有土木工程设计的基本数据；配合铁公路定线与纵坡、横断面设计来完成道路参数化定义的三维模型；可以利用内置的组件包括车道、人行道、边沟等，也可以根据业主需求或设计标准创建自己的组件。Civil 3D 可快速地计算现有地形和设计地面间的土方量，并用以分析适当的挖填距离。Civil 3D 可以利用面向收集系统等工具，进行雨水分析和设计，以配置污水和雨水排水系统，可采用图形输入方式编辑管网或者更改管道和结构物。

Revit Architecture 所做的建筑模型可以插入 AutoCAD Civil 3D，以便整合建筑提供的公用设施、建筑物出入口等设计信息。同样，路工设计者也可以将道路平剖面等信息直接传送给结构或建筑，以便配置结构物。Autodesk geotechnical module，在 Civil 3D 上运作，从工地钻探数据输入起，应用于钻探孔、土层等数据管理、3D 展示及图说制作。

6. Bentley 公司产品

Bentley 公司出品的 MicroStation 3D 塑模软件，在功能上同样强大，搭配的土木套装 Power Civil、Rail Track、下水道系统 Sewer Cad、地质数据库、RM Bridge 等软件，也提供另一种选择。

7. CATIA

CATIA 是法国公司开发的一款跨平台商业三维 CAD 设计软件。CATIA 作为公司产品生命周期管理软件平台的核心，主要应用在航空工业和汽车工业，美国波音飞机制造公司就是 CATIA 的重要用户。由于 CATIA 出色的曲面建模功能，许多汽车设计制造公司常用其进行车身、车门、车顶等组件的设计。公司将 CATIA 移植到建筑业，应用于大型而具有自由曲面的现代建筑，已见其发挥功能，未来亦具有很大的市场潜力。

BIM 模型必须在软件间交换利用，这个需求不只是阶段性，也存在于不同专业间。

因此 1994 年国际软件互动联盟（International Alliance for Interoperability，IAI）发表了 IFC（Industry Foundation Classes）档案共通格式，一般 BIM 软件也多以 IFC 为交换标准，可作为提交业主的模型格式。而一般 BIM 软件多可输出 IFC 格式档案，在软件间交换时，虽无法完全保持原有的信息结构，但一般几何信息均可在软件间传递。2005 年，IAI 改组为 Building SMART。Building SMART 及一些信息厂商为了改善这个问题，又提出 OpenBIM 的概念，可确保在通过 OpenBIM 认证的软件间数据可无缝接轨，后续发展值得关注。

Revit 在国内应用的领域之广，让不少工程师产生"BIM-Revit"的错误观念。本节将系统地梳理 BIM 与 Revit 的关系、Revit 的相关知识与定位以及以 Revit 为核心的 BIM 应用方向及特点。

2.1.1　Revit 概述

BIM 发展的初期阶段，使用一款软件就能够满足作为工具、平台和环境的需求，这种观念普遍存在，但是随着对 BIM 项目规模和支持系统的深入研究发现，单一的软件已经远远不能满足需求，各有侧重功能的辅助工具、支持多平台和多环境的工作渐渐成为 BIM 的发展趋势。

Revit 属于 Autodesk 公司推出的建筑工程软件，是目前建筑行业中使用率较高的软件之一。Revit 是一个多专业集成的软件，包括 Revit Architecture、Revit Structure、Revit MEP，这些软件模块基本满足了建筑工程师对建筑设计与建造的需求。目前 Revit 支持在微软 Windows 操作系统中运行，若要运行于 Mac OS 系统则需结合 Boot Camp 插件使用，Revit 作为一种工具，软件本身提供了友好的用户界面与操作方法，用户也可以根据自己的使用习惯布置软件界面与快捷命令，提高工作效率。使用 Revit 创建的视图之间、图纸与模型之间均具有很强的关联性，且支持双向编辑，这样较大省去了单调的重复性工作，让设计师更专注于建筑的设计而非繁杂的修改。Revit 采用开源的设计架构，目前发布的 API 为外部应用程序提供了良好的支持，其他软件开发公司能够基于 Revit 做进一步的功能优化。随着 Revit 应用的愈发广泛，它的产品库也更加完善，不但有 Autodesk 官方提供的产品库，还有各大厂商提供的 Revit 产品库，因此 Revit 应用的主导地位日益显著。

Revit 作为一个平台，它拥有相关应用程序的最大集合。Revit 一方面可以通过开放的 API 接口连接其他相关软件，另一方面可以通过 IFC 或其他格式与各种程序文件连接。例如，Revit 可以与 Navisworks 对接进行碰撞检查与施工进度模拟，与 Civil 3D 对接完成场地分析，与 Inventor 对接完成构件制造，或与 SketchUp 对接进行概念设计等，如图 2-1 所示。

2.1.2　Revit 应用特点

Revit 作为主流的 BIM 软件，有着诸多应

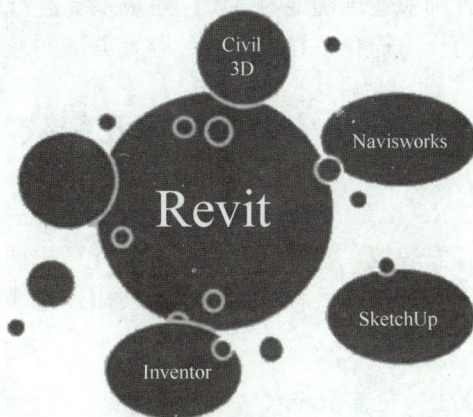

图 2-1　Revit 平台软件交互

用特点，主要表现在以下几个方面。

设计关联性。视图、模型和图纸实时关联，修改一处，处处随之变更。

参数化设计。Revit 构件皆是通过与之对应的类型参数、实例参数、共享参数等进行控制，达到对构件尺寸、材质、可见性、项目信息等状态的改变。

协同作业。Revit 提供了"链接模型"与"中心共享"两种协同方式进行多岗位人员协同作业。

实时提取工程信息。根据项目推进的不同阶段、不同施工进度分期统计工程信息，做到全过程成本核算与把控。

除了以上列举的几点外，Revit 还有许多其他优点。它作为一个集设计与施工于一体的平台，易于上手，可以直观地进行操作，大大降低了工程师的使用门槛；集二维、三维于一体的图纸设计表达做到了传统与创新相结合；拥有一个由官方和第三方共同开发的大产品库，大大满足了用户在使用期间的差异化需求。

2.1.3　Revit 及其他产品的交互应用

Revit 是 Autodesk 公司诸多产品中面向建筑行业的三维参数化软件。在实际的工作中仅靠 Revit 解决所有问题是不切实际的，建筑行业不同领域需要多种产品与 Revit 配合，不同软件发挥各自的优势，方能解决实际工程中的复杂问题。

在建筑设计方面，使用 AutoCAD、Navisworks、3ds Max、Dynamo 配合 Revit，能做出更好的设计决策，提高建筑性能，并在整个项目全生命周期中更加有效地协作。

在结构工程方面，使用 Robot Structural Analysis、Advance Steel 配合 Revit，可以帮助结构工程师及制造商改进结构设计方案，最大限度地减少错误，并简化团队间的协作。

在基础设施方面，使用 InfraWorks、AutoCAD、Civil 3D 配合 Revit，利用智能化互联的工作流程提高可预测性、工作效率和盈利能力。

在施工管理方面，使用 AutoCAD、Navisworks、BIM 360、ReCap 配合 Revit，从项目设计到施工以及移交的整个过程中，将施工现场数字化并可就项目信息进行沟通交流。

在 MEP（机械、电气和管道）方面，使用 Fabrication 系列产品配合 Revit，可以帮助设计师快速准确地对 MEP 建筑系统进行设计、详图绘制、估算、制造和安装过程处理改进协作、简化项目、降低风险，并减少整个项目团队的浪费。

2.2　Revit 安装、配置及卸载

Revit 是 Autodesk 公司的子产品之一，通过访问 Autodesk 官方网站即可下载 Revit 软件安装包，将软件安装在本地计算机即可进行使用。（官方网站只提供下载最新版本的软件安装包，读者若需要下载使用往期版本，可以通过访问相关网站下载各版本安装包，并进行安装）

2.2.1　安装 Revit

用户从软件官方网站（或相关网站）下载的 Revit 2019 软件安装包为分卷压缩文件，

如图 2-2 所示。用户只需双击任一文件即可解压安装包至指定硬盘路径（默认路径是"C：\ Autodesk"）。若无特殊情况请勿删除或重命名分卷文件名称。

```
Revit 2019 1 Win 64bitdlm_001_003.sfxexe

Revit 2019 G1_Win_64bit_dlm_002_003.sfxexe

Revit 2019 G1 Win 64bit dlm 003_003.sfxex
```

图 2-2　Revil 2019 软件安装包

　　解压之后会自动进入 Revit 软件安装界面，如图 2-3 所示。若取消了本次安装，下次安装 Revit 时无需再解压安装包，用户只需进入上次解压的文件所在位置，双击"Setup. exe"再次安装 Revit 即可。

　　单击"安装"➤选择语言➤接受 Autodesk 许可及服务协议➤单击"下一步"➤配置安装选项，如图 2-4 所示。在配置安装界面中用户可以根据需要设置安装选项，其中第一项"Autodesk Revit 2019"为必须安装的选项。第二项"Autodesk Revit Content Libraries 2019"为 Revit 素材库（包含族库、项目样板文件、族样板文件、IES 文件等），若用户不勾

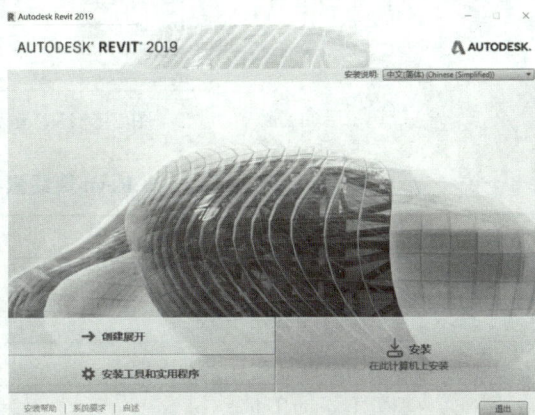

图 2-3　Revit 软件安装界面

选该选项则需在安装完软件后手动安装 Revit 素材库，具体方法见本教材 2.2.2 节。第三项"Autodesk Material Library 2019-Medium Image Library"为 Autodesk 官方素材库，必须勾选该项进行安装。

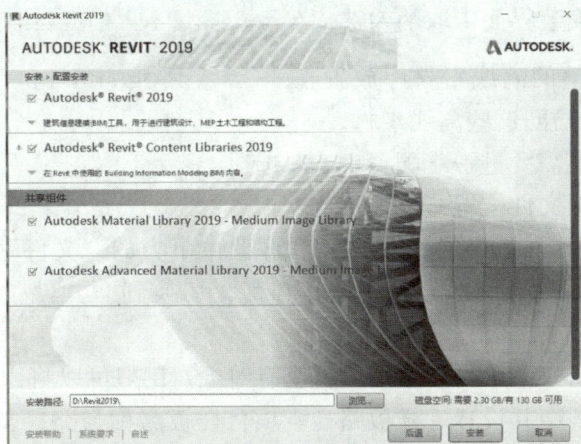

图 2-4　Revit 配置安装界面

设置安装路径：默认路径为"C：\ Program Files \ Autodesk \"，若无特殊情况应保留默认安装路径。完成以上配置后，选择"安装"软件，计算机便会进行自动安装 Revit 2019。安装过程会占用较长的时间，建议安装软件期间关闭杀毒软件。

2.2.2 配置 Revit 文件

安装完 Revit 后，需要检查素材库是否安装完整（路径为"C：\ ProgramData \ Autodesk \ RVT 版本 \"），如图 2-5 所示。若没有安装完整，需下载离线素材库并放置在指定的路径中，网上提供了多个版本软件离线包的下载链接，其中离线素材库中的各个文件夹对应的内容如表 2-1 所示。

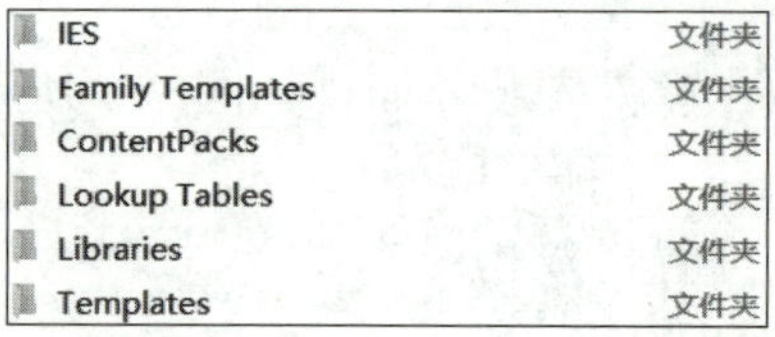

图 2-5 Revit 离线素材库

Revit 离线素材库内容   表 2-1

素材文件夹	内容
Family Templates	族样板文件
IES	IES 聚光灯文件
Libraries	族库
Lookup Tables	查找表格文件
Templates	项目样板文件

特别提示：安装 Revit 过程出现以下任意一种情况都将导致安装的 Revit 素材库不完整。

（1）断网或网络不稳定环境下安装 Revit；

（2）Revit 配置安装界面中取消勾选"Autodesk Revit Content Libraries 版本"。

将下载或拷贝完整的离线素材库放置在"C：\ ProgramData \ Autodesk \ RVT 版本"，这样软件就可以访问这些离线素材。

安装完素材库后还需要进一步配置 Revit 选项。

（1）配置项目样板文件位置

单击应用程序菜单（Revit 2019 为应用程序菜单下方的"文件"工具），在下拉列表中选择"选项"工具，进入 Revit 选项配置界面，切换到"文件位置"配置，如图 2-6 所示。

在文件位置配置窗口中，可以添加编辑已有对象，用户可以将比较常用项目样板或企业项目样板添加至列表中并设置好样板路径。项目样板名称与路径需一一对应确保正确，如图 2-6 界面 1 所示，这样在"最近使用的文件"页上会以链接的形式显示前四个项目样板如图 2-7 所示。

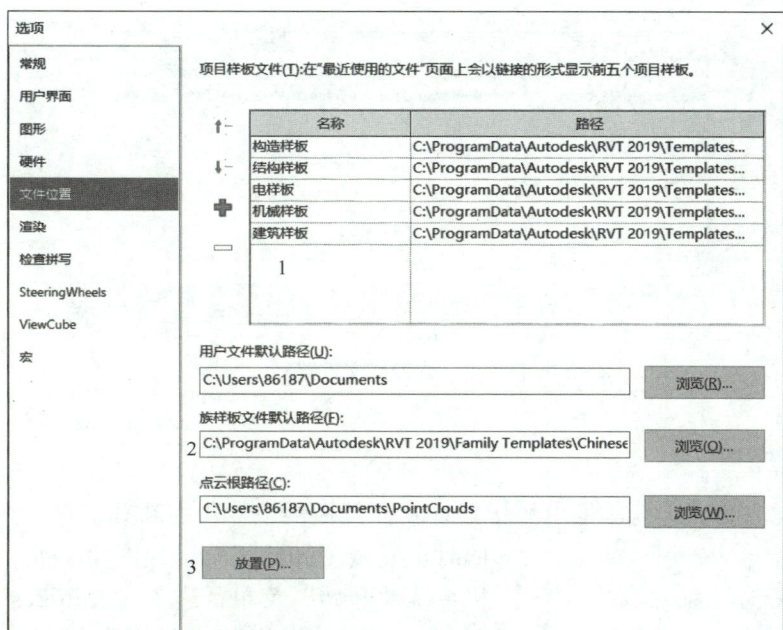

图 2-6 Revit 文件位置配置

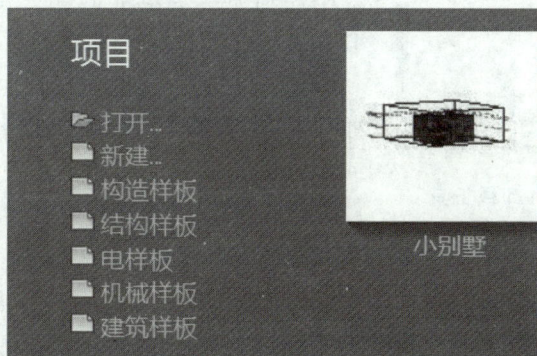

图 2-7 启动界面项目样板

（2）配置族样板文件位置

在 Revit 选项"文件位置"配置界面设置族样板文件路径，单击图 2-6 界面中的 2 ➤ "族样板文件默认路径（F）" ➤ "浏览"，将路径定位到族样板文件所在文件夹；"C：\ ProgramData \ Autodesk \ RVT 2019 \ Family Templates \ Chinese"。这样在 Revit 新建可载入族时将自动打开族样板文件夹供用户选择。

（3）插入外部族位置

单击图 2-6 界面中的 3 ➤ "放置（P）"，弹出文件放置对话框，如图 2-8 所示，分别设置族文件的插入路径，将 "Metric Library" 路径设置为 "C：\ ProgramData \ Autodesk \ RVT 2019 \ Libraries \ China \ "；将 "Metric Detail Library" 路径设置为 "C：Pro-gramData \ Autodesk \ RVT2019 \ Libraries \ China \ 详图项目"。

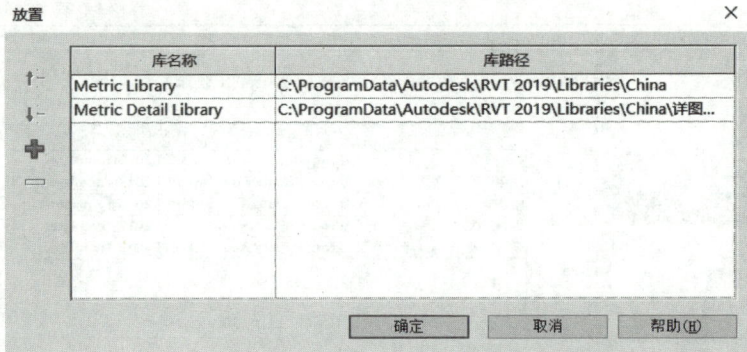

图 2-8　放置族文件路径

2.2.3　卸载 Revit

Autodesk 官方对近几年推出的新版本软件都提供了专用的卸载工具，在安装软件的同时也安装了卸载工具，如图 2-9 所示。单击计算机系统"开始"菜单，进入"Autodesk"软件产品组，"Uninstall Tool"就是用于卸载 Autodesk 产品的工具。用户若安装 Revit 的方式不当或在使用过程中遇到无法解决的问题，都可以通过"Uninstall Tool"将 Revit 进行卸载后重新安装使用。

单击"Uninstall Tool"打开 Revit 卸载工具，如图 2-10 所示，可以根据需要勾选需要卸载的软件或组件的复选框，然后单击"卸载"，这样就从本地计算机上卸载了对应的软件。

图 2-9　Uninstall Tool 卸载工具

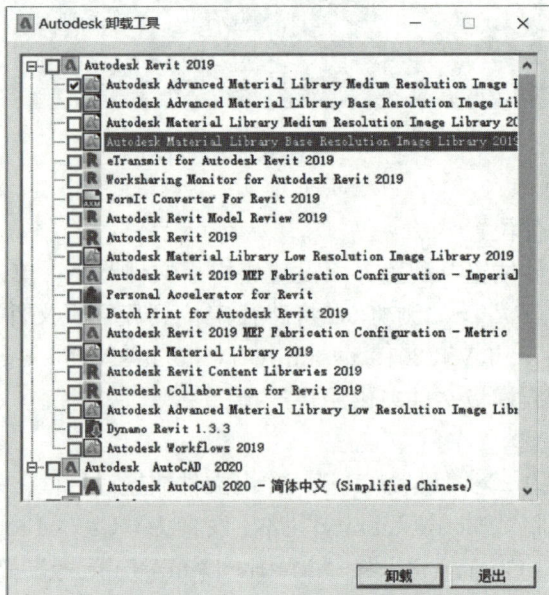

图 2-10　使用"Uninstall Tool"卸载软件

特别提示：对于 Revit 或 Autodesk 其他的产品都应使用官方自带的"Uninstall Tool"工具移除软件，而不要使用操作系统自带的"控制面板"（程序 \ 程序和功能）或其他第三方卸载软件工具进行卸载，否则会导致无法完全卸载 Revit 等产品，以至于无法再次完整安装这些软件。

2.3　Revit 基本术语

从传统的 CAD 二维制图到 Revit 三维建模观念的转变，并非一朝一夕。在学 Revit 之前，需要对其相关的基本专业术语有一定的认知和了解。在本节的内容中，将对 Revit 图元、参数化、关联设置等术语作——说明。

2.3.1　Revit 图元

在传统设计中，一般在图纸上用若干线段来表示对象，如墙体、梁、柱等。Revit 的表达不再局限在平面上，而是拓展到了三维立体空间，并为对象赋予了相关信息，如墙体、梁、柱等对象在 Revit 中就成为其图元之一，并显示在项目文件的各个视图中。

1. 图元分类

Revit 有三种类型的图元：模型图元、基准图元和视图专有图元，它们的分类及层级结构如图 2-11 所示。

（1）模型图元

模型图元模拟实际建筑中的如墙体、梁、柱、屋顶等构件，是模型中最基本的组成单元。在 Revit 中模型图元分两种：主体图元和构件图元。主体图元一般是系统族，代表实际建筑物中的主体构件，如墙

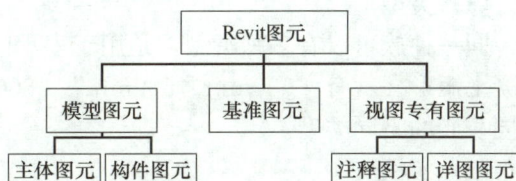

图 2-11　Revit 图元分类

体、屋顶、楼板、天花板、楼梯、坡道等。之所以称为主体图元，是因为在 Revit 中这一类图元既可以独立存在也可以作为其他构件的依附主体，如门窗附着在墙体上；构件图元一般是可载入族，这类图元形式比较多样，需要用户根据实际情况制定，如门、窗、家具、钢筋等构件。

（2）基准图元

基准图元是用于定位模型图元位置的一类图元，如标高、轴网、参照平面、参照线等都属于基准图元。这些图元为项目文件中的其他建筑构件的放置提供了参照基准，如柱子的顶部与底部分别约束于两个不同的标高上。

（3）视图专有图元

视图专有图元用于视图注释或模型详图，主要是对模型进行描述或归档，视图专有图元分为注释图元和详图图元。

注释图元是指对模型进行标记注释并在图纸上保持比例的二维图元，如尺寸标注、标记和注释等，详图图元是指在特定视图中提供有关建筑模型详细信息的二维设计信息图元，如深图线、填充区域等。

2. 图元的组织

在 Revit 中所有的图元都会按照一定的层级关系有逻辑地组织在一起，其分类层级架构如图 2-12 所示。

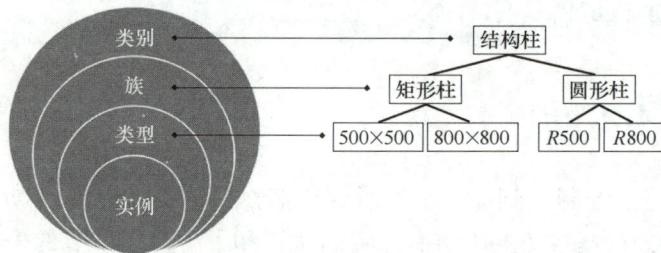

图 2-12　Revit 图元组织

（1）类别

类别是用于对设计建模或归档的一组图元，所代表的是建筑构件的不同部分，如墙体、梁、柱、屋顶等彼此不相关的图元。

（2）族

每个类别中会包含不同的族对象，例如，结构柱这个类别中就有钢结构柱、钢筋混凝土结构柱、木结构柱等，这些又可以继续划分，如矩形钢结构柱、圆形钢结构柱等族对象。

（3）类型

同一种族可以有多种类型，是用于表示同一种族的不同参数（属性）值。例如，钢筋混凝土矩形柱就有 "500mm×500mm" "800mm×800mm" 等不同尺寸的类型，它们就是同一族的不同类型。

（4）实例

每个族类型可以在一个项目中根据功能的需要在多处位置进行放置，其中每个位置上的实际项（单个图元）就成为该类型中的一个实例。例如，同样一个 "900mm×2100mm" 的平开木门可以放置在一层的某个房间中，也可以布置在二层的某个房间中，这两个门就是两个实例。

2.3.2　Revit 参数化

参数化模型构件将使用参数变化的形式驱动几何实体变化，使用参数化构件以表达设计意图。所有建筑构件的基础均在 Revit 中设计，参数化构件可以提供一个开放的图形系统用于设计和形状绘制。通过参数化构件，无须编程语言或编码，就可以设计最复杂的部件（如细木家具和设备）以及最基础的建筑构件（如梁和柱）。

Revit 中的图元都是以构件的形式出现，同一种族的不同类型是通过参数的调整反映出来的，参数保存了图元作为数字化建筑构件的所有信息。在使用 Revit 进行建模时，参数化设计的方法就是将模型中的定量信息变量化，使之成为可以任意调整的参数，对变量化参数赋予不同数值，就可得到不同大小、形状、材质的构件模型。例如，对一个门族的参数调整，如图 2-13 所示。在项目中，可以通过调整门族的约束条件、材质、阶段、防火等级、附属构件的尺寸及材质等参数来调整这一类型门族或被选中的门实例。

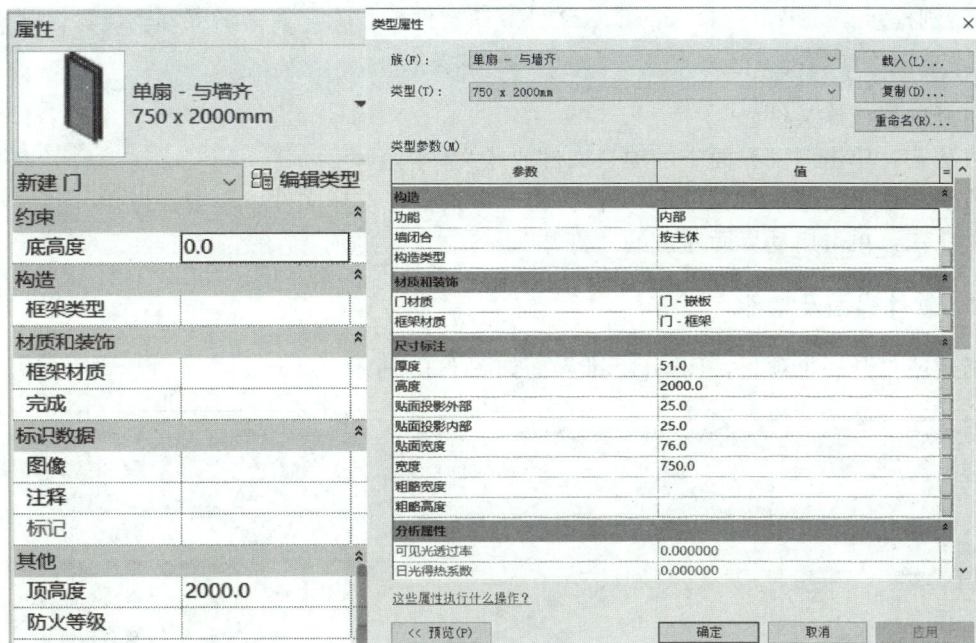

图 2-13　门族参数

2.4　Revit 软件操作界面

2.4.1　打开项目

启动 Revit 2019 软件，进入启动界面中，如图 2-14 所示，在第一行和第二行分别按时间顺序依次列出最近使用的四个项目文件和四个族文件缩略图和名称，使用鼠标可单击缩略图打开对应的项目或族文件。

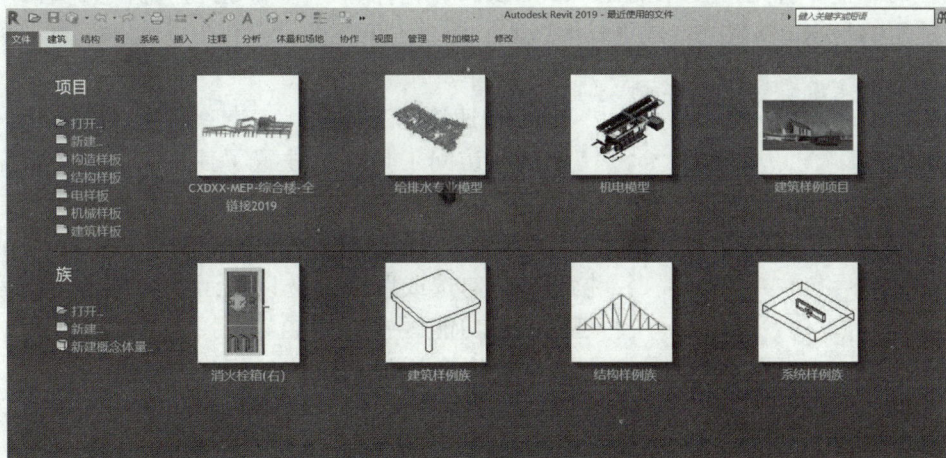

图 2-14　软件启动界面

> **特别提示**：如果最近打开的项目文件或族文件被删除、重命名或移动位置，则文件缩略图从该界面删除。

打开项目或族文件。

方法一：单击启动界面中的项目文件或族文件图标；

方法二：单击菜单"文件—打开"，打开对话框，选择文件，单击"打开"；

方法三：单击启动界面左侧的"打开"。

2.4.2 软件界面及功能

新建或打开一个项目，Revit 标准界面如图 2-15 所示。

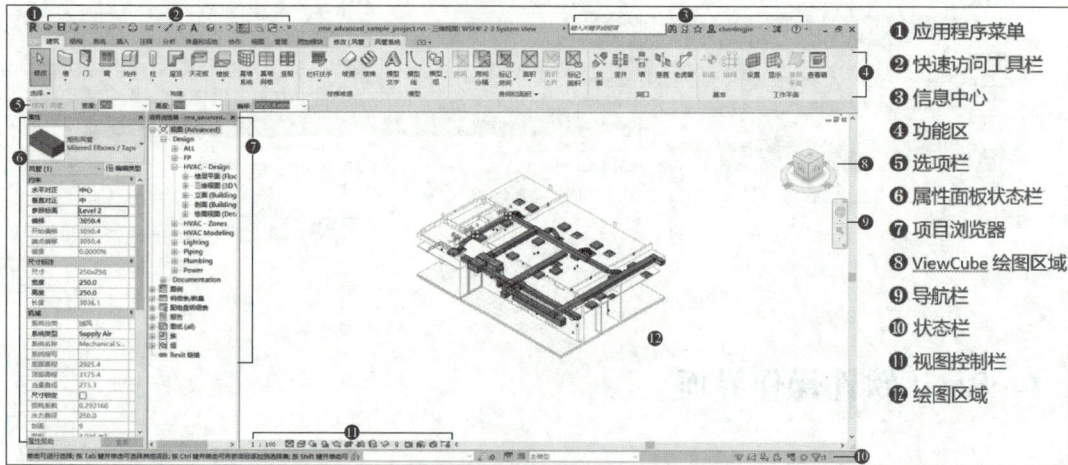

图 2-15　Revit 软件界面

1. 应用程序菜单

Autodesk Revit 2019 版本对以前版本应用菜单程序中所包含的 Revit 选项设置的内容作了相应的调整。若用户使用的是 Revit 2019 以前的版本，单击可打开应用程序菜单；若用户使用的是 Revit 2019（或更新的版本）应单击下方的"文件"选项卡，即可打开应用程序菜单。

2. 快速访问工具栏

快速访问工具栏中放置了使用 Revit 中常用的工具。读者也可以自定义快速访问工具栏的工具，单击"自定义快速访问工具栏"按钮，如图 2-16 所示。在下拉列表中勾选或取消勾选以显示或隐藏命令，另外也可以右击功能区中的功能，选择"添加到快速访问工具栏"将命令添加到快速访问工具栏中；反之，将鼠标放置在快速访问工具栏中需要删除的命令上，右击后选择删除来移除快速访问工具栏中被添加进来的功能。

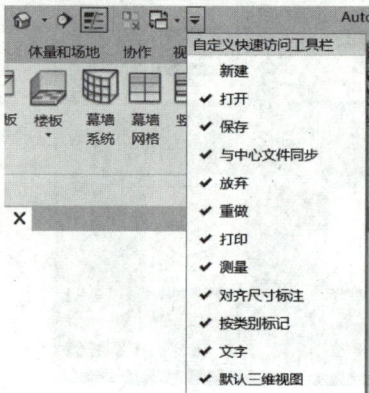

图 2-16　自定义快速访问工具栏

3. 信息中心

在信息中心一栏中用户可以输入关键字查看 Revit 帮助文件，若是速博用户还可以访问 Autodesk 公司官方的速博服务，在平时的工作或学习中这一栏功能使用的频率较低。

4. 功能区

功能区中提供了创建项目模型所需的全部工具，包括"建筑""结构""系统""插入""注释""分析"等模块，如图 2-17 所示。每个选项卡都将其命令工具细分为几个集合进行集中管理，用户可以根据需要选择相应的专业或功能，例如建筑设计师需要绘制一道墙体，这时只需选择"建筑"选项卡，在"建筑"选项卡中找到"墙"工具即可在视图区域进行墙体的创建。

图 2-17　功能区

当用户选择某个功能命令后，同时激活了与该命令相关的"修改"面板。依旧以绘制墙体为例，当激活了"墙"工具后，如图 2-18 所示，用户可以根据修改面板的提示进行下一步的编辑。

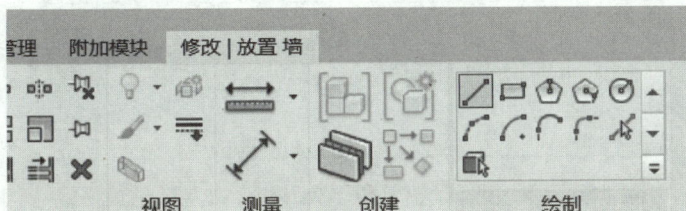

图 2-18　修改面板

5. 选项栏

在默认情况下，选项栏位于功能区下方，当用户选择了不同的工具命令时，选项栏将会显示与该工具相关的修改内容，用户可以在绘制模型构件时结合选项卡进行准确修改。例如当选中"墙"命令时，选项栏便显示与修改或放置墙有关的参数，如图 2-19 所示。

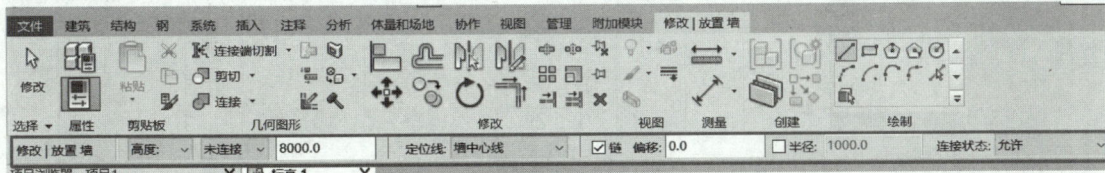

图 2-19　选项栏

6. 属性面板

当用户选中某个模型图元时，在属性面板中将会显示被选中图元的属性，用户可以通过修改属性面板中的参数值达到编辑模型图元的目的。属性面板主要由三部分组成，分别

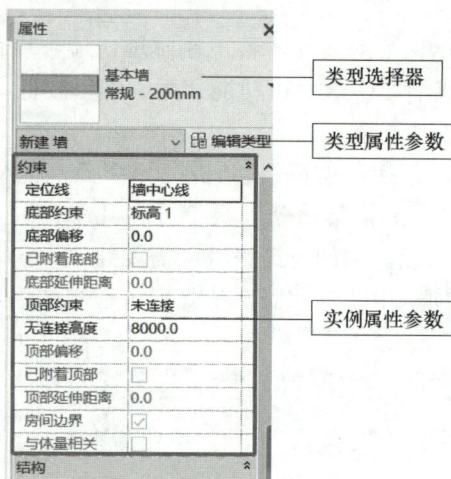

图 2-20　墙体属性面板

为类型选择器、类型属性参数与实例属性参数，如图 2-20 所示。

（1）类型选择器

在类型选择器中，用户可以单击下拉箭头，选择同一类别下的合适的构件类型来替换现有类型。

（2）类型属性参数

单击"编辑类型"，将弹出"类型属性"对话框，如图 2-21 所示。用户可以复制已有对象的类型，重新命名，并可以通过编辑其中的类型参数值来改变当前选择图元类型的外观、尺寸等信息。

（3）实例属性参数

在该属性面板中，反映了当前被选中图元的实例参数。例如当选中墙体时，会反映被选中墙体的约束条件、尺寸标准、标识数据等信息，用户可以方便地通过修改参数值来改变当前选择图元的外观与尺寸等信息。

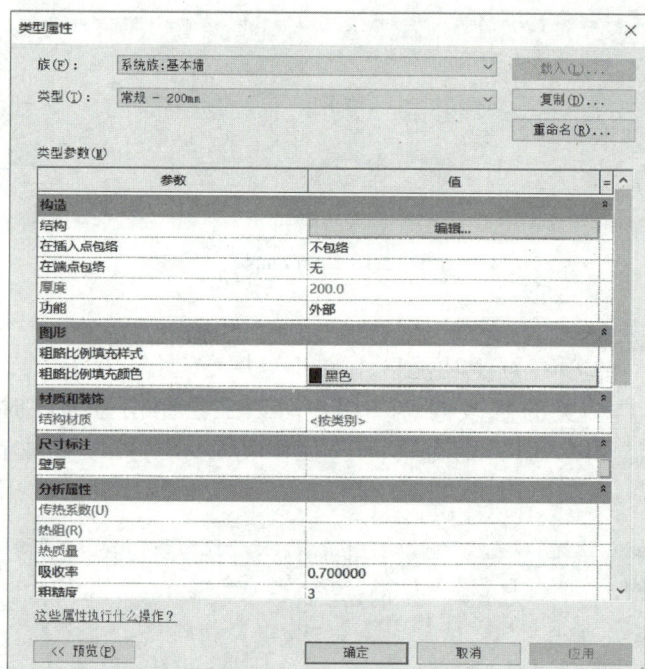

图 2-21　墙体"类型属性"对话框

若用户不小心关闭了属性面板，可以通过以下两种方式再次打开属性面板。

方式一：右击绘图空白区域，在弹出的列表中选择"属性（P）"，如图 2-22 所示；

方式二：选择功能区中的"视图"选项卡，选择"用户界面"下拉列表，将列表"属性"前的复选框勾选上，即可再次打开属性面板，如图 2-23 所示。

图 2-22　方式一

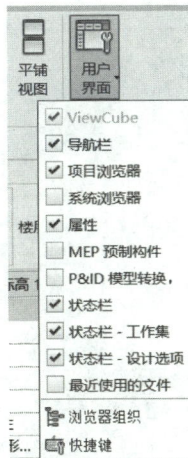

图 2-23　方式二

7. 项目浏览器

　　项目浏览器是用于显示项目中所有的视图（全部）、明细表/数量、图纸（全部）、族组、链接的 Revit 模型等部分的树形结构目录，用户可以根据需要展开或折叠该结构目录中的不同分支，如图 2-24 所示。当用户双击其中的视图名称时，即可在绘图区域打开该视图，例如展开"视图"分支中的"楼层平面"，双击"标高 1"视图名称，即可打开"标高 1"视图。用户也可以右击视图名称，选择复制、重命名或删除视图。

8. View Cube

　　用户打开项目三维视图，即可在视图右上角看到 View Cube 视图控制器，如图 2-25 所示。单击控制器中的"上、下、前、后、左、右"与"东、西、南、北"可在三维视图中快速看到顶视图、正视图等。此外，单击 View Cube 右下角的关联菜单，会弹出如图 2-26 所示的列表，用户可以在列表中选择视图，快速地呈现指定的视图。

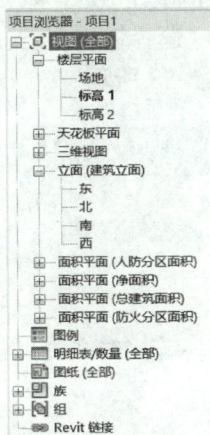

图 2-24　项目浏览器

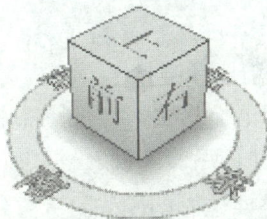

图 2-25　View Cube 视图控制器

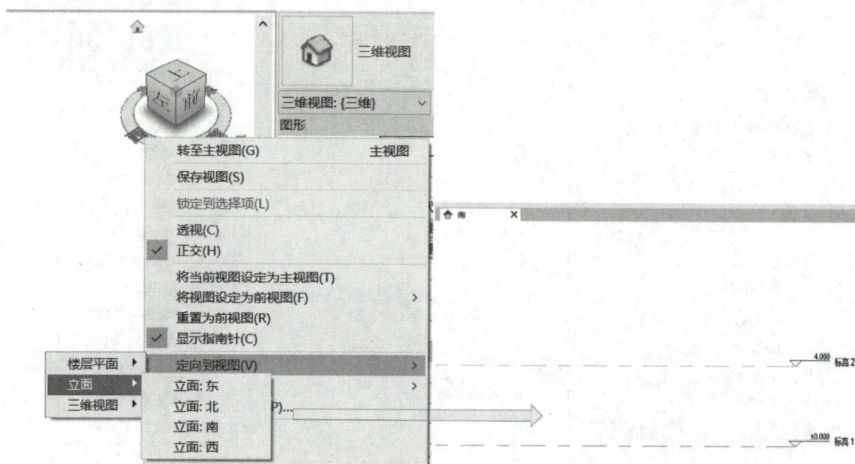

图 2-26　View Cube 关联菜单

9. 导航栏

导航栏通常位于视图的右上角，通过单击导航栏上的某个按钮或从导航栏底部的下拉列表中选择一个工具，就可以启动导航工具。导航工具用于访问基于当前活动视图（二维或三维）的工具，如图 2-27 所示。

要激活或取消激活导航栏，可以通过单击"视图"选项卡➤"窗口"面板➤"用户界面"，下拉列表，然后选中清除"导航栏"。

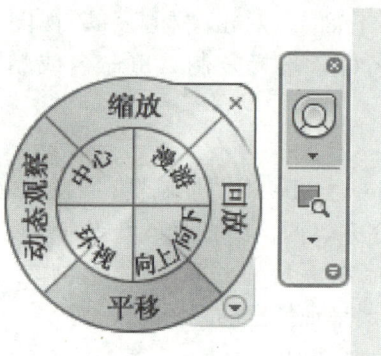

图 2-27　导航栏

10. 状态栏

用户激活某个工具时，会在软件界面最下行显示需要进行的下一步操作提示，状态中还集合了"工作集""设计选项"以及控制图元选择的选项。其中控制图元选择的选项包括"选择链接""选择底图图元""选择锁定图元""按面选择图元""选择时拖曳图元"，如图 2-28 所示。

图 2-28　控制图元选择的选项

（1）选择链接

如果禁止了此项，在视图中将无法选择链接的模型图元。链接的文件可包括 Revit 模型 CAD 文件、点云文件。

（2）选择底图图元

如果禁止了此项，在视图中将无法选择底图图元。

（3） 选择锁定图元

如果禁止了此项，在视图中将无法选择被锁定图元。

（4） 按面选择图元

启动后，用户可以通过单击模型的表面来选择图元，此选项适用于所有模型视图和详图视图，不适用于视觉样式为"线框"的视图。

（5） 选择时拖曳图元

激活该工具，用户无须选择图元即可拖曳，但是在一般项目模型绘制时，往往会禁止该命令，以避免选择图元时误将其移动。

11. 视图控制栏

使用视图控制栏可以快速访问影响当前视图的功能，其中包括"视图比例""详细程度""视觉样式""日光路径""阴影""渲染"等视图控制工具，如图 2-29 所示。

图 2-29 视图控制栏

2.5 实践操作

1. 界面熟悉与基本设置

任务描述：引导学生熟悉 Revit 的用户界面，包括项目浏览器、属性面板、视图控制栏等。

操作步骤：启动 Revit，打开一个现有项目或新建项目，浏览不同功能区的作用。

成果要求：学生需截图展示他们对界面的理解和定制设置的保存。

2. 参数化设计的应用

任务描述：让学生了解参数化设计的概念，并通过修改参数来调整模型。

操作步骤：选择模型中的一个构件（如门），修改其尺寸或样式，观察模型的变化。

成果要求：学生需记录参数变化前后模型的差异，并解释参数化设计的优势。

思 政 提 升

1. 案例描述（信息所有权与共享冲突）

在某大型建筑项目中，设计团队使用 BIM 技术进行协同工作。项目中涉及多个参与方，包括建筑师、工程师、承包商和客户。所有参与方都需要访问 BIM 模型中的信息以完成各自的工作。

在项目进程中，一位建筑师在 BIM 模型中加入了创新的设计方案，该方案尚未获得专利保护。根据合同规定，模型中的所有信息归客户所有，而客户可能会为了节省成本将设计方案透露给其他承包商。这样，原设计师的创新成果就可能被无偿使用，从而损害设计师的知识产权和潜在收益。

2. 思政元素

项目团队通过以下方式解决了可能发生的道德困境：

（1）明确合同条款：在项目开始前，各方应签订明确的合同，详细规定信息所有权、使用权和分享范围。对于包含独创性设计的BIM信息，应有严格的保密协议和使用限制。

（2）知识产权保护：设计师应在共享其设计方案前，通过专利申请或版权登记等方式保护自身的知识产权。

（3）分层次的访问控制：BIM管理系统应设置不同层级的访问权限，限制不同参与方对敏感信息的访问。

3. 思政目标

通过案例学习让学生理解在BIM项目中遵守职业道德的重要性。在尊重个体知识产权的同时，促进项目信息的合理共享和使用，确保项目的顺利进行，并维护参与各方的合法利益。

本 章 小 结

1. Revit图元包括模型图元、基准图元和视图专有图元。

2. 图元的组织结构包括类别、族、类型和实例对象。

3. 多个对象重叠时可以通过"Tab"键切换预选择对象。

4. Revit通过项目管理器对多个视图、族、链接文件等进行管理。

5. 通过可见性/图形替换、临时隐藏/隔离、永久隐藏、视图范围、规程、详细程度、过滤器、裁剪视图等方式控制模型对象是否显示。

课 后 习 题

1. 在Revit中，家具属于什么类型图元？

2. 类型参数与实例参数的区别。

3. 自定义Revit用户界面。

4. 图元在当前视图不可见的所有原因。

模块2

机电系统BIM设计实例

第3章　给水排水系统BIM模型的创建

【内容提要】

本章主要介绍给水排水专业的建模基础，包括管道、连接件、管路附件、卫生器具的创建、编辑及修改，并通过一个实际工程项目案例，介绍给水排水模型的创建流程。

水管道系统包括空调水系统、生活给水排水系统及消防系统等。空调水系统又分为冷冻水、冷却水和冷凝水系统。生活给水排水系统分为给水系统、中水系统、热水系统和排水系统等。消防系统分为自动喷淋系统和消火栓系统等。本章主要介绍生活给水排水系统BIM模型的创建。

【知识目标】

（1）了解 Revit 机械样板的特征；

（2）理解管段、管道系统、过滤器的含义；

（3）熟悉常用的管材以及连接管件；

（4）熟悉给水排水系统模型创建的流程；

（5）熟悉给水排水模型标注。

【能力目标】

（1）自定义管道类型并进行布管系统的配置；

（2）自定义管道系统并进行合理的选择；

（3）绘制与编辑管道；

（4）布置卫浴装置并与管道进行连接；

（5）检查管道的连接；

（6）创建给水排水工程模型。

【思政与素养目标】

（1）养成精益求精、一丝不苟的工作作风；

（2）突出好奇心和想象力的重要性；

（3）培养不畏困难、坚持不懈的探索精神和大胆尝试、积极寻求有效的问题解决方法的能力和韧性。

【学习任务】

学习任务	知识要点
机械样板基础命令	Revit 机械样板的特征
管道设置	管段、管道系统、过滤器的含义
管道绘制	建筑给水排水系统的管道绘制
模型标注	建筑给水排水系统的模型标注
给水排水工程实例建模	创建给水排水工程模型

3.1　概述

开始给水排水工程建模前，点击进入机械样板见图 3-1，在 Revit 中给水排水系统设计的类别有管道管件、管道附件、卫浴装置、机械设备等，创建这些类别实例的命令主要位于功能区"系统"选项卡的"卫浴和管道"区，见图 3-2。

图 3-1　项目样板选择

图 3-2　给水排水工程建模的主要命令

在进行给水排水工程模型创建时，涉及的类别、类型及实例参数、创建规则概括见表 3-1。

给水排水工程类别、常用参数、创建规则与方式　　　　表 3-1

类别	主要类型参数	主要实例参数	实例创建规则	实例创建方式
管道	管段、连接方式（管件）	管径、长度、坡度、偏移量、对齐方式	自动连接、继承高度、继承大小、坡度	手绘、自动连接
管道系统	图形替换、材质	—	基于管道系统分类	自动匹配、手动选择

类别	主要类型参数	主要实例参数	实例创建规则	实例创建方式
管件	—	管径、偏移量	基于布管系统配置	自动生成
卫浴装置	外形尺寸	偏移量	基于楼板、墙体放置	手动布置
管道附件	外形尺寸、管径	偏移量	拾取管道	手动布置

3.2 管道设置

Revit 提供了强大的管道设计功能，可以更加方便和迅速地布置管道，调整管道尺寸，控制管道显示、进行管道标注和统计等。

3.2.1 管道参数设置

工程中常用到的管道类型分为 PPR、PVC、PE、镀锌钢管、铸铁管、塑钢复合管等。这里需要根据实际工程创建各种管道类型，并对其进行设置，设置内容包括管道材质和规格、管道尺寸、相应管件等。

管道类型设置包括管道类型的创建、修改和删除。单击"系统"选项卡下"卫浴和管道"面板中的"管道"工具，通过绘图区域左侧的属性选项栏选择和编辑管道的类型。

在"项目浏览器"下拉列表窗口中选择"族"并单击"+"符号展开下拉列表，选择"管道"▶"管道类型"选项，系统自带管道类型"标准"。在 Revit 2019 提供的"机械样板"项目样板文件中默认配置"标准"这种管道类型，如图 3-3 所示。

设置管道类型

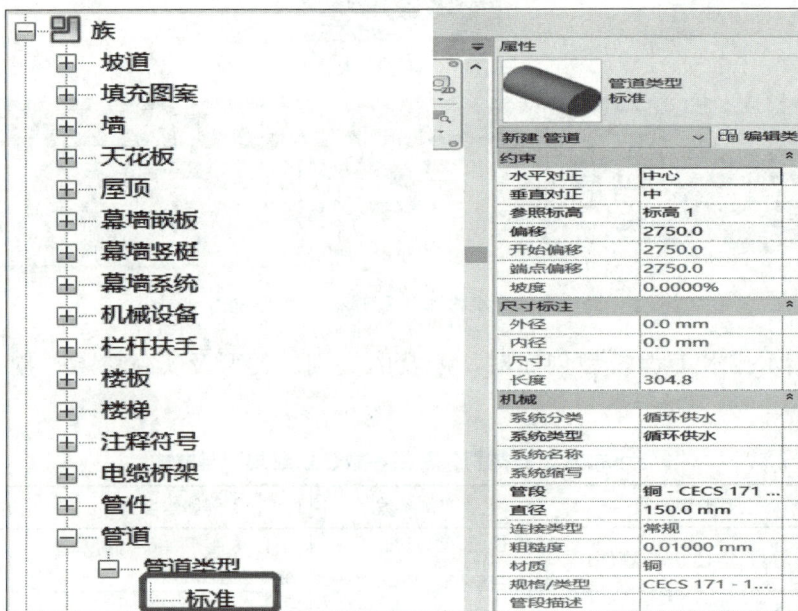

图 3-3　选择管道类型

44

　　选择"标准"选项，使用鼠标右键"复制"创建"标准2"，选择"标准2"选项，使用鼠标右键单击"重命名"按钮，将"标准2"重命名为"PPR-给水管"，如图3-4所示。

　　双击"PPR-给水管"进入"类型属性"对话框。单击"布管系统配置"中的"编辑"按钮，进入"布管系统配置"对话框，在"布管系统配置"中的"管段和尺寸"选项卡选择新建的管段，在管件列表中配置各类型管件族，同时可以指定绘制管道时自动添加到管路中的管件，如图3-5所示。单击"管段和尺寸"按钮，进入"机械设置"对话框。

　　系统自带16种管段类型供用户使用，如图3-6所示。

　　选择"管段"选项右边的"新建"按钮，进入"新建管段"对话框。

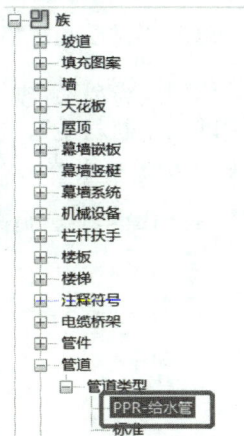

图 3-4　新建管道类型

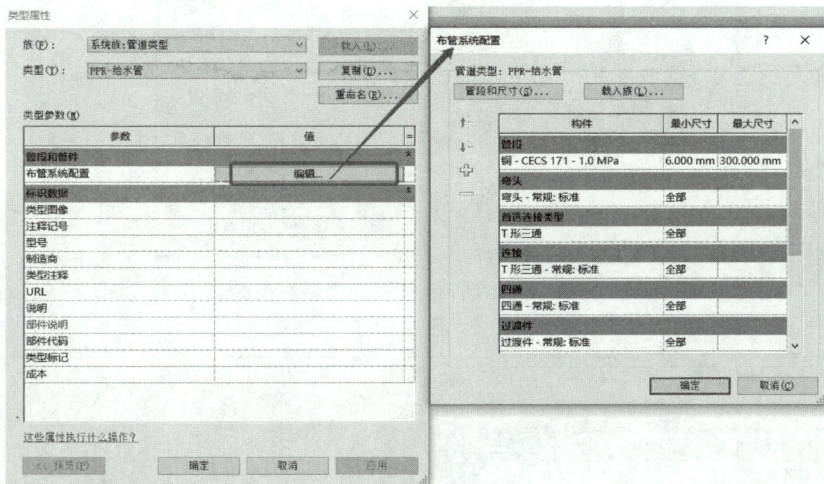

图 3-5　进行布管系统设置

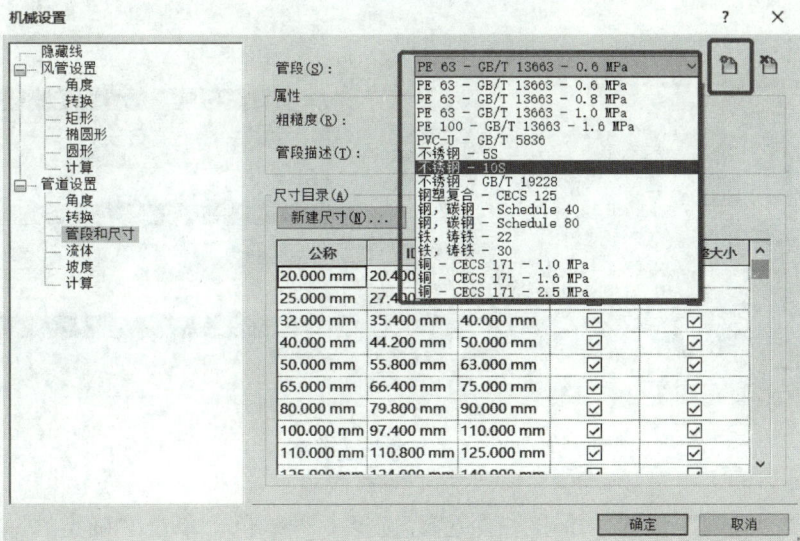

图 3-6　新建管段

单击"材质和规格/类型（A）"按钮选择材质，右边的 ··· 按钮，如图 3-7 所示。进入材质浏览器对话框，单击 按钮，选择"新建材质"选项在项目材质库列表中自动添加"默认为新材质"，选择"默认为新材质"选项，并使用鼠标右键进行重命名，将其修改为"PPR-给水管"，完成后单击"确定"按钮，如图 3-8 所示。

特别提示： 管道的材质不能手动输入。

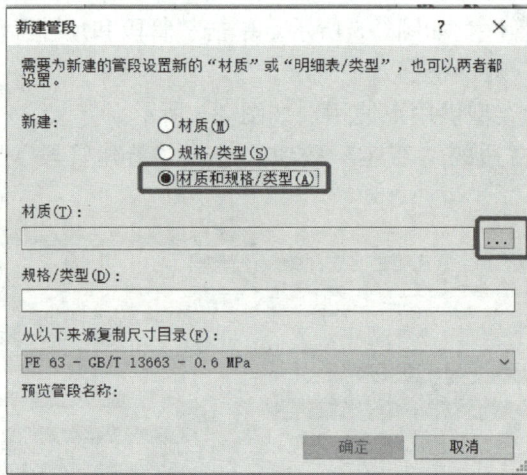

图 3-7　设置管道材质、规格、类型

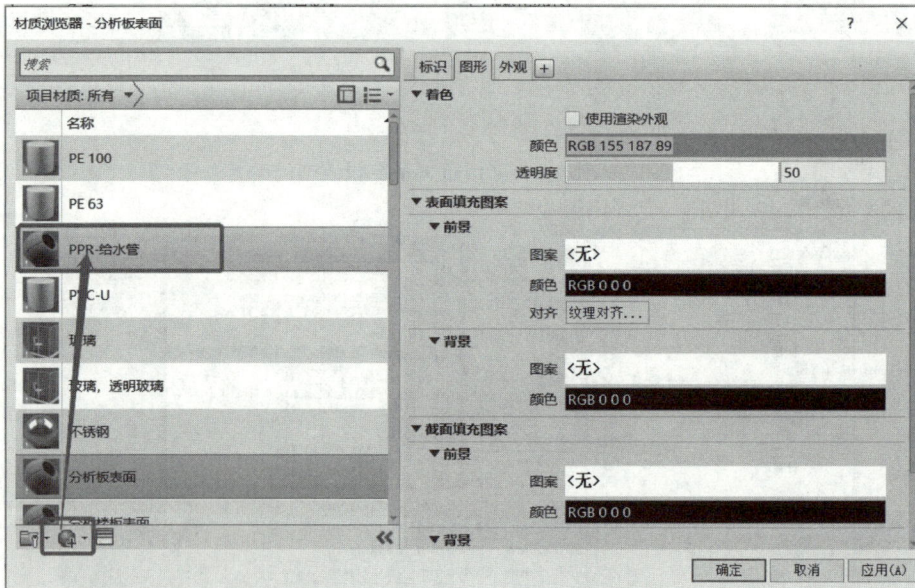

图 3-8　新建管道材质

进入材质"外观"设置，单击"颜色"，选择 4 号绿色，单击"确定"。单击"图形"按钮，勾选"使用渲染外观"，单击"确定"完成材质设置，如图 3-9 所示。

(a)

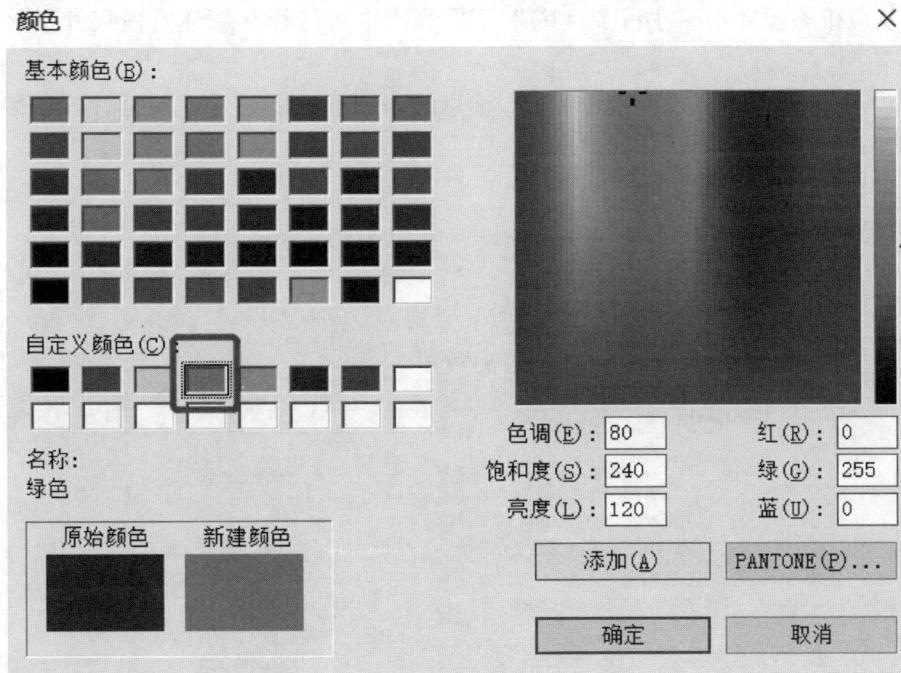

(b)

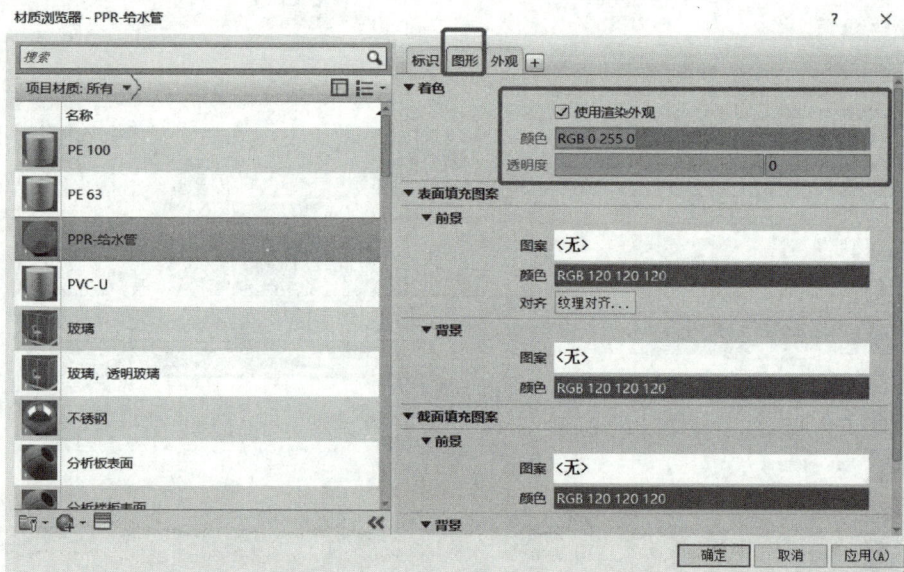

(c)

图 3-9　进行管道材质外观、图形的设置

返回"新建管道"对话框，在"规格/类型（D）"文本框中输入对应管道材质，执行的国家标准，此处输入 GB 50015—2019。

从"从以下来源复制尺寸目录（F）"下拉列表中可选择和新建管段尺寸最接近的现有管段。

"材质（T）"以及"规格/类型（D）"信息的添加都可以通过"预览管段名称"进行预览，如图 3-10 所示。

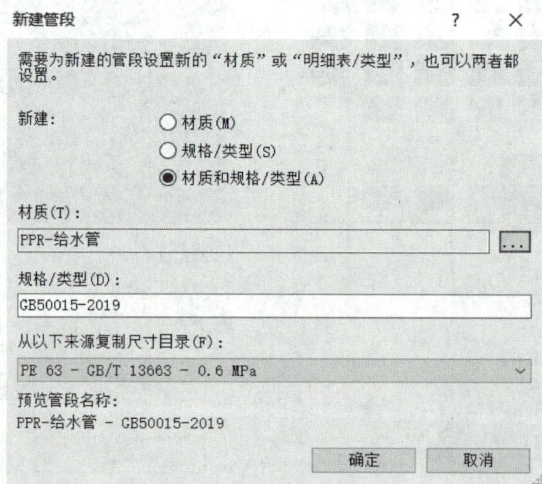

图 3-10　选择管道规格/类型

完成后单击"确定"按钮，返回"机械设置"对话框，在"管段（S）"中选择刚刚添加的"PPR-给水管-GB 50015—2019"，如图 3-11 所示。

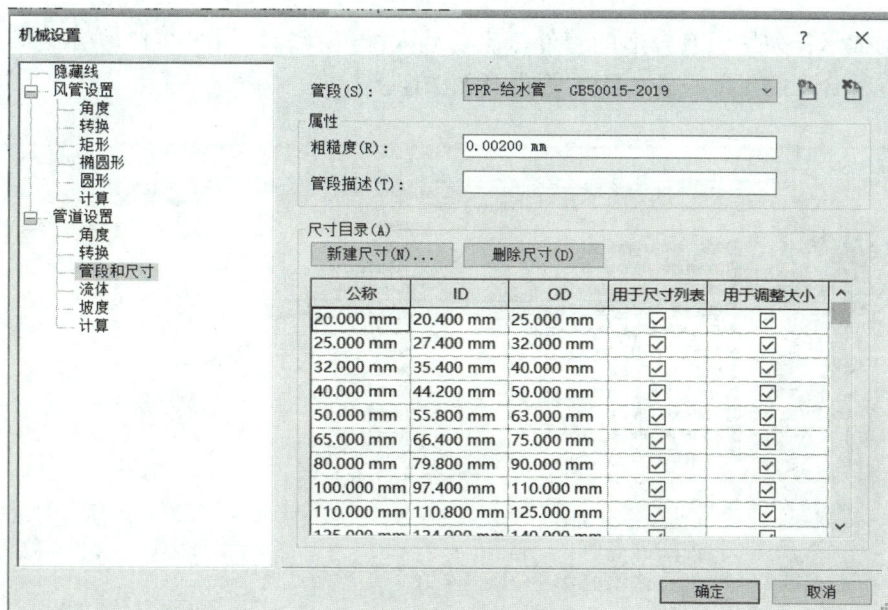

图 3-11　进行管段的选择

在"PPR-给水管-GB 50015—2019"下修改尺寸目录。

特别提示： 注意对应管道材质，修改管道尺寸时，新建的公称直径和现有列表中的公称直径，不允许重复。具体的管道尺寸符合相关国家标准即可。

返回"布管系统配置"，进行管段和管件的选择，单击"管段"下拉按钮，选择设置好的 PPR-给水管-GB 50015—2019 管段和最小尺寸、最大尺寸，再依次单击"弯头""首选连接类型""连接""四通"等，展开下拉列表，选择合适的连接管件见图 3-12。

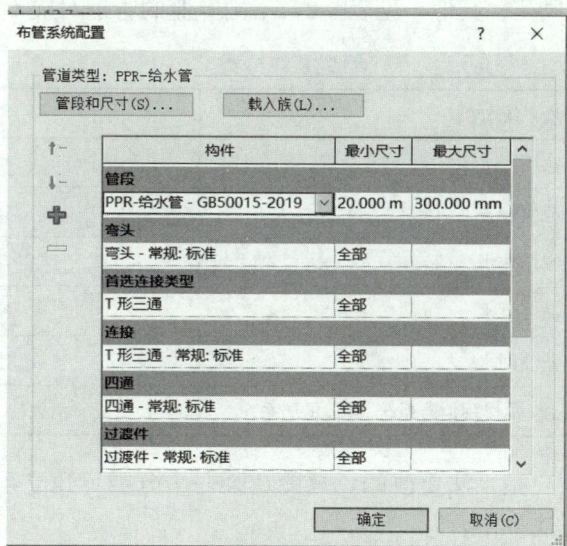

图 3-12　布管系统管段、连接件的选择

特别提示：如果没有合适的管件，需要载入配置管理，如图 3-13 所示，要根据设计要求进行合理的尺寸设置，否则管道将无法连接。

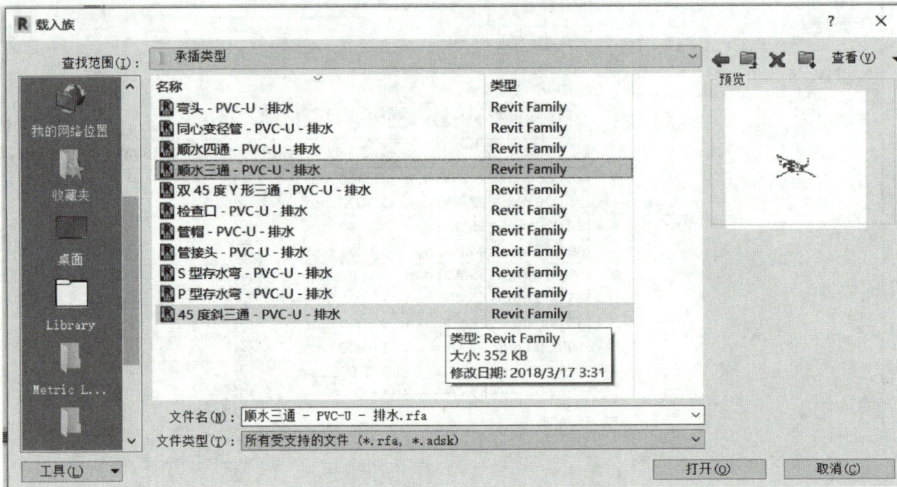

图 3-13　载入合适的管件

完成布管系统配置后单击"确定"按钮。至此该管道类型创建完成，可根据此方法创建其余管道类型，如镀锌钢管、PVC 管等。

3.2.2　管道系统设置

Revit 软件中将彼此连接的管道、管件及附件看作是一个管道系统，为了更方便地对模型进行管理及显示，在创建管道时需要先定义管道系统，管道系统默认的分类有卫生设备、家用冷水、家用热水、干式消防系统、湿式消防系统、预作用消防系统、其他消防系统、循环供水、循环回水、通风孔、其他，见表 3-2，不同专业的管道对应不同的管道系统分类。

管道系统分类　　　　　　　　　　　　　　　　　　　　表 3-2

管道系统分类	管道专业
家用冷水	给水管道
卫生设备	排水管道
家用热水	热水管道
循环供水	空调供水
循环回水	空调回水
干式消防系统、湿式消防系统、预作用消防系统、其他消防系统	消火栓、自动喷淋系统

管道系统分类，用户是无法更改的，只能在某一个分类下建立系统类型，建立管道类型的管道系统类型的方法如下：

在"项目浏览器"下拉列表窗口中选择族，并单击"＋"符号展开下拉列表，选择"管道系统"选项，系统默认自带 11 个管道系统，如图 3-14 所示。用户只能在此基础上修改以及复制，不能直接将其删除。

创建管道系统：在项目浏览器选择一个系统分类➤右键单击菜单"复制"创建一个新的系统类型➤选择新创建的系统类型，右键单击菜单"重命名"，见图3-15。例如选择"家用冷水"选项，并使用鼠标右键单击将其重命名为"J生活给水系统"，选择"卫生设备"选项并使用鼠标右键单击，将其重命名为"W生活污水系统"。

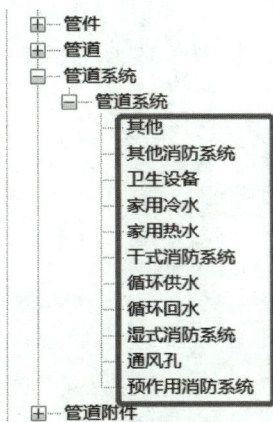

图 3-14   系统自带管道系统

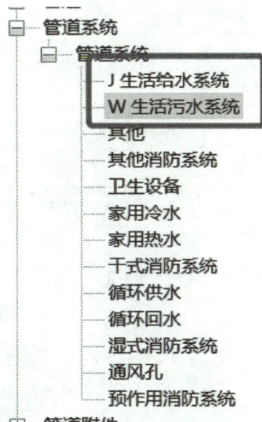

图 3-15   自定义管道系统类型

管道系统属性编辑：双击新建的系统类型，打开"类型属性"对话框，用户可以对系统的材质、计算、缩写等参数进行设置，通过"图形替换"可以对系统颜色进行设置，单击"确定"完成系统类型的自定义，见图3-16。

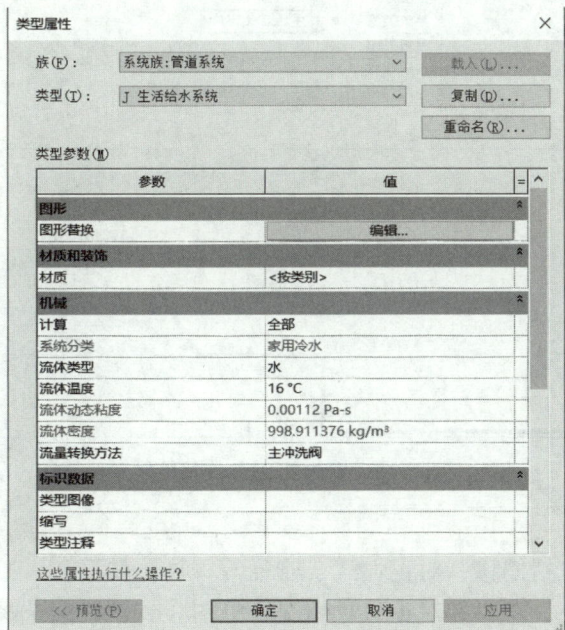

图 3-16   管道系统属性编辑

特别提示：只要彼此有物理连接的管道附件，其系统类型均是同一的，修改其中某一段管道的系统类型，与之连接的其他管道附件均会同步变化。

3.2.3 管道绘制

管道绘制是设备工程模型创建的基本工作。

1. 绘制命令

单击"系统"➤"管道"命令，选择合适的管道类型，见图 3-17、图 3-18。

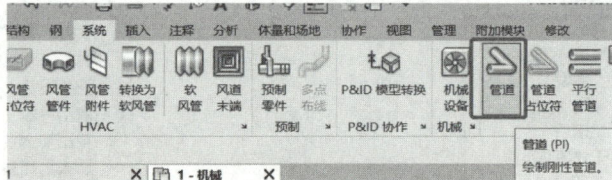

图 3-17 管道绘制命令

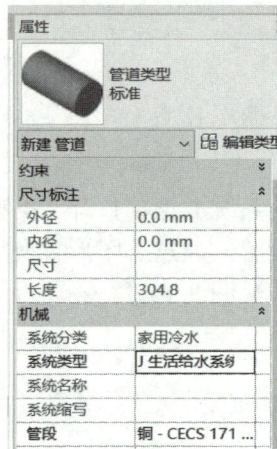

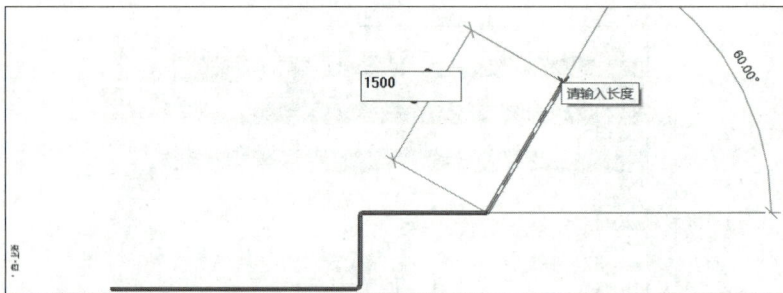

图 3-18 管道实例参数及绘制

2. 管道属性

管道的实例参数包括偏移、对正方式、管径等，具体如下：

水平对正分为中心、左、右对正三种情况，见图 3-19，一般选择中心对正。

垂直对正分为中心、底、顶对齐三种情况，一般选择中心对齐，排水管道可以选择底对齐。

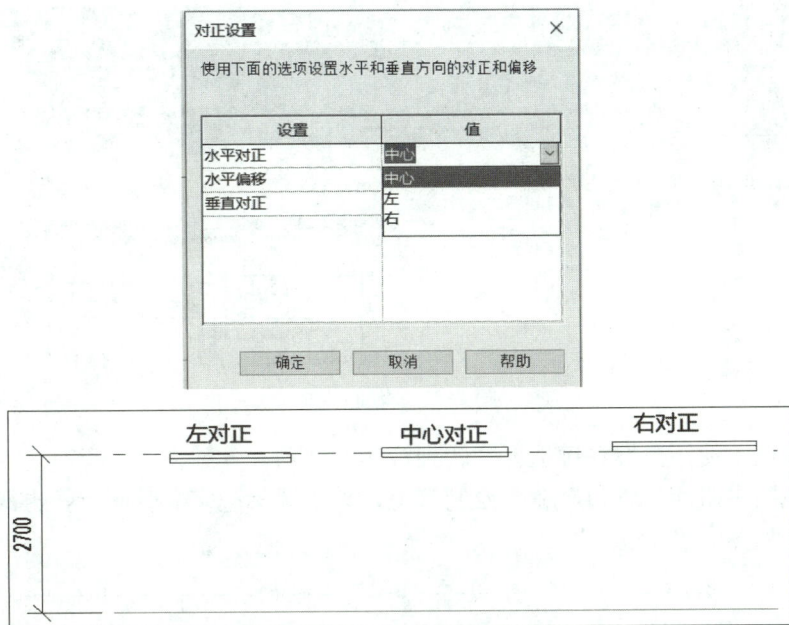

图 3-19　管道水平对正三种方式

参照标高：偏移的参照基准面一般以所在楼层为参照。

偏移：绘制管道的安装高度一般直接输入数值即可，无论选用哪种对齐方式偏移，均为定位在管道中心线处。

直径：控制绘制管道的规格，列表中的选项数值通过布管系统设置，管段尺寸预设后可以直接选择，如果没有合适的，可以去布管系统中增加管段尺寸。

进入绘制命令后，在属性面板或选项栏均可设置"直径"和"偏移"这两个参数，见图 3-20。

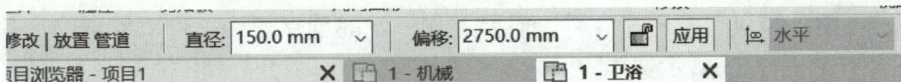

图 3-20　选项栏设置参数

特别提示：（1）创建的管道，其偏移量是以参照标高为基础，正值表示在参照标高以上，负值表示在参照标高以下。

（2）软件支持绘制过程中修改偏移和直径自动生成立管连接偏移量不同的水平管道。

3. 立管绘制

方法一：平面图绘制立管；

进入平面视图，鼠标捕捉并确定立管的起点。

选项栏输入偏移，单击"应用"，见图 3-20。

方法二：借助剖面框进行立管绘制。

创建剖面框，进入"视图"选项卡，选择"剖面"选项，如图 3-21 所示。

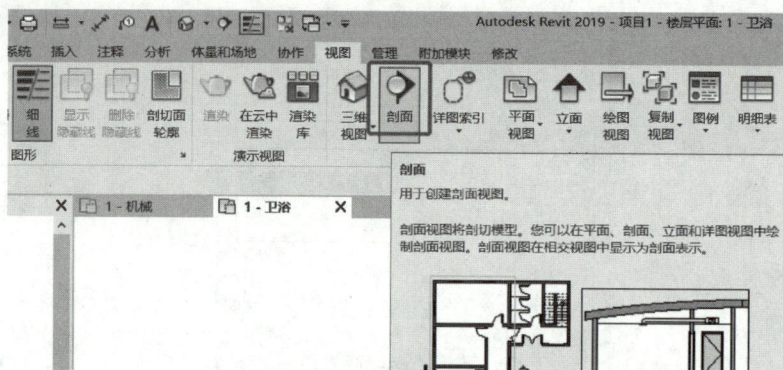

图 3-21　设置剖面

选择剖面框，使用鼠标右键选择"转到视图"选项。

在剖面视图中激活"管道"命令绘制管道，单击鼠标确定立管起点，再次单击鼠标确定立管终点，如图 3-22 所示。

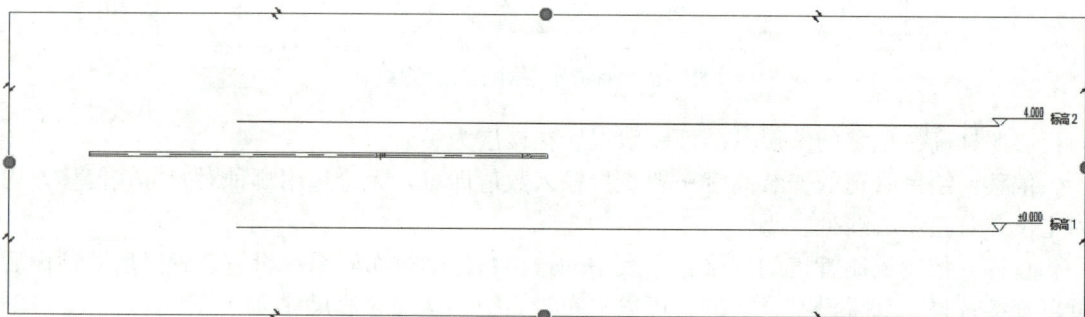

图 3-22　剖面绘制立管

4. 管道绘制规则

在 Revit 中，当执行管道命令时，需要遵守一定的创建规则，进入管道命令后，上下文选项还会有如图 3-23 所示选项。

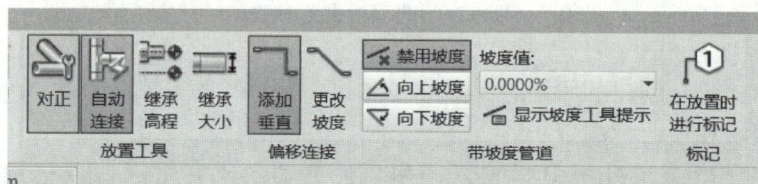

图 3-23　管道绘制规则

自动连接：相同标高的管道如果发生碰头时，可以自动连接在一起，否则作为碰撞点处理。

继承高程：绘制的管道与所捕捉管道具有相同的高程，否则按照设定的偏移量绘制并借助立管连接。

继承大小：绘制的管道与所捕捉管道具有相同的管径，否则按照设定的管径绘制并借助管件连接，一般用于在主管上绘制支管。

坡度：分为禁用、向上、向下坡度三种情况，一般管道选择禁用坡度，排水选择向上坡度。

> **特别提示：** 绘制排水管道与已有管道连接时需要开启继承高程，否则系统会报错。如果绘制的管道不可见，需要对视图范围进行设置，将视图深度和底部均设置在排水管道安装高度以下。

5. 管道编辑

模型创建是一个不断调整优化的过程，对已经创建的管道进行修改是不可避免的，选中管道实例，可以采用多种方法进行编辑，在属性面板及绘图区域进行基本的图元编辑，比如修改偏移、管径、长度、坡度等，见图 3-24、图 3-25。当修改某一段管道的偏移量，其他管道能够同步随之变化，管道之间继续保持连接。

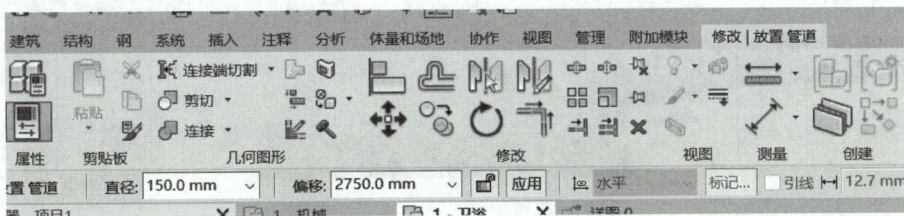

图 3-24　管道编辑

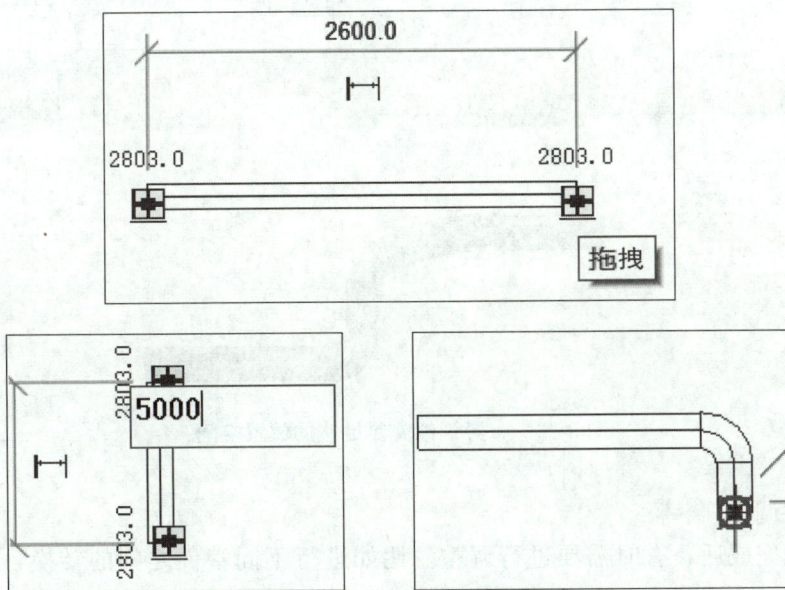

图 3-25　拖拽管道、修改管道偏移量、管道连接

应用 Revit 进行建模时，借助对齐命令，可以让管线进行准确定位，能够大大提高管道建模的效率。需要连接的两段管道，一般在平面视图中进行对齐，使它们位于同一立面上，这样会方便后续的连接。

6. 管件

（1）管件创建

Revit 管道绘制时会自动生成连接的管件，一般不需要用户单独创建。管件的具体类型和管道类型与"布管系统配置"有关，软件不仅能自动生成管件，当修改管道且管道发生变化后，原有的管件也会同步调整。

布置管件需要足够的空间，因此在放置管件的部位，管道长度不能太小，否则会连接失败，出现"找不到自动布线解决方案"的错误提示，这时可以先将管道与管件之间的距离拉大，等连接完成后再对管道的位置进行调整，方便管道和管件的连接，如图 3-26 所示。

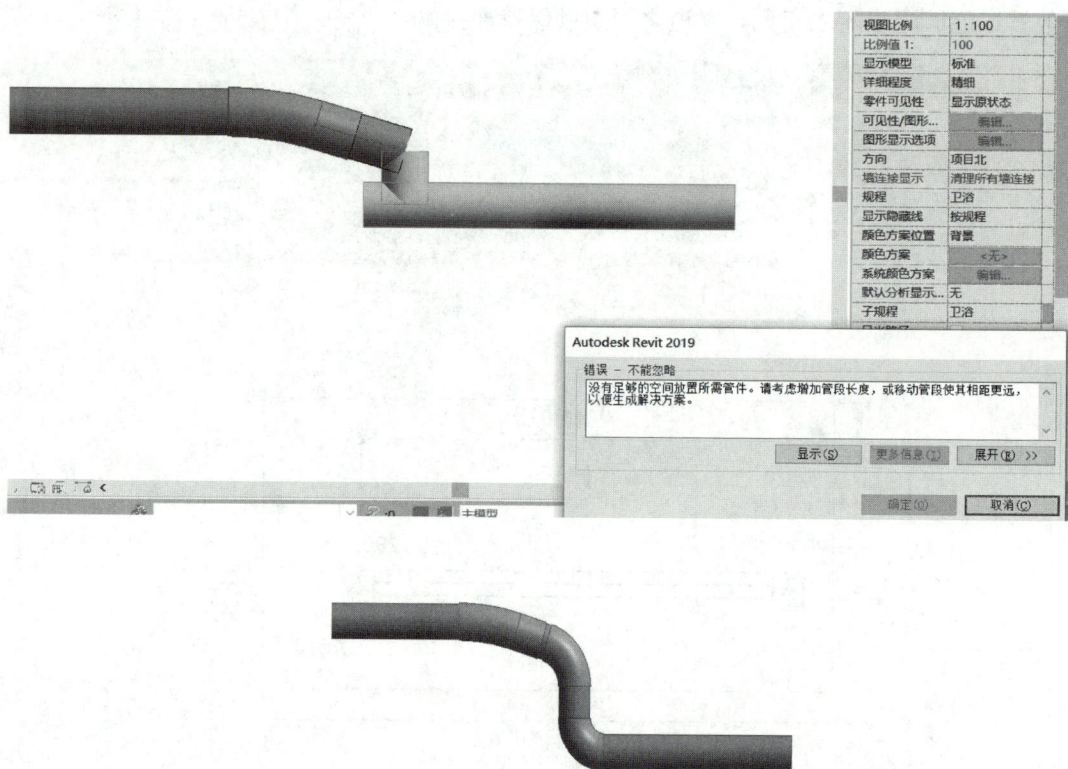

图 3-26　布置管件需要足够的放置空间

（2）管件调整

管件创建完成后，有时需要进行调整。比如进行不同管件之间的转换，调整它的方向、大小等。

三通变弯头：选中一端未连接的三通，鼠标单击三通旁的"—"。

弯头变三通：点击需要修改的弯头，单击弯头旁的"＋"，则会在对应的方向生成三通的接口，如图 3-27 所示。

管件替换：选择需要修改的管件，在属性面板的类型选择器中直接选择其他的族类型进行替换，如图 3-28 所示。

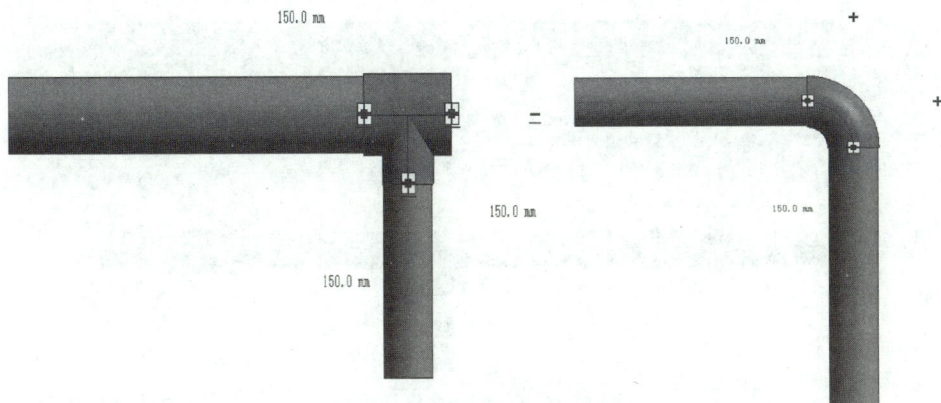

图 3-27　弯头与三通的转化

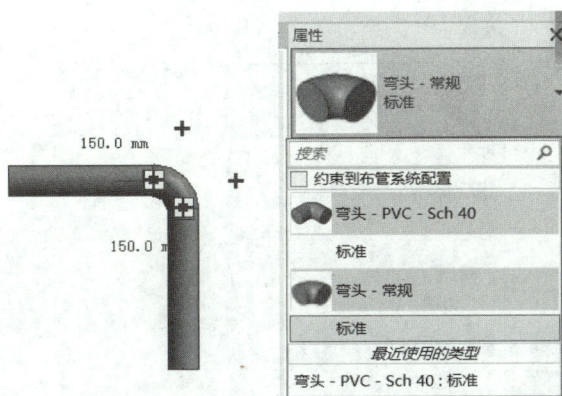

图 3-28　标准弯头转换为 PVC 弯头

3.2.4　管路附件及设备

1. 阀门放置

管路附件是水暖管道中不可缺少的组成部分，Revit 默认的管路附件包括地漏、水表、阀门、清扫口等，当管道创建完成后，可以在管道上布置相关的管路附件。以阀门的放置为例，添加管路附件的方法如下：

创建管路附件：

选项卡：单击"系统"➤"管路附件"，见图 3-29。

选择类型：属性面板下拉列表中选取合适的阀门类型，并选择合格的规格。

放置实例：在绘图区域，用鼠标捕捉到管路的中心线，点击鼠标放置。

2. 卫生器具

卫生器具包括小便器、大便器、洗脸盆、浴盆、污水池等，实际在进行给水排水工程模型创建时，先布置卫浴装置，再进行管道的连接。

选项卡：单击功能区"系统"➤"卫浴装置"，见图 3-30。

选择类型：属性面板下拉列表中选取合适的卫生器具，并选择合格的规格。

实例属性：在属性面板中设置卫浴装置的偏移量。

在绘图区域单击左键进行放置。

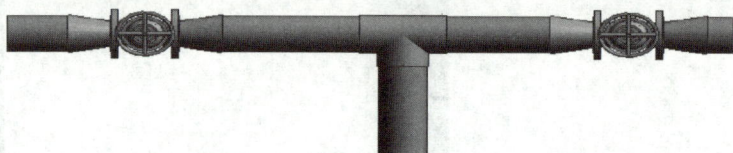

图 3-29　管路附件及其放置

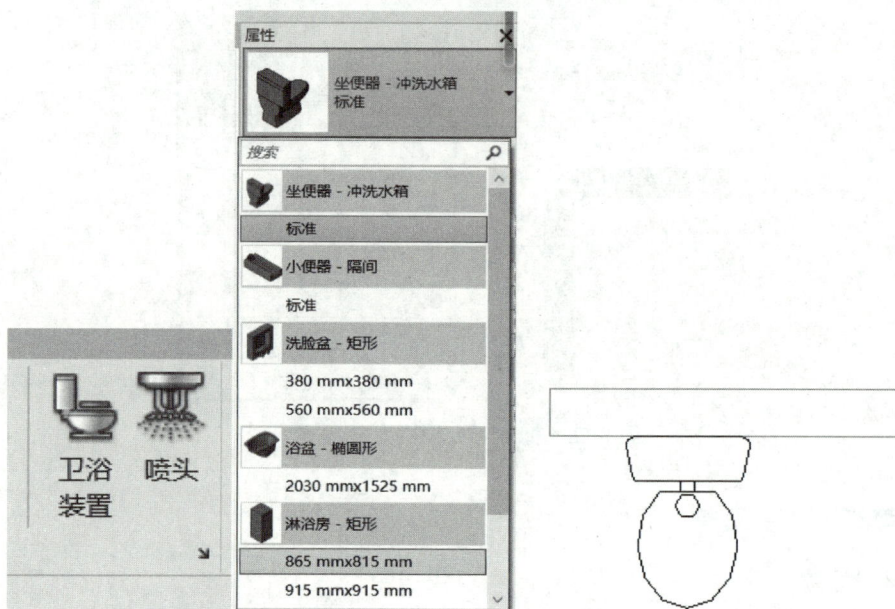

图 3-30　卫生器具的创建

图 3-31　卫生器具的放置规则

卫生器具在放置时有以下几种规则（图 3-31）：

（1）放置在垂直面上，适合小便器、洗脸盆、洗涤盆等卫浴装置，拾取墙体才能完成放置。

（2）放置在面上，一般用于大便器，需要拾取楼板才能放置。

（3）放置在工作平面上，不用依赖于墙体或楼板，可以放置在选定的工作平面上。

3. 卫生器具连接管道

卫生器具放置完成后，需要将卫生器具与管道进行连接。Revit 软件支持自动连接和手动绘制两种方式，自动连接通常适用于卫生器具的给水管道。

卫生器具与管道自动连接：

选择卫生器具后，单击上下文选项卡"连接到"，在对话框中选择一种连接件类型，在绘图区域选择相应的管道，即可完成连接，如图 3-32 所示。

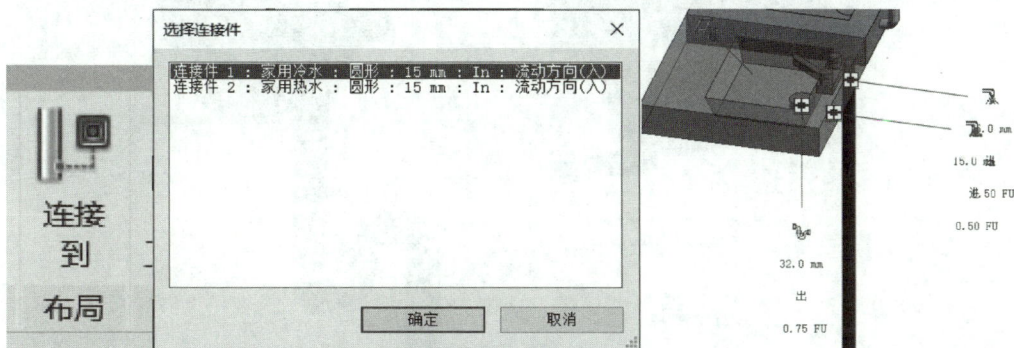

图 3-32　卫浴设备与给水排水管道自动连接

对于难以实现自动连接的给水排水管道，需要手动完成连接，即以卫浴装置的进水口或出水口为起点绘制管道。对于多数卫生器具，在绘制排水短立管后，通常还需要先布置存水弯，再与横支管连接。

创建管道：选中卫浴装置，单击旁边的出水连接件符号 ，移动鼠标开始手动绘制管道。

放置存水弯：单击功能区"系统" ➤ "管件" ➤ 移动鼠标捕捉短立管端点，使存水弯与之连接，然后将存水弯调整到合理的放置方向。存水弯族需从 MEP 中载入，如图 3-33 所示。

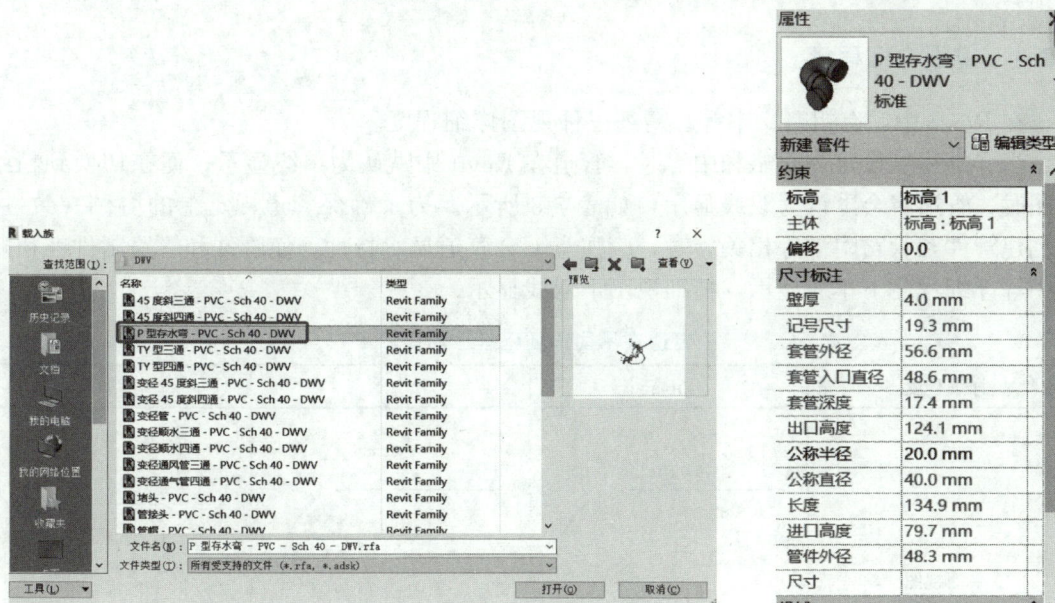

图 3-33　载入存水弯族

绘制后续的管道：接下来从存水弯的另一端继续向下绘制管道，与横支管完成连接，如图 3-34 所示。

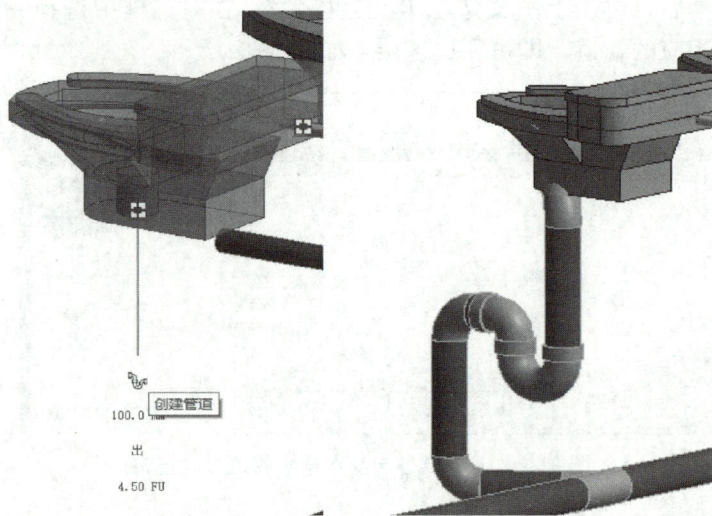

图 3-34　布置存水弯

3.3　管道显示设置

在 Revit 中，为了满足不同的设计和出图需要，可以通过以下几种方式来控制管道的显示。

3.3.1　视图详细程度

在 Revit 中，有粗略、中等、精细三种视图详细程度。

当详细程度设定为粗略和中等时，管道在 Revit 中默认为单线显示；而在切换到精细视图时，管道将会默认为双线显示，如表 3-3 所示。为了确保管道视觉上的协调一致性，在创建管件和管路附件等相关族时，应注意配合管道显示特性，使管件和管路附件在粗略和中等详细程度下单线显示，精细视图下双线显示。

管道在不同详细程度下的显示　　　　　　　　　　表 3-3

详细程度	粗略	中等	精细
平面视图			

3.3.2 可见性/图形替换

输入快捷键"VV",或者单击"视图"选项卡下"图形"面板中的"可见性/图形"工具,打开所在视图的"可见性/图形替换"对话框,如图 3-35 所示。

图 3-35 "可见性/图形"工具

在"模型类别"选项卡下,可关闭"管件"选项,单击"确定"按钮,模型中"管件"在视图中不再显示,如图 3-36 所示。

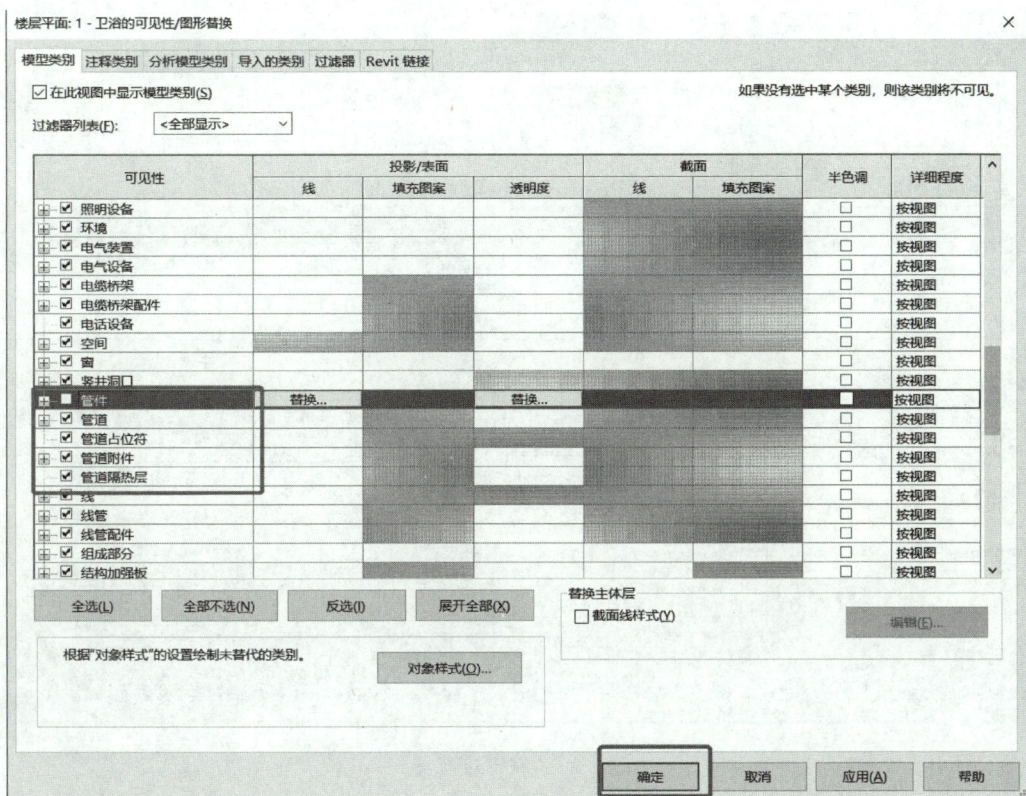

图 3-36 控制"管道"可见性

在 Revit 视图中,若需要依据某些原则使当前视图中的管道、管件和管路附件等隐藏或区别显示,则可以通过"过滤器"来完成,如图 3-37 所示。

单击"编辑/新建(E)"按钮,打开"过滤器"对话框,如图 3-38 所示。"过滤器"的族类别可以选择一个或多个,同时可以勾选"隐藏未选中类别(U)"复选框;"过滤条件"可以使用系统自带的参数,也可以使用创建项目参数或者共享参数。

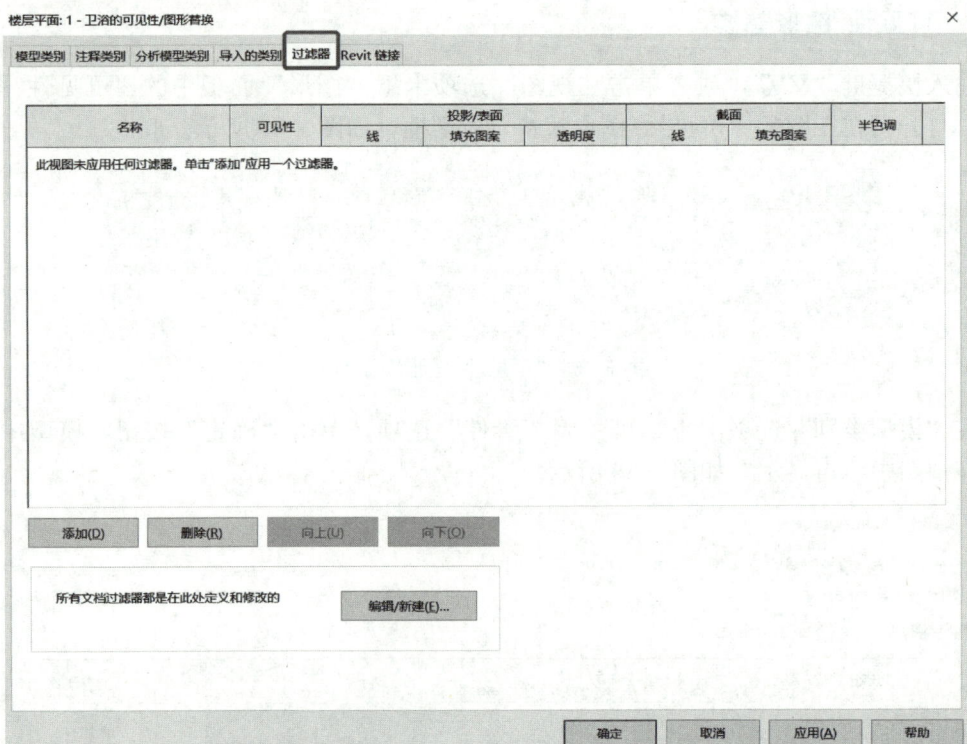

图 3-37　过滤器

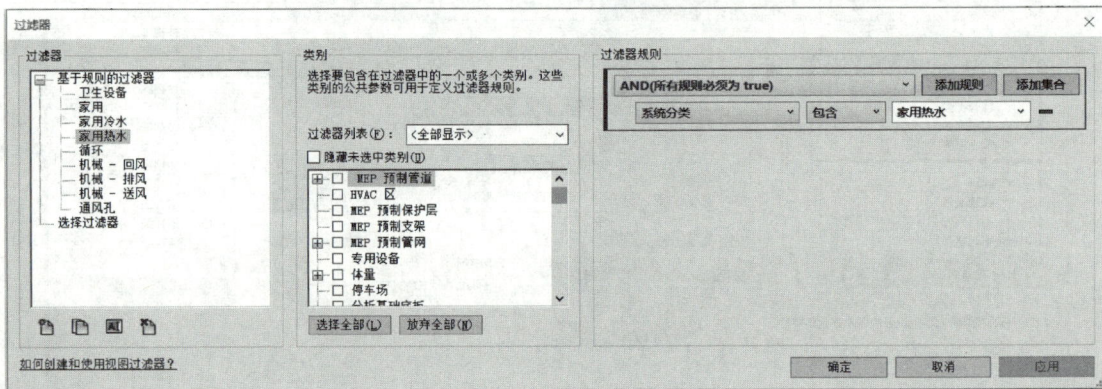

图 3-38　编辑过滤器

3.3.3　管道图例

在平面视图中，为方便分析系统，可以根据管道的某一参数对管道着色。

单击"分析"选项卡下"颜色填充"面板中的"管道图例"工具，如图 3-39 所示，将图例移动到绘图区域，单击鼠标左键进行放置，即可创建一个管道图例。此外，还可对管道进行着色，选择"颜色方案（C）"，如图 3-40 所示。

创建管道图例之后，需要对其进行编辑，设计指定的颜色方案。以"管道颜色填充-

图 3-39　管道图例

图 3-40　选择颜色方案

尺寸"为例，Revit 将根据不同管道尺寸给当前视图中的管道配色，如图 3-41 所示，根据图例颜色判断管道系统设计是否符合要求。

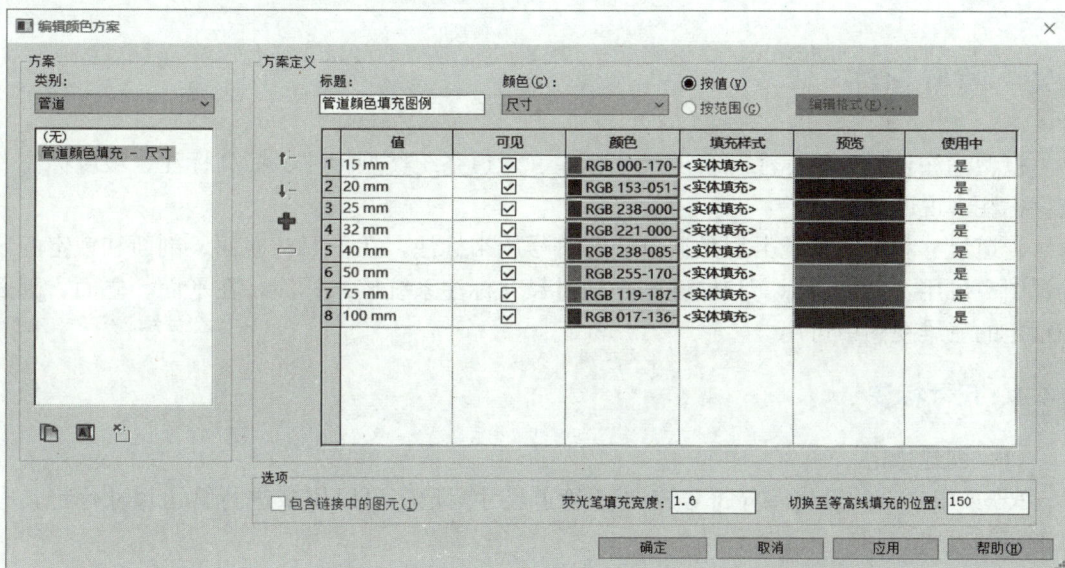

图 3-41　编辑颜色方案

（1）选中未编辑管道图例，单击"修改/管道颜色填充图例"选项卡下"方案"面板中的"编辑方案"工具，打开"编辑颜色方案"对话框（在该对话框中可以进行方案命名、复制以及具体定义）。

（2）在"颜色（C）"下拉列表中选择相应的参数作为管道配色依据，如图 3-42 所示。

（3）定义好方案后，单击"确定"➤"应用"按钮，该方案生成，管道将依据该方案着色。

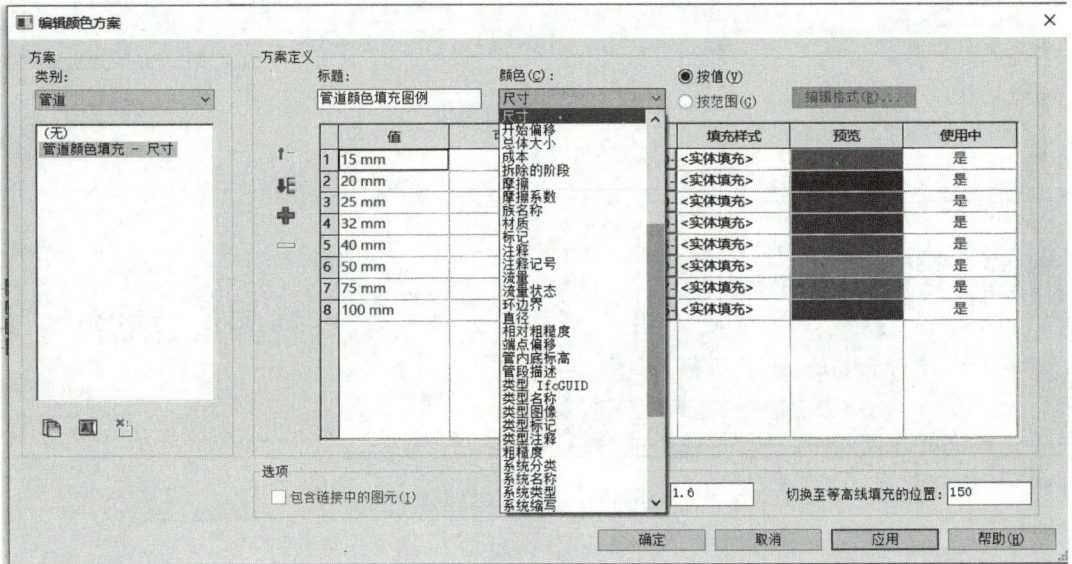

图 3-42　选择管道配色依据

3.4　模型标注

模型标注包括立管标注、管道尺寸标注、管道系统类型标注、标高标注、坡度标注和文字标注（说明）。

管道尺寸和管道系统类型是通过注释符号族来标注，在平面、立面、剖面和锁定的三维视图中可用，而管道标高和坡度则是通过尺寸标注系统族来标注，在平面、立面、剖面和锁定的三维视图中可用。

3.4.1　尺寸标注

（1）创建标记

Revit 中自带的管道注释符号族"M-管道尺寸标记"可以用来进行管道尺寸标记，有以下两种方式：

方式一：在管道绘制时进行标注。进入绘制管道模式后，单击"修改/放置管道"选项卡"标记"面板中的"在放置时进行标记"工具，在管道绘制完成时，系统将会自动完成管径标注，如图 3-43 所示。

方式二：在管道绘制完成后进行标注。单击"注释"选项卡下"标记"面板下拉菜单中的"载入的标记"命令，查看当前项目文件中加载的所有标记族。单击"按类别标记"工具后，将默认使用"M-管道尺寸标记"对管道族进行管径标注，如图 3-44 所示。

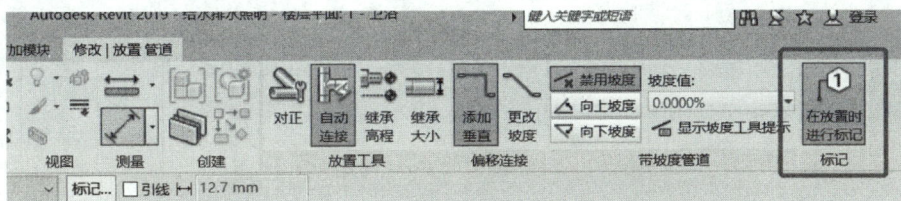

图 3-43　尺寸标记

单击"注释"选项卡下"标记"面板中的"按类别标记"工具，将鼠标拖拽至需要标记的区域单击左键，若没有事先加载相应的标记族，系统将弹出相应的提示框，如图 3-45 所示；载入后，再次单击鼠标左键，Revit 将默认使用该标记。

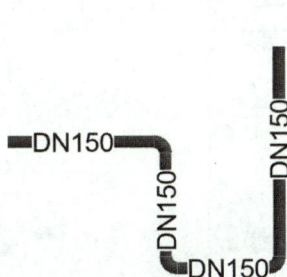

图 3-44　管径标注

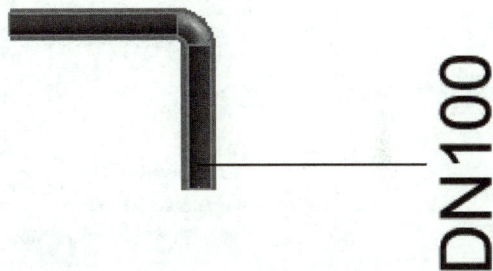

图 3-45　标注管道

（2）修改标记

在放置标记后，Revit 仍可对标记进行修改，如图 3-46 所示。

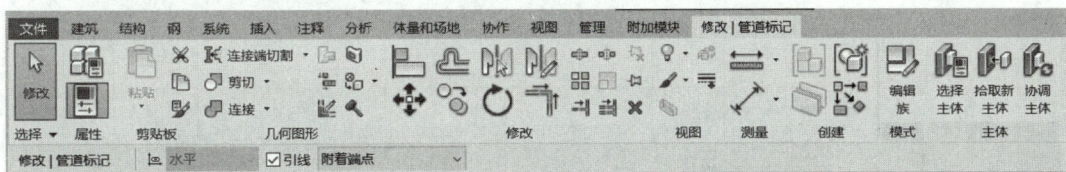

图 3-46　修改管道标记

3.4.2　标高标注

单击"注释"选项卡下"尺寸标注"面板中的"高程点"工具来标注管道标高，如图 3-47 所示。打开高程点族的"类型属性"对话框，在"类型"下拉列表中可以选择相应的高程点符号族。

（1）在平面视图中，管道标高注释在双线模式即精细模式下进行，如图 3-48 所示。标注管道两侧标高时，显示的是管道中心标高 2.750m。标注管道中线标高时，默认显示的是管顶的外侧标高 2.830m。在选中该标高标注后，可调整"显示高程"，其中在选择"顶部高程和底部高程"后，管顶和管底的标高同时被显示出来，如图 3-49 所示。

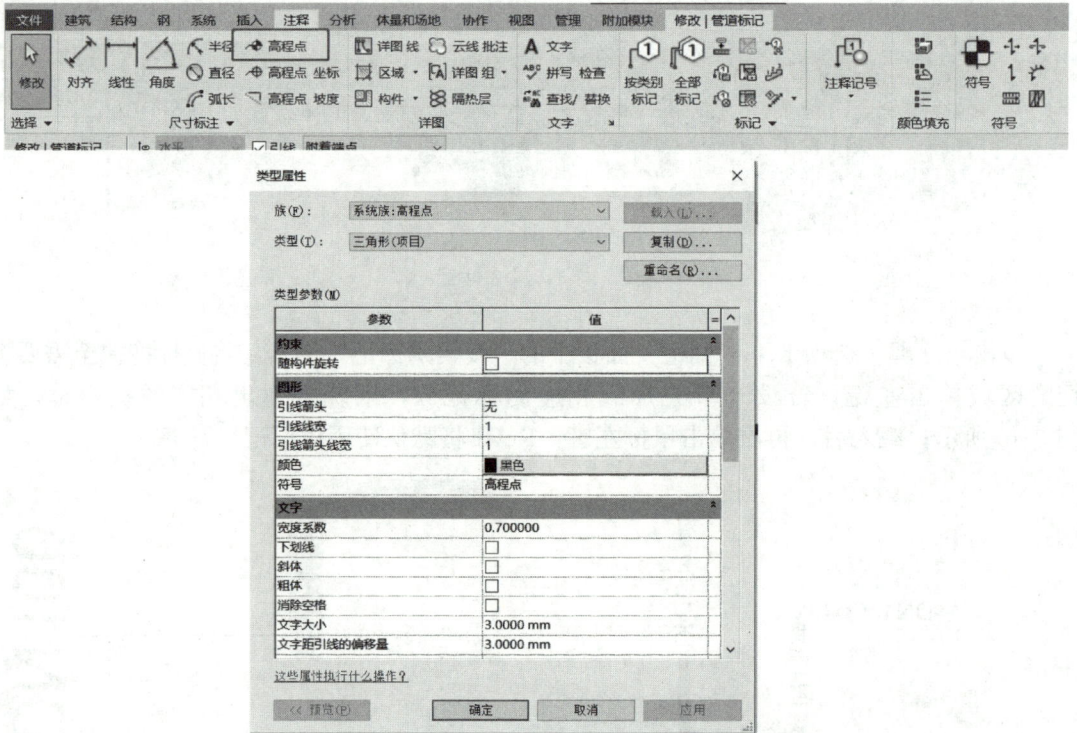

图 3-47　管道标高标注

图 3-48　平面视图中管道标高标注

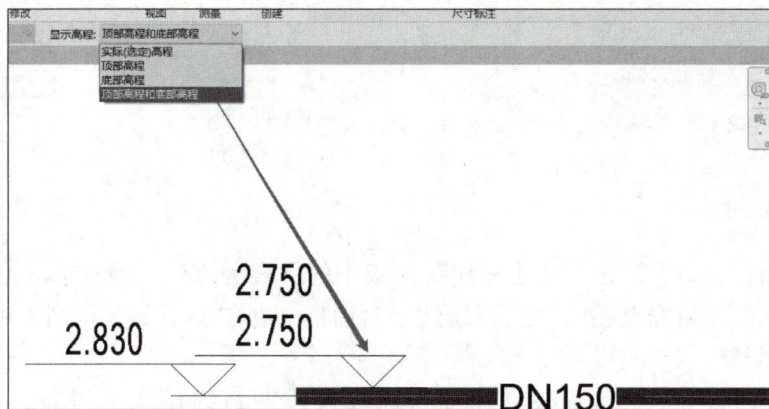

图 3-49　显示标高

（2）在立面视图中，在管道单线即粗略、中等视图情况下也可进行标高标注，如图 3-50 所示。立面视图中对管道截面进行管道标注时，为了方便捕捉，可以在"模型类别"选项卡中关闭管道的两个子类别"升"和"降"，如图 3-51 所示。

4.000　标高2

3.281

±0.000　标高1

图 3-50　立面视图中管道标注标高

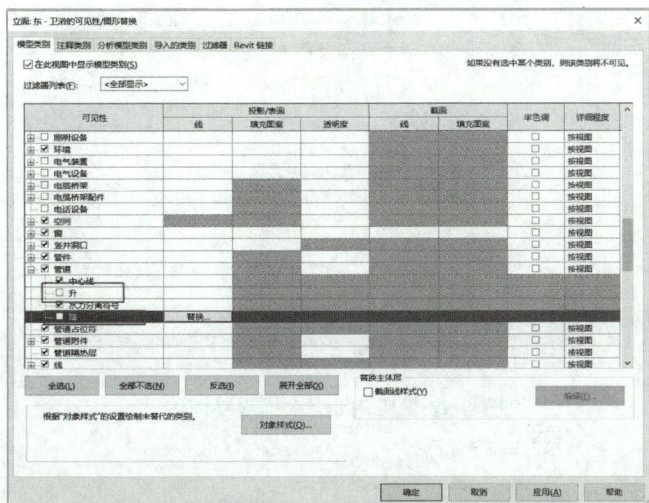

图 3-51　关闭子类别"升"和"降"的可见性

（3）剖面视图中的管道标高与立面视图中的管道标高一致，此处不再展开。

（4）在三维视图中，管道单线形式下，标注的为管道中心标高；双线显示下，标注的则为所捕捉的管道位置的实际标高。

3.5　卫生间给水排水工程建模实践

案例介绍：案例项目为某办公建筑的地下一层，建筑结构模型已完成，本节主要进行给水排水系统 BIM 模型的创建。案例中，给水系统主要包括生活给水管，排水系统主要包括生活污水管。本节通过创建"卫生间给水排水系统"来介绍给水排水建模的方法。

3.5.1　项目准备

项目建模所需资料：

（1）给水排水专业 CAD 图纸；

（2）项目建筑结构模型文件。

1. 给水排水施工图纸的识读

建筑层高为 5.4m，卫生间卫生器具包括洗脸盆、蹲便器、小便斗，给水排水系统包括自来水和污水系统，采用直接供水方式，给水管采用 PPR 管，热熔连接，排水管采用 PVC 管材。

卫生间给水排水图纸如图 3-52、图 3-53 所示：

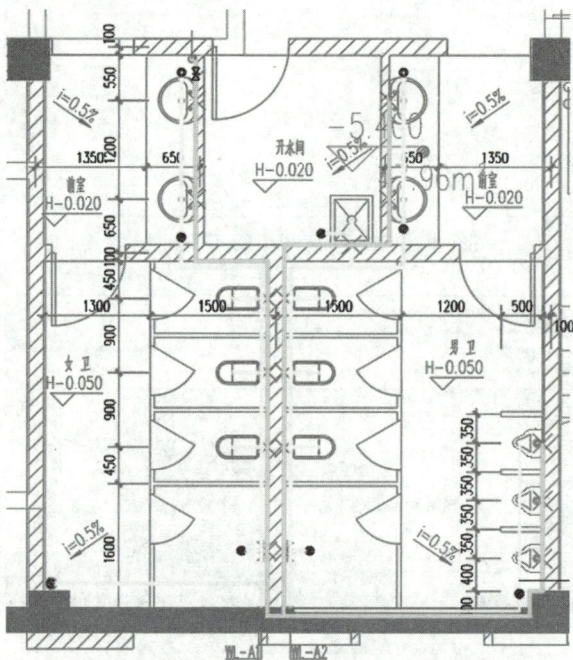

图 3-52　卫生间给水排水平面图

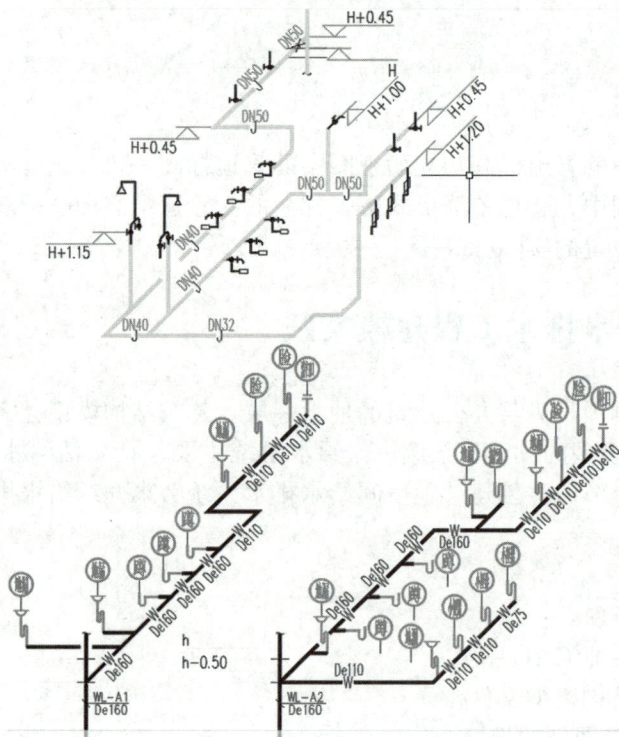

图 3-53　卫生间给水排水系统图

2. 新建项目样板

项目样板是整个项目创建的灵魂，有了完整的项目样板，才能使后续的建模工作顺利进行，创建项目样板的一般步骤如下：

（1）打开 Revit 2019 软件，单击"新建"➤"项目"命令，打开"新建项目"对话框，在"样板文件"下拉列表中选中"机械样板"文件，然后单击"项目样板（T）"单选按钮，最后单击"确定"按钮，以完成创建新建项目样板，如图 3-54 所示。

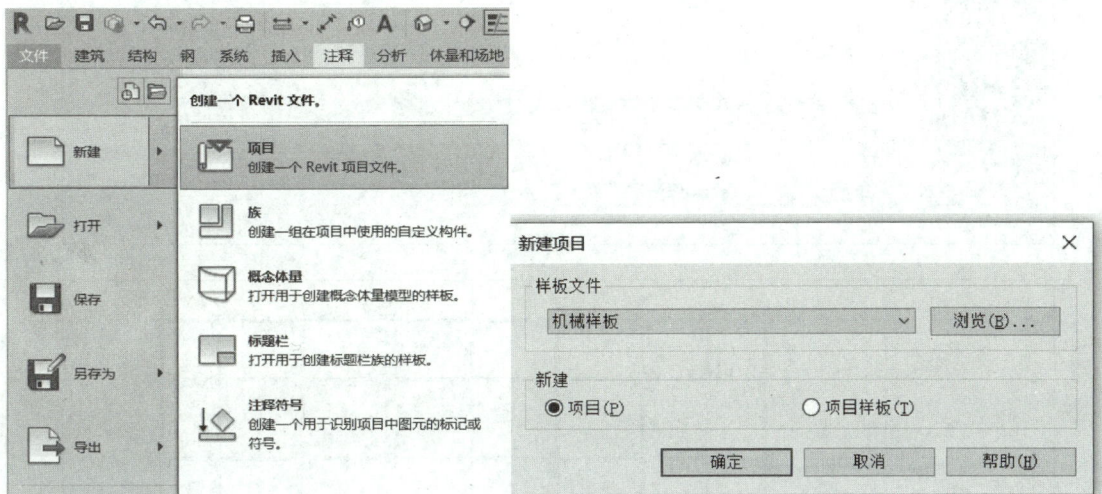

图 3-54　新建项目样板

（2）链接 Revit 建筑结构模型文件

点击"插入"➤"链接 Revit"，选择已经建好的"建筑结构模型 & 轴网标高"文件，点击"打开（O）"，如图 3-55、图 3-56 所示。

图 3-55　链接 Revit 建筑结构模型

进行轴网标高的复制监视：

点击"协作"➤"复制/监视"➤"选择链接"，进入绘图区域，点击建筑结构模型文件，进行链接选择，如图 3-57 所示。

复制监视轴
网标高

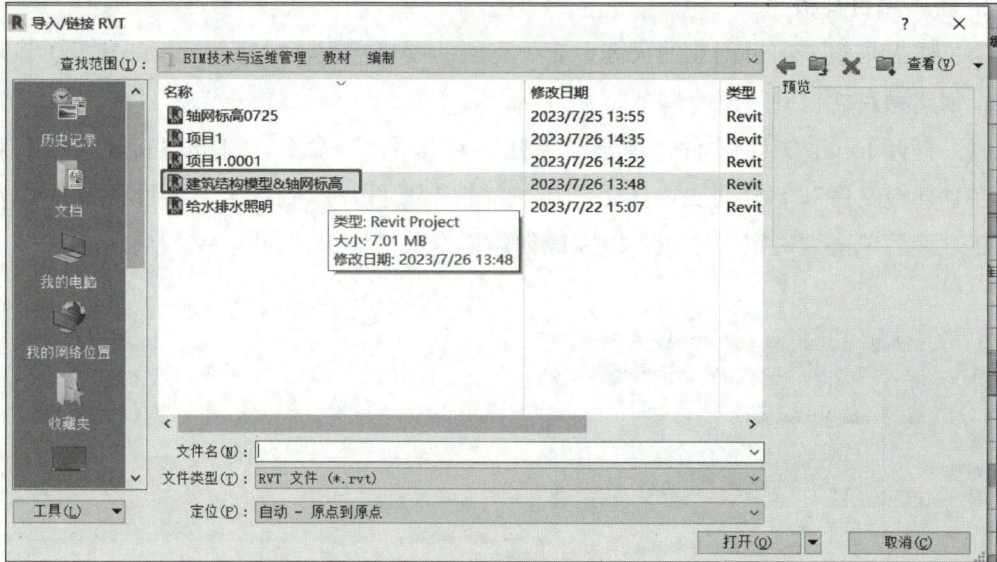

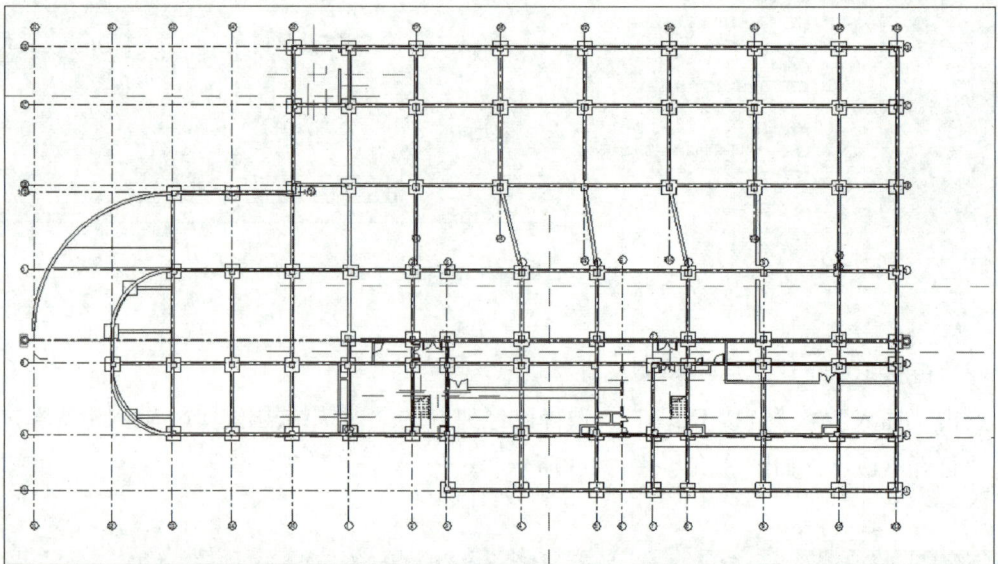

图 3-56　链接 Revit 建筑结构模型

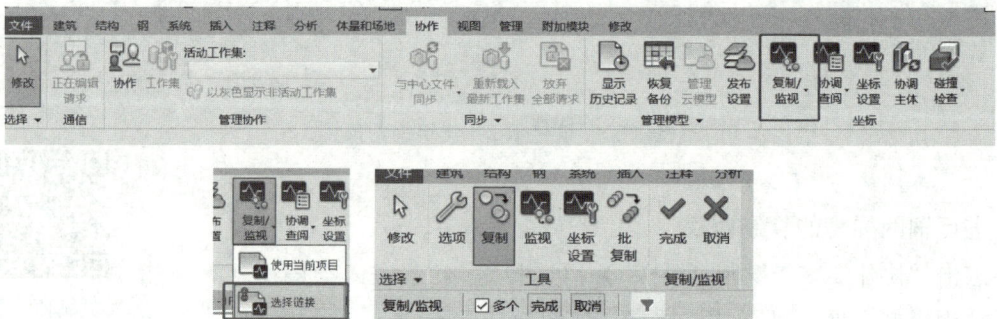

图 3-57　轴网标高的复制步骤

在"工具"面板中选择"复制"命令，进行轴网的复制。可以进行单个轴网选择，或者勾选选项栏中"多个"复选框，直接框选所有的轴网进行复制。同时可以对选中的构件进行过滤，最后点击"完成"即可生成轴网。标高的复制则是进入到立面视图，操作与复制轴网一样。复制完成的轴网标高如图 3-58 所示。

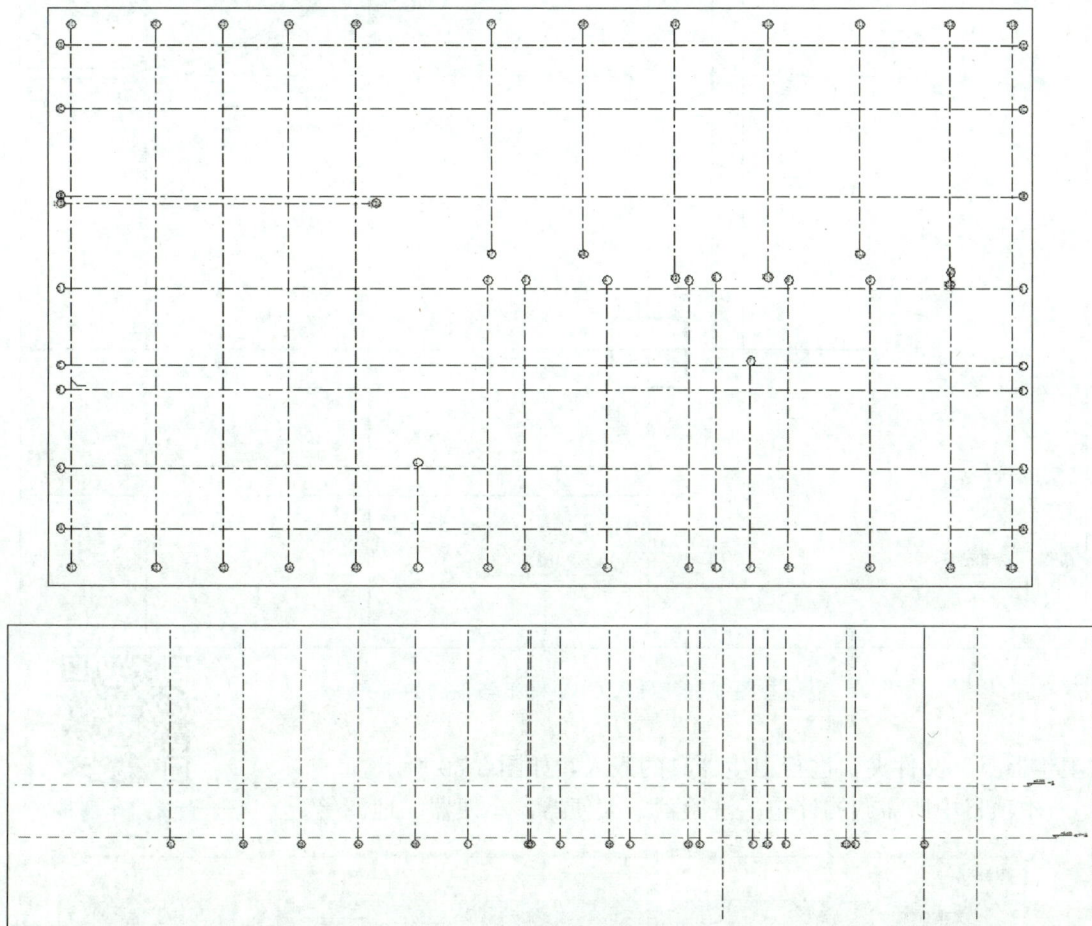

图 3-58　复制完成的轴网标高

3. 导入 CAD 图纸

单击"插入"选项卡下"导入"面板中的"导入 CAD"工具，打开"导入 CAD 格式"对话框，选择图纸文件"地下室给水排水布置图-卫生间"。

导入 CAD 图纸后，点击绘图区域任意空白区域，选中 CAD 图纸，选中 CAD 图纸的 ⒹⒶ 与 ⒹⒾ 交叉点，拖拽到 Revit 轴网的 ⒹⒶ 与 ⒹⒾ 交叉点进行对齐，对齐后选中 CAD 锁定，如图 3-59 所示。

3.5.2　卫生间给水排水工程建模

1. 载入族构件，合理放置

单击"插入"选项卡，单击"载入族"，选择"MEP"文件夹（建筑文件夹里的卫生器具仅为 3D 模型，不具备连接水管管线的功能），选择

导入 CAD

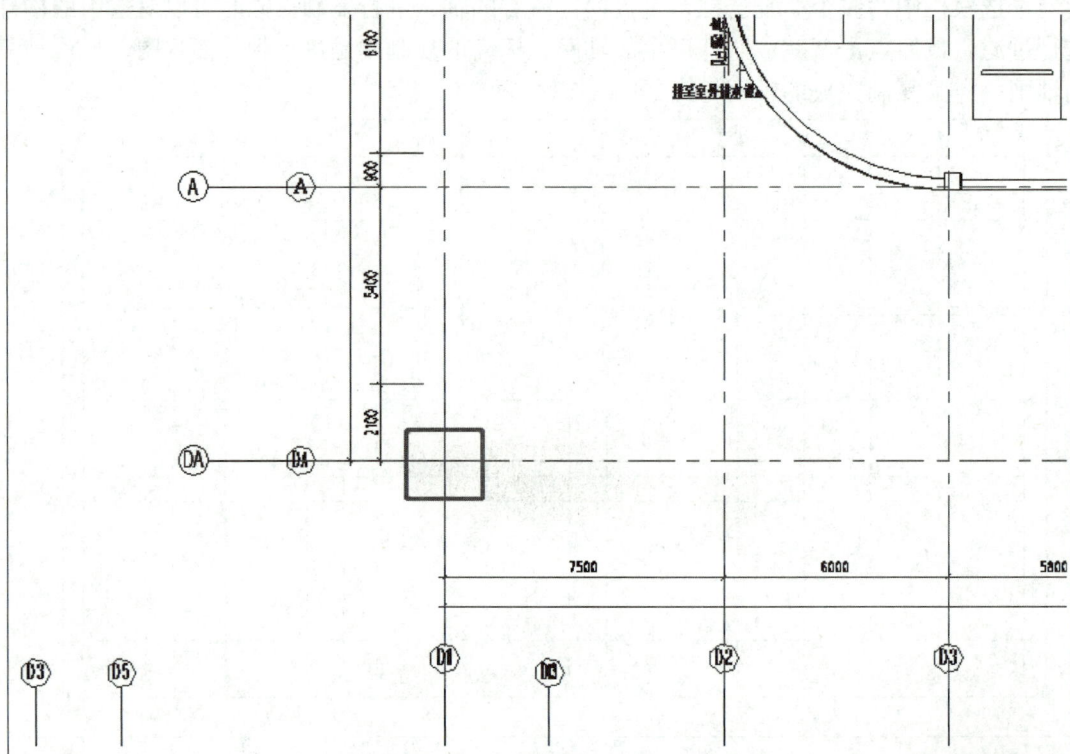

图 3-59　导入 CAD 图纸与轴网的对齐

"卫生器具"文件夹，进行卫生器具的载入，如图 3-60 所示。

本项目中所需族构件包括洗脸盆、大便器、小便器、地漏等。

放置卫生器具

(a)

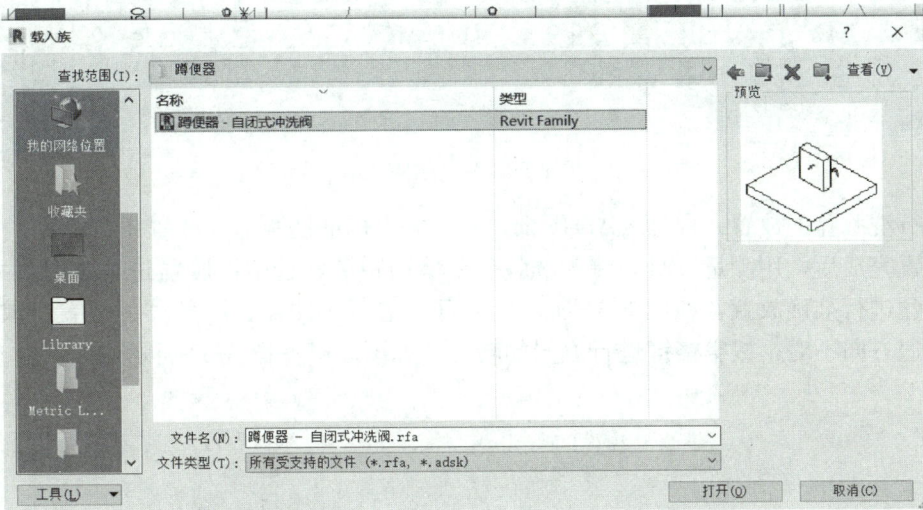

(b)

图 3-60　载入族构件

选择"卫浴附件"文件夹进行地漏的载入，如图 3-61 所示。

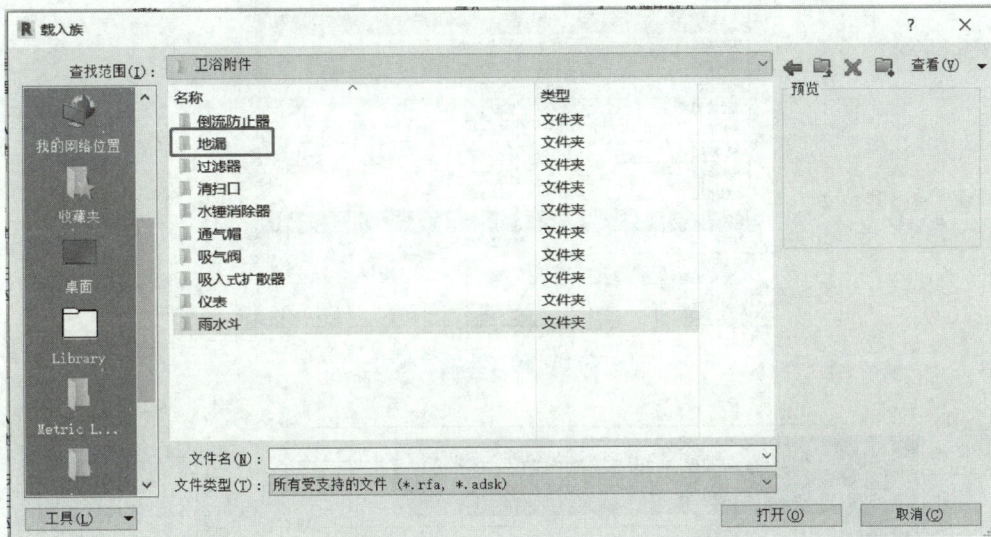

图 3-61　载入地漏构件

为了更好地查看卫生器具的位置，绘图区域空白处点击选中 CAD 图纸，将背景改为前景，如图 3-62 所示。

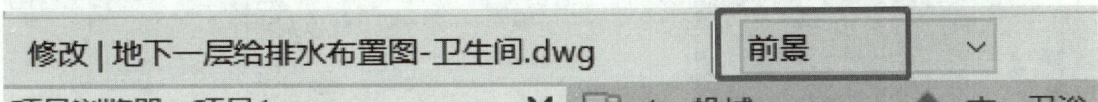

图 3-62　导入的 CAD 图纸改为前景

点击"系统"选项卡下的"卫浴装置"进行卫生器具的放置，如图 3-63 所示。

图 3-63　选择卫浴装置

进行洗脸盆的放置，根据 CAD 图纸，复制一个标准洗脸盆，放置相应位置。

放置完成后，用测量工具，测量洗脸盆距墙面距离，选中洗脸盆进行临时尺寸修改，将洗脸盆进行准确放置，如图 3-64 所示。同理，进行小便器、蹲便器的放置。放置过程中，如遇方向不对，按空格键进行方向的转变，如图 3-65～图 3-67 所示。

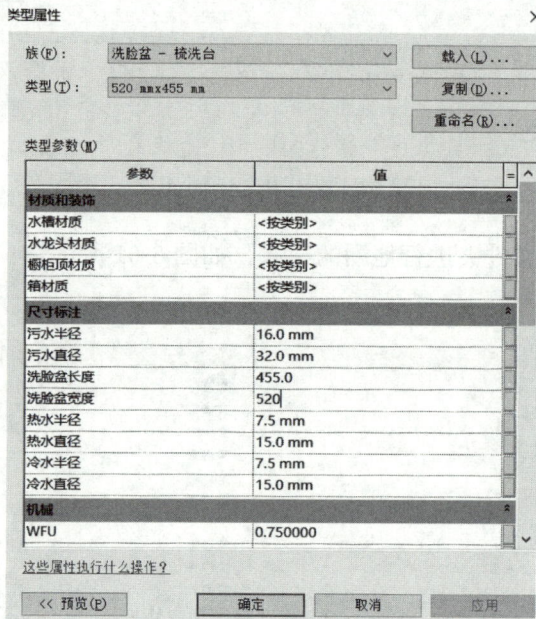

图 3-64　修改洗脸盆尺寸

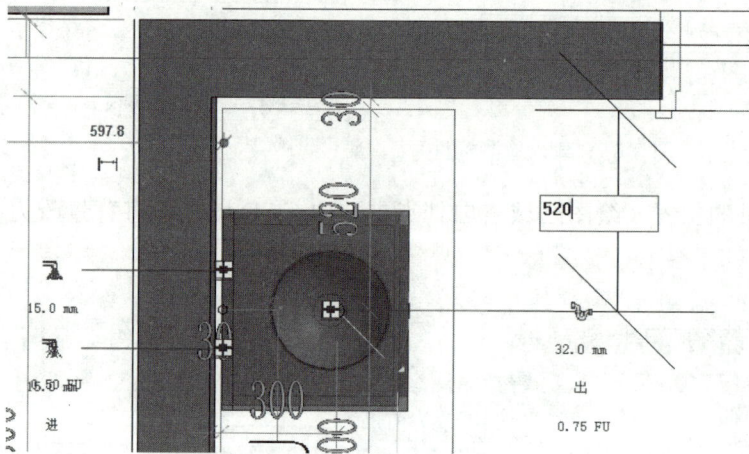

图 3-65　放置洗脸盆，反转方向

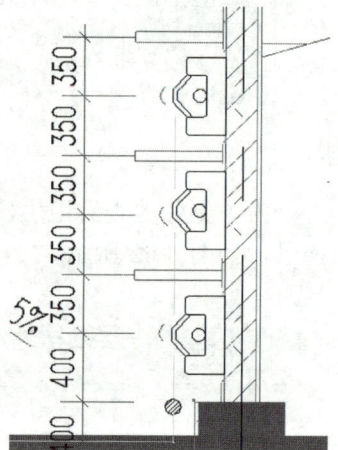

图 3-66　放置小便斗

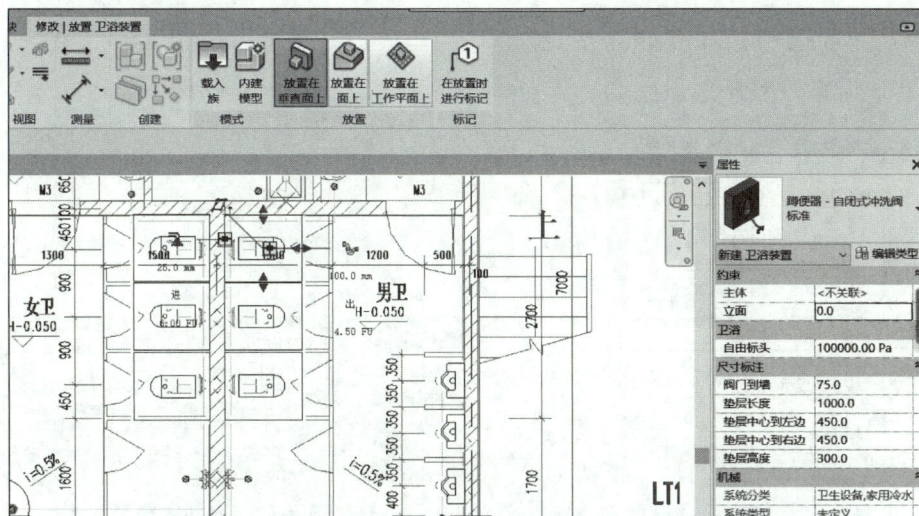

图 3-67　放置蹲便器

由于小便斗是基于面放置的，在放置之前需绘制地下一层楼板，再根据图纸进行放置。根据图纸放置洗脸盆，如图 3-68 所示。

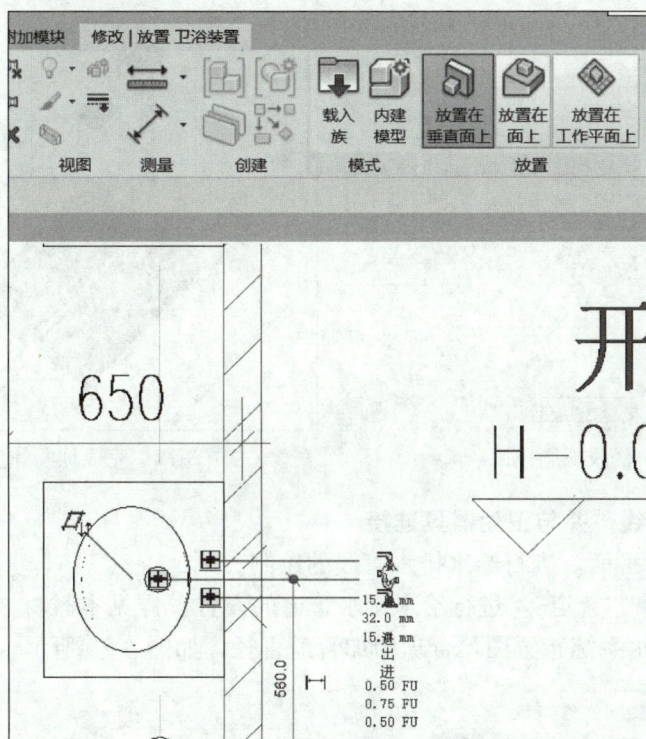

图 3-68　放置洗脸盆

在属性栏将"规程"改为"卫浴"，进行卫生器具和管线的查看，如图 3-69 所示。

点击"系统"➤"修改/放置管路附件"进行地漏的放置，选择到"放置在工作平面上"，如图 3-70 所示。

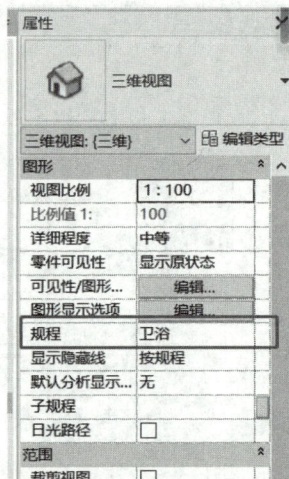

图 3-69　修改项目规程

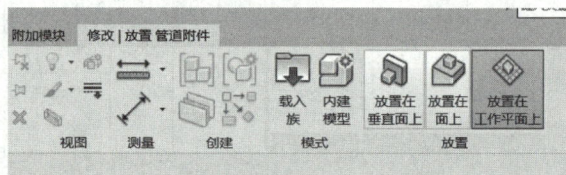

图 3-70　地漏放置平面选择

如遇提示楼层平面不可见，可进行视图范围的合理调整，如图 3-71、图 3-72 所示。

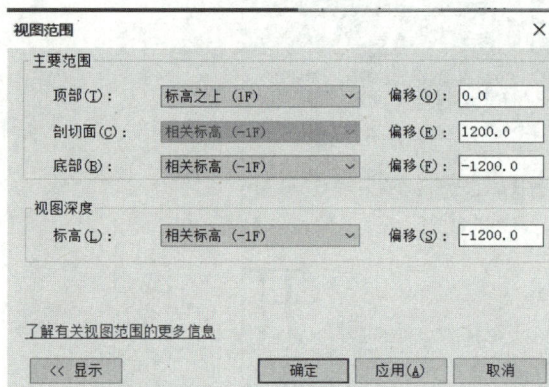

图 3-71　修改视图范围

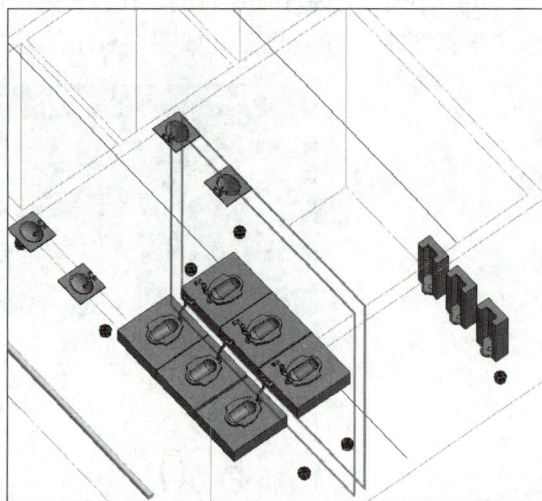

图 3-72　完成地漏和卫生器具放置

2. 绘制给水管线，并与卫生器具连接

回到－1F 楼层平面，进行给水排水管线的绘制。

点击"系统"➤"管道"，进行给水排水管道的设置，详见本教材 3.2.1、3.2.2 相关内容。根据给水排水系统布置图，合理增加管道直径，如图 3-73 所示。

图 3-73　管道绘制过程直径和标高的修改

根据卫生间大样图，进行管径和标高的设置，合理设计管线的位置，开始绘制给水管，如图 3-74 所示。

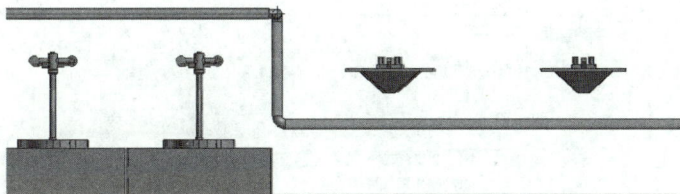

图 3-74　在立面进行管道系统图的绘制

选择"家用冷水"进行卫生器具和给水管的连接，如图 3-75 所示。给水管与卫生器具连接完成如图 3-76 所示。

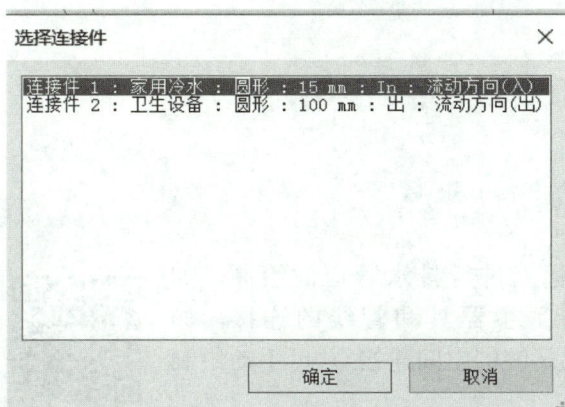

给水系统绘制和连接

图 3-75　给水管与卫生器具的连接选择

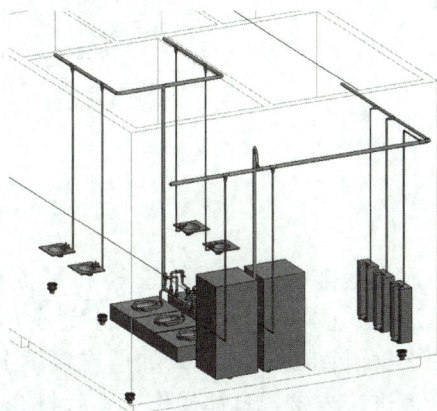

图 3-76　完成给水管道和卫生器具的连接

3. 排水管绘制

点击"系统"➤"管道"，进行给水排水管道的设置，详见本教材 3.2.1、3.2.2 相关内容。排水管选择棕色颜色，如图 3-77 所示。

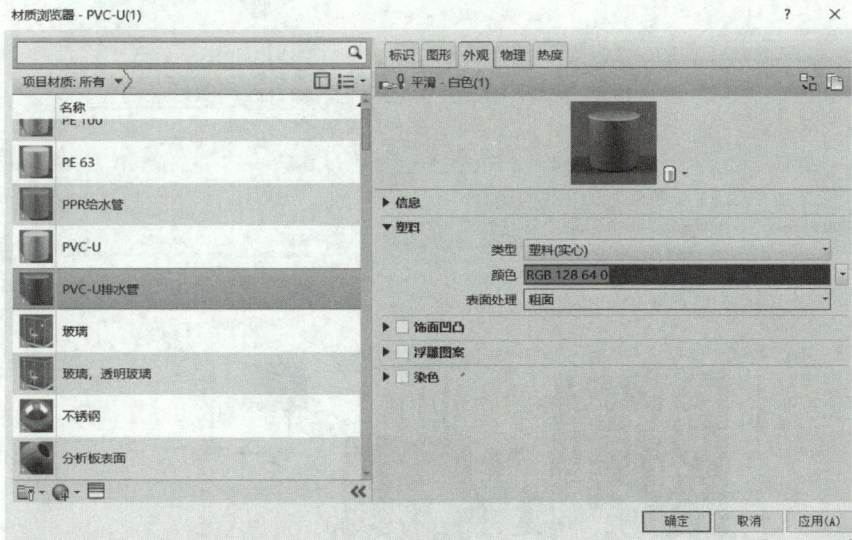

排水管线绘制

(a)

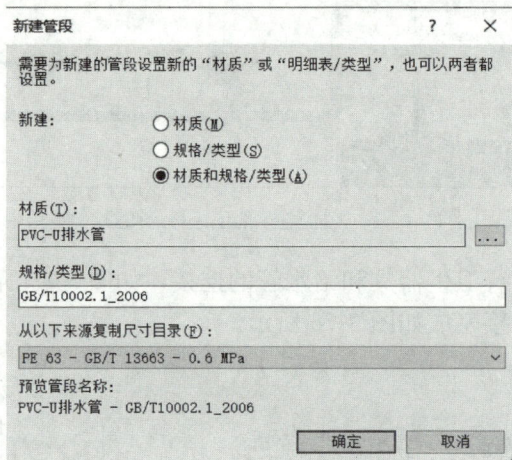

(b)

图 3-77　新建 PVC-U 排水管段

　　根据排水系统图的管径和平面图的标高进行排水管道的绘制，如图 3-78、图 3-79 所示，绘制完成后进行卫生器具和管线的连接，如图 3-80、图 3-81 所示，如遇连接不上（无足够的空间连接），可手动绘制管道进行连接，具体操作见本教材 3.2.3。

排水系统绘制和连接

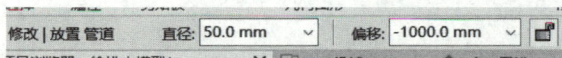

　　点击"注释"选项卡下的"高程点"，测量洗脸盆出水口的高程，再进行管线的绘制。

图 3-78　绘制排水管

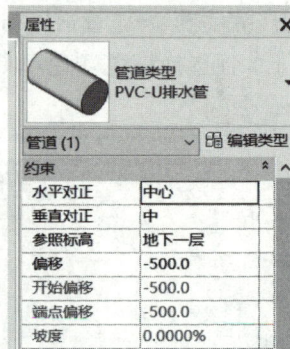

图 3-79　选择系统类型

图 3-80　完成给水排水系统绘制和连接

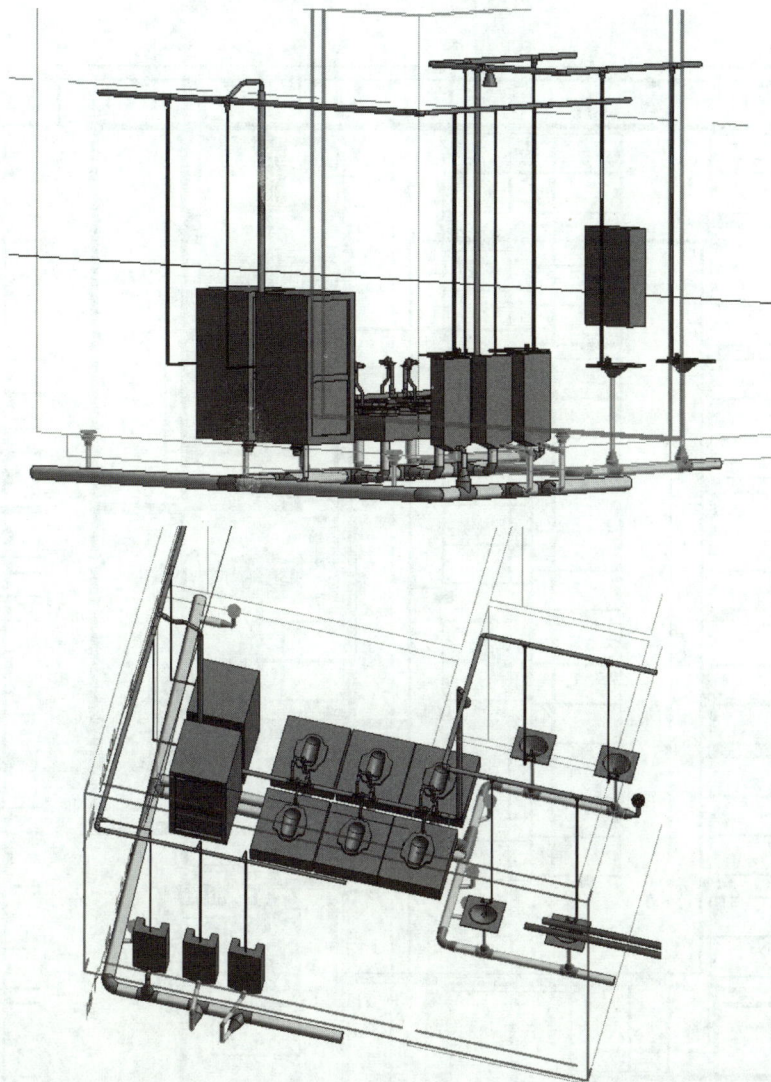

图 3-81　完成卫生间给水排水系统绘制和连接

3.6　地下室给水排水系统建模实践

项目建模所需资料：

（1）给水排水专业 CAD 图纸；

（2）项目建筑结构模型文件。

给水排水施工图纸的识读

建筑层高为 5.4m，地下一层给水排水平面布置图如图 3-82 所示。卫生间卫生器具包括洗脸盆、蹲便器、小便斗，给水排水系统包括自来水和污水系统。采用直接供水方式，给水管采用 PPR 管，热熔连接，排水管采用 PVC 管材。

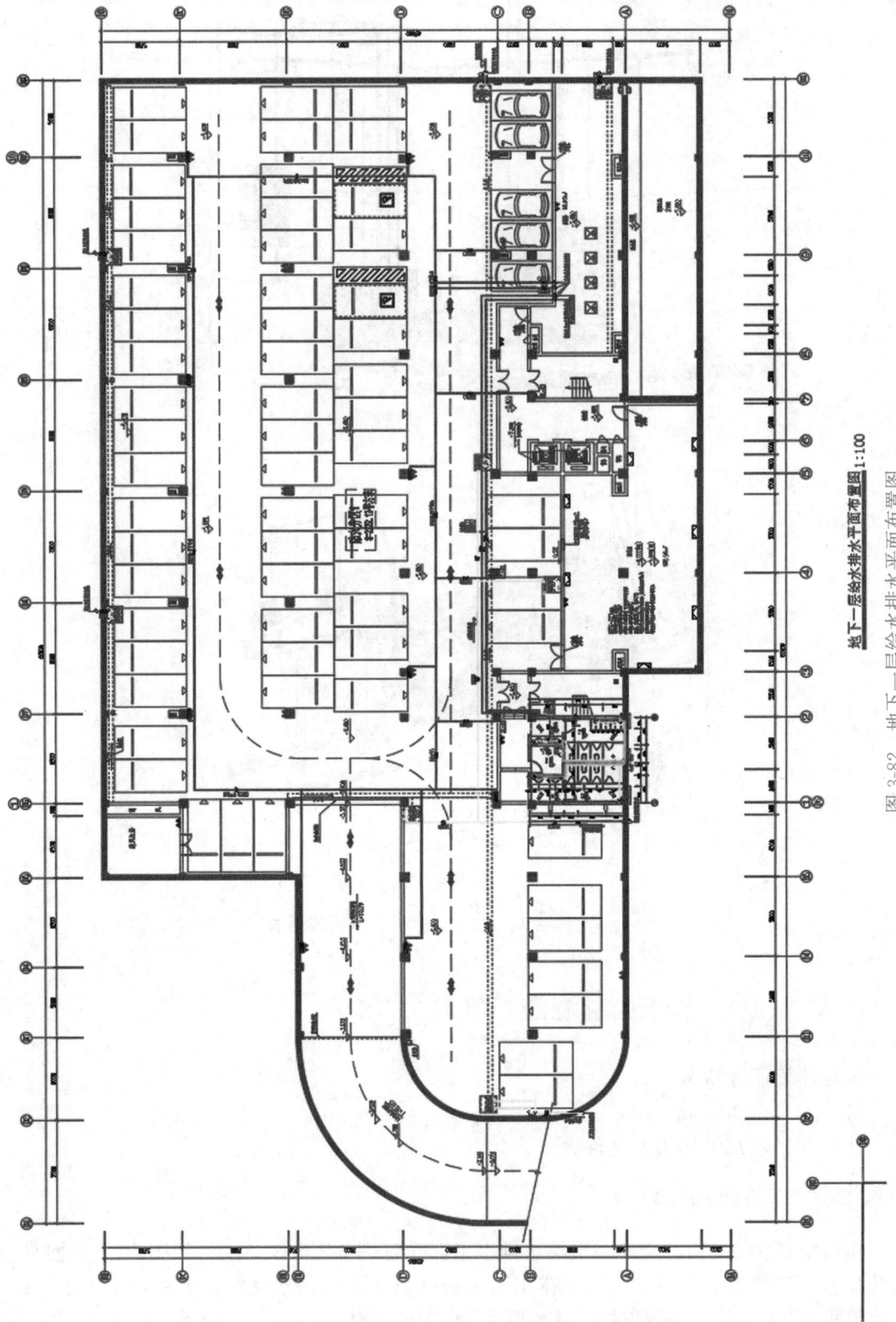

地下一层给水排水平面布置图

图 3-82　地下一层给水排水平面布置图

（1）载入水泵

完成地下一层所有污水泵的载入与放置，如图3-83、图3-84所示。

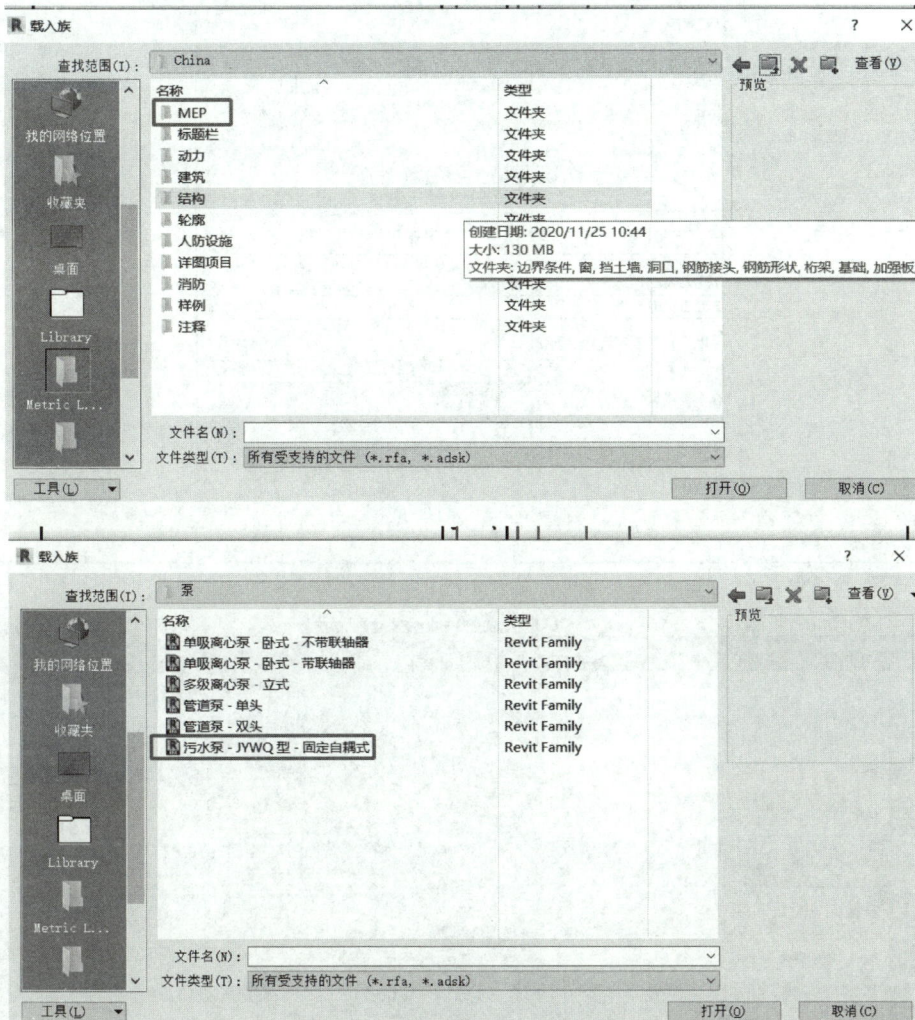

图 3-83　载入污水泵

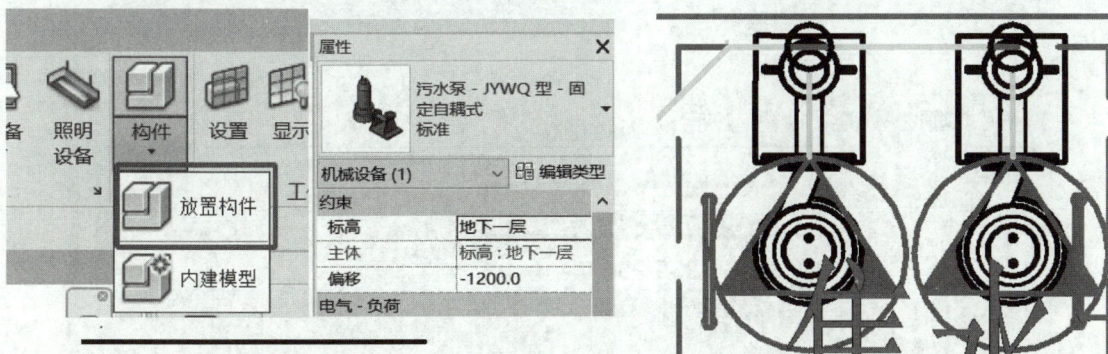

图 3-84　放置污水泵

（2）绘制污水管

根据图纸进行地下一层给水排水以及消防系统管道绘制，如图 3-85～图 3-89 所示。

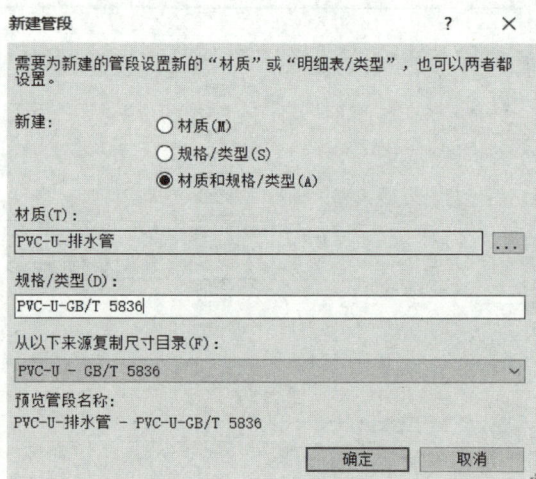

图 3-85　新建管段

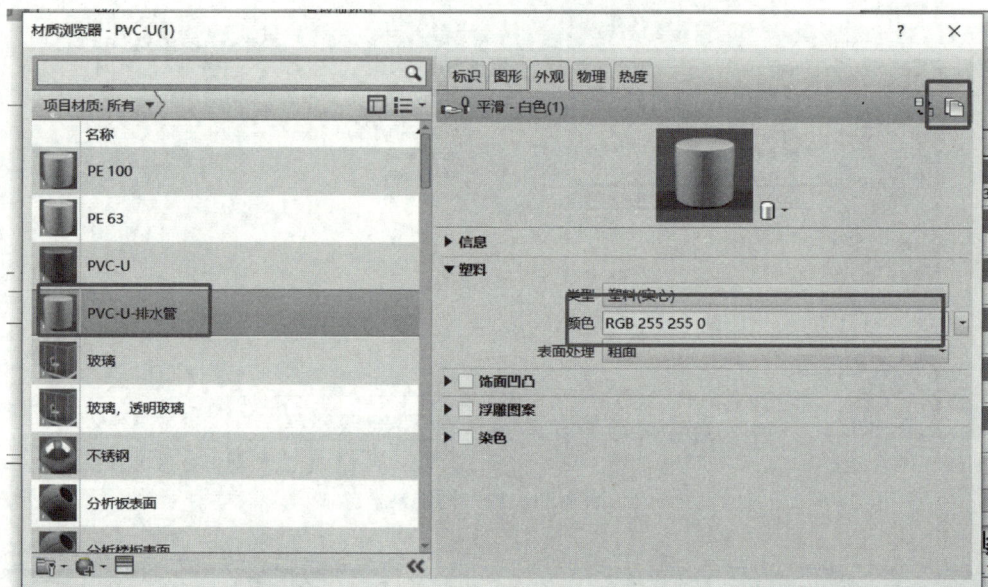

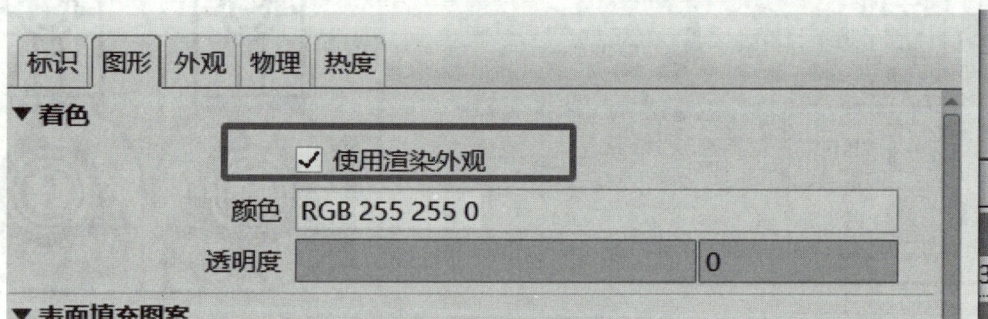

图 3-86　设置生活污水管管道类型

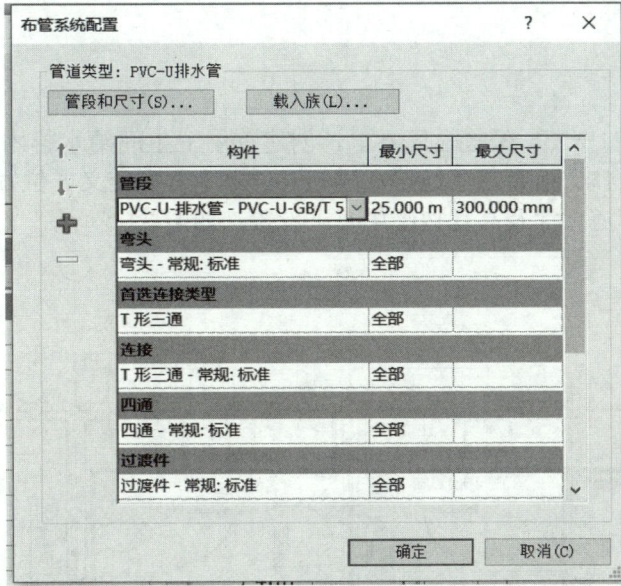

图 3-87　进行布管系统设置

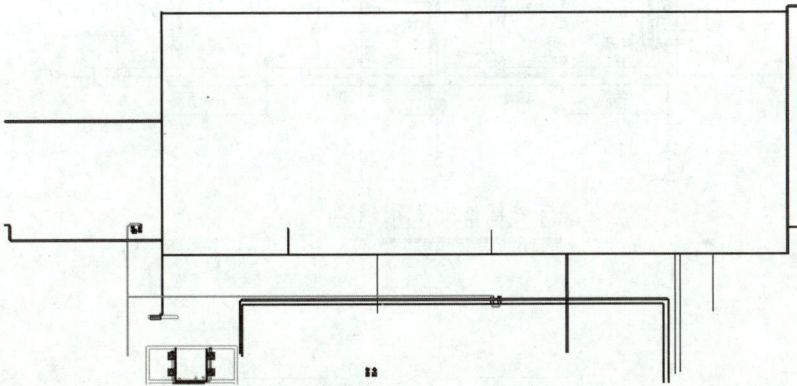

图 3-88　绘制地下一层给水排水管线

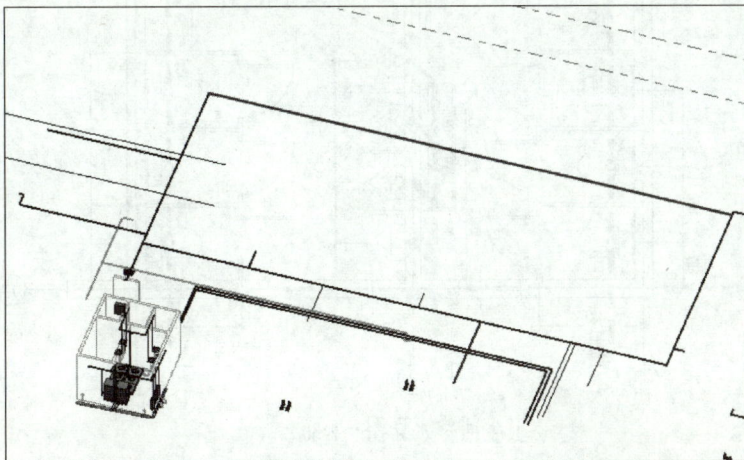

图 3-89　完成地下一层给水排水系统的绘制

3.7　实践操作

根据一道 BIM "1+X" 真题题目要求，创建首层卫生间给水排水模型，要求布置坐便器、小便斗、洗手盆、拖布池、地漏和隔板，洁具型号自定义，位置摆放合理，将洁具和管道进行连接，管道尺寸及高程按图中要求设置，如图 3-90 所示。

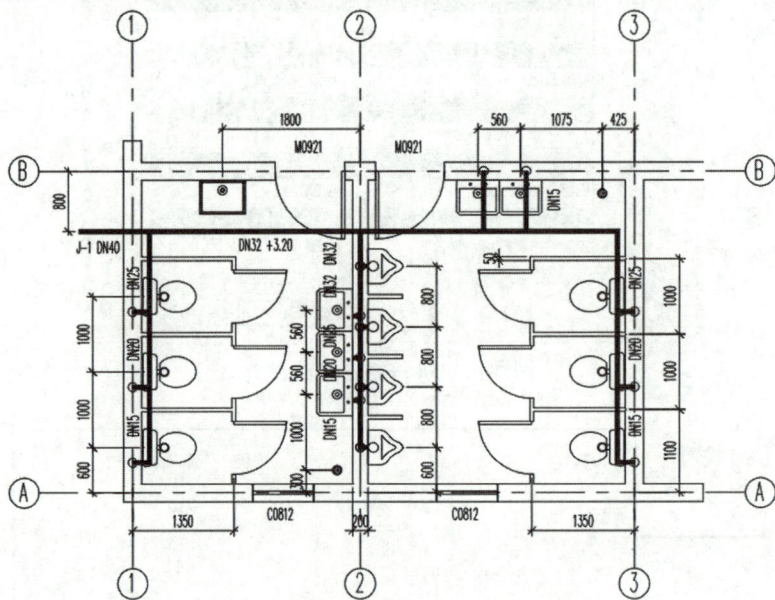

卫生间给水详图　1:50

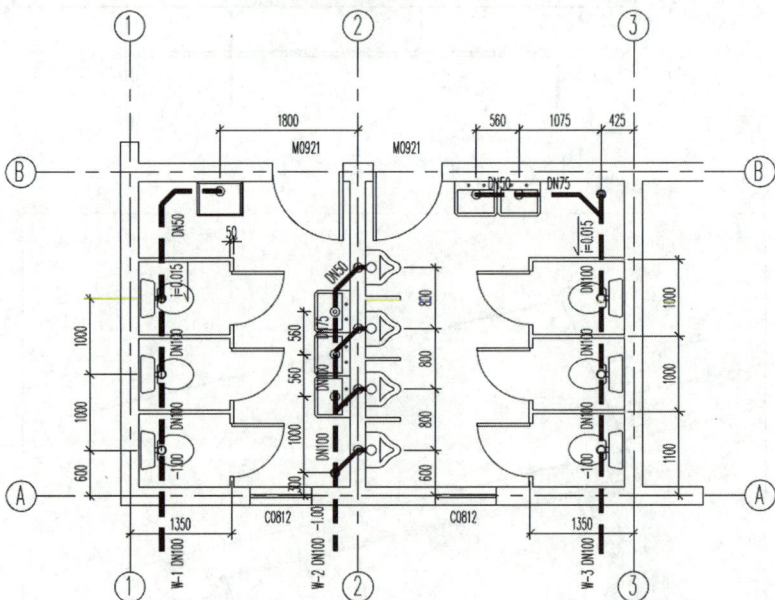

卫生间排水详图　1:50

图 3-90　卫生间给水排水详图

思 政 提 升

在新一轮科技和产业革命蓬勃发展的形势下，我国传统的高等工程教育在很大程度上已不能适应和引领新时代的发展需求，迫切需要建设和发展一批新兴工科和改造升级一批传统工科。为主动应对新一轮科技革命与产业变革，支撑服务创新驱动发展、"中国制造 2025"等一系列国家战略，我国高等工程教育也要乘势而为、迎难而上，抓住新技术创新和新产业发展的机遇，大力建设和发展新型工科，为服务国家经济产业转型培养更多具有全球视野、学科交叉背景、创新创造和应用实践能力的复合型人才，在全球新一轮工程教育改革中树立中国模式，形成中国经验，发挥中国影响力，助力我国高等教育强国建设。

人文素质全面发展，是复合型人才的必然要求。要求学生具备高度的社会责任感，自觉将个人的事业发展与人类文明和社会进步紧密联系在一起；具有高尚的人格和坚持真理、爱国爱家的品格，不断充实知识储备，逐渐形成良好的道德修养和人文素质，增强个人自信心，勇于面对未来社会的各种挑战。

BIM 技术在给水排水专业人才培养中也是相当重要的，将建筑水、暖、电、施工图建模，以三维模型的方式直观展示设计元素及其与建筑、土建的位置关系。此外，建模还可以修正设计中的不足之处，改善建筑在其全生命周期中的性能，并使原本离散的建筑信息更好地整合。

1. 案例简介

某市在进行城市给水排水系统改造时遇到了多方面的挑战，包括老旧管网数据缺失、新建区域地形地质条件复杂、工程涉及部门众多协调困难等。针对这些问题，市政府采用 BIM 技术对给水排水系统进行三维建模，将 GIS（地理信息系统）与 BIM 进行集成，形成统一的信息管理平台。通过该平台，不仅能够精确模拟地下管线、水厂、泵站等设施的布局，还能模拟水流动态，分析管网运行状态，预测未来需求变化。

实施效果：

提高了设计精度和效率，缩短了工程周期。

实现了工程项目全生命周期的信息管理，降低了运维成本。

增强了各部门之间的沟通与协作，提升了项目管理效能。

优化了资源配置，减少了建设过程中的物料浪费和环境影响。

2. 思政元素

国家发展观：强调利用先进技术推动基础设施建设，体现了科学发展观中全面、协调、可持续的发展理念。

创新意识：鼓励团队成员不断探索新技术的应用，培养解决实际问题的能力，体现了创新驱动发展战略。

团队合作精神：跨部门、跨专业的协作展示了团结协作的重要性，反映了社会主义核心价值观中的集体主义精神。

社会责任：通过优化设计减少资源浪费，提高工程质量，体现了企业的社会责任和对社会可持续发展的贡献。

3. 思政目标

通过学习，让学生体会国家发展观，鼓励学生不断探索新技术的应用，培养解决实际问题的能力、同学之间团队协作精神和通过优化设计减少资源浪费的社会责任感。

本 章 小 结

给水排水模型创建步骤：

1. 创建项目文件；
2. 链接建筑结构模型和给水排水专业 CAD 图纸；
3. 载入卫生器具族；
4. 绘制给水系统管道和排水系统管道；
5. 链接卫生器具和给水排水管道。

本章难点为排水系统管道的创建及其和卫生设备的连接，通常无法实现自动连接，应通过高程点测量，绘制连接管道，合理设计布管配置系统达到连接目的。

课 后 习 题

1. 如何进行管道参数设置？
2. 管道绘制时如何进行管径和偏移量的修改？
3. 如何进行管道系统标注？
4. 给水排水系统绘制过程中，如遇载入设备楼层不可见，应如何处理？
5. 如无法进行自动连接，如何进行排水管道系统与卫生器具的连接？

第4章　消防系统BIM模型的创建

【内容提要】

　　本章主要介绍消防系统专业的建模基础，包括管道、连接件、管路附件、消防设备的创建、编辑及修改，并通过一个实际工程项目案例，介绍消防系统模型的创建流程。

【知识目标】

　　(1) 了解 Revit 机械样板的特征；
　　(2) 理解管段、管道系统、过滤器的含义；
　　(3) 熟悉常用的管材以及连接管件；
　　(4) 熟悉消防系统模型创建的流程。

【能力目标】

　　(1) 自定义管道类型并进行布管系统的配置；
　　(2) 自定义管道系统并进行合理的选择；
　　(3) 绘制与编辑管道；
　　(4) 布置喷淋头并与管道进行连接；
　　(5) 检查管道的连接；
　　(6) 创建消防工程模型。

【思政与素养目标】

　　(1) 树立法治意识、责任意识、职业规范意识；
　　(2) 积极探索、精益求精、培养工匠精神；
　　(3) 提倡节能环保、生态文明。

【学习任务】

学习任务	知识要点
机械样板基础命令	Revit 机械样板的特征
管道设置	管段、管道系统、过滤器的含义
管道绘制	建筑消防系统的管道绘制
消防工程实例建模	创建消防工程模型

4.1 概述

4.1.1 基本命令

建筑消防系统与给水排水系统相似，其组成包括管道、消火栓、喷头、附件设备等，建模时用到的方法与后者基本无异，在应用 Revit 进行消防工程模型创建时，常用的参数及创建规则见表 4-1。

消防工程类别、常用参数、创建规则与方式   表 4-1

类别	主要类型参数	主要实例参数	实例创建规则	实例创建方式
管道	管段、连接方式	管径、长度、坡度、偏移量、对齐方式	自动连接、继承高程、坡度	手绘、自动连接
喷头	外形尺寸	标高、偏移量	连接管道	手动布置
机械设备(消火栓、水泵接合器)	外形尺寸	标高、偏移量	连接管道	手动布置
管道附件	外形尺寸、管径	偏移量	—	手动布置

4.1.2 专业族

在 Revit 软件中，消防工程涉及的附件和设备较多，往往需要用户自行载入，常用族及载入目录，见表 4-2。

消防工程常用族及载入目录   表 4-2

类别	族	载入目录
管道附件	水流指示器、末端试水	C:\Programdata\Atuodesk\RVT2019\Libraries\China\消防\给水和灭火\附件
机械设备	消火栓	C:\Programdata\Atuodesk\RVT2019\Libraries\China\消防\给水和灭火\消火栓
	延时器、水力警铃	C:\Programdata\Atuodesk\RVT2019\Libraries\China\消防\给水和灭火\附件
	水泵接合器	C:\Programdata\Atuodesk\RVT2019\Libraries\China\消防\给水和灭火\水泵接合器
喷头	喷头	C:\Programdata\Atuodesk\RVT2019\Libraries\China\消防\给水和灭火\喷头

4.2　消防管道设置

消防喷淋
系统的绘制 1

4.2.1　管道系统

消防系统也是给水系统的一种，在创建消防系统模型时，与生活给水系统一样，首先要确定管道系统。在管道系统中复制"其他消防系统"，创建"X 消火栓系统"；复制"湿式消防系统"，创建"ZP 自喷系统"，如图 4-1 所示。

4.2.2　管道设置

消防管道往往比普通的生活给水管道要求更高，因此在消防系统建模时，需要单独创建消防管道类型。

消防管道一般有螺纹及卡箍等多种连接方式，为了加以区分，需要在一种管道类型中配置两种管件，分别设置不同的尺寸范围，具体操作如下：

（1）选择管段，选择自定义的消防管道进入布管系统配置，选择合适的管段。

（2）增加管件，在"弯头"中选择一种连接管件，单击"＋"添加，选择另一种连接管件，分别为这两种管件选择对应的"最小尺寸"和"最大尺寸"，使二者的尺寸范围衔接且不重叠，如图 4-2 所示。

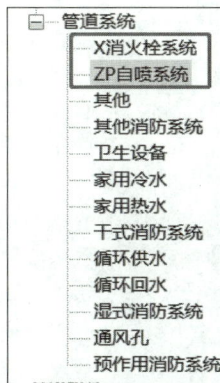

图 4-1　创建消防管道系统

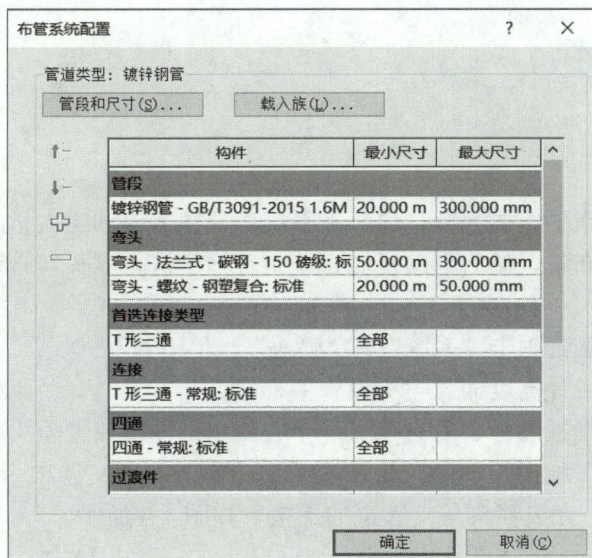

图 4-2　配置多种连接方式

4.2.3　消防管道绘制

消防系统管道的绘制与生活给水管道无异，如图 4-3 所示，这里不再赘述。

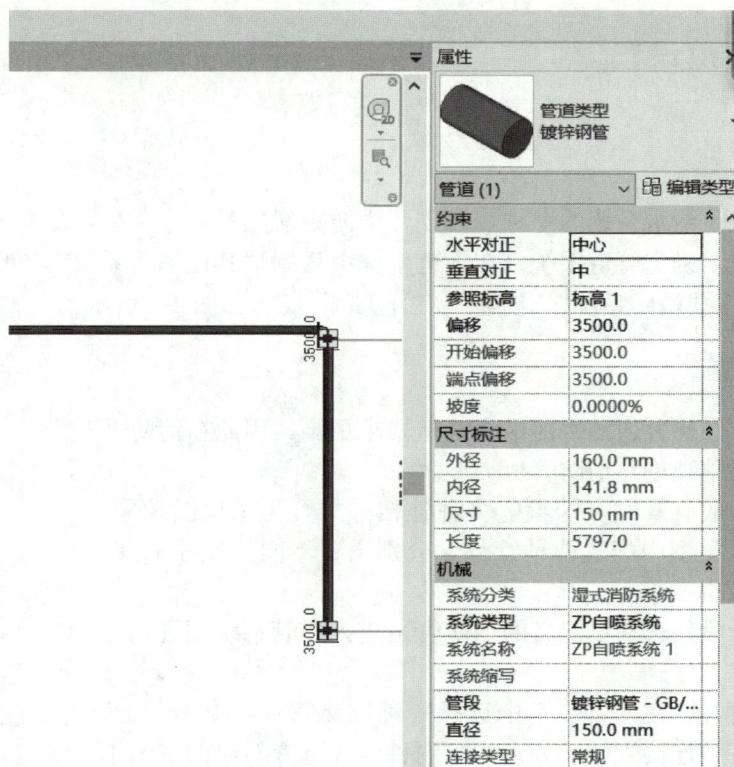

图4-3 消防管道绘制

4.3 喷头及管道

4.3.1 喷头布置

作为自喷系统的重要组成部分，喷头在系统中往往需要创建大量的实例，可以先选择典型位置的喷头进行布置，然后借助复制、阵列等命令进行喷头与管道的快速创建。

布置喷头：

命令：单击功能区选项卡"系统"➤"喷头"。

实例属性：根据设计高度输入喷头设置偏移量。

放置喷头：在平面视图中，沿自喷管道中心线单击左键放置喷头。

连接管道：转到三维视图，选择放置的喷头，单击上下文选项卡，"修改"➤"连接到"➤选择喷淋支管，完成喷头与支管道的连接，如图4-4所示。

4.3.2 生成布局

消防系统的管道与给水管道的创建方法相似，这里不再赘述。实际在创建喷淋系统时，往往将喷头与管道同时进行创建，在借助复制、阵列等命令会比较方便，如图4-5所示。

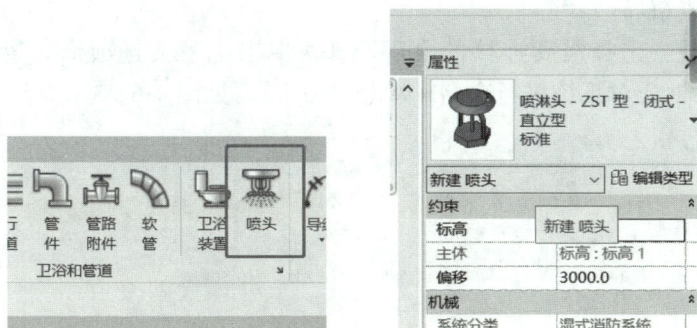

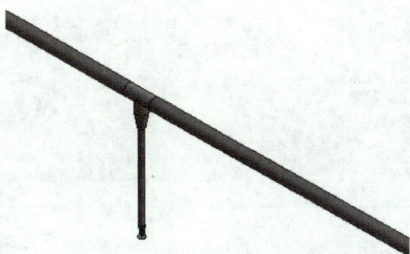

图 4-4　喷淋头布置和连接

图 4-5　喷淋支管及喷头的创建

对于布置比较规则的喷头，可以先创建喷头，然后布置管道把喷头连接起来。Revit提供了生成布局的功能，能够使喷淋头系统自动完成创建，帮助用户完成管道初步的布置。

喷淋系统管道生成布局：

（1）创建管道系统：选择需要连接的全部喷头▶单击上下文选项卡"管道"▶弹出
"创建管道系统"对话框，对系统进行命名▶单击"确定"，见图4-6。

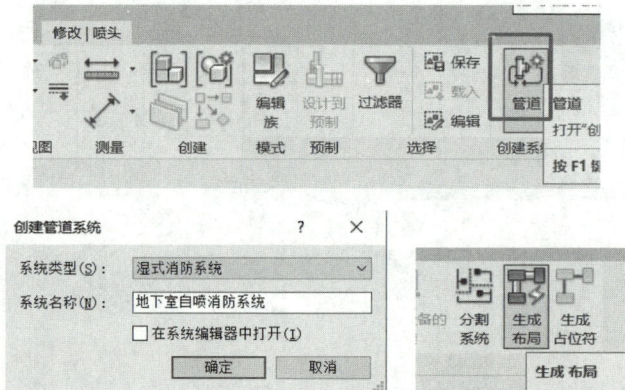

图4-6　喷淋系统管道生成布局

（2）生成布局选项卡：单击上下文选项卡"生成布局"，进入"生成布局"选项卡，
见图4-7。

图4-7　生成布局选项卡

（3）管道转换设置：单击选项栏"设置"▶进入"管道转换设置"对话框，分别设置
干管和支管的管道类型、偏移▶单击"确定"，见图4-8。

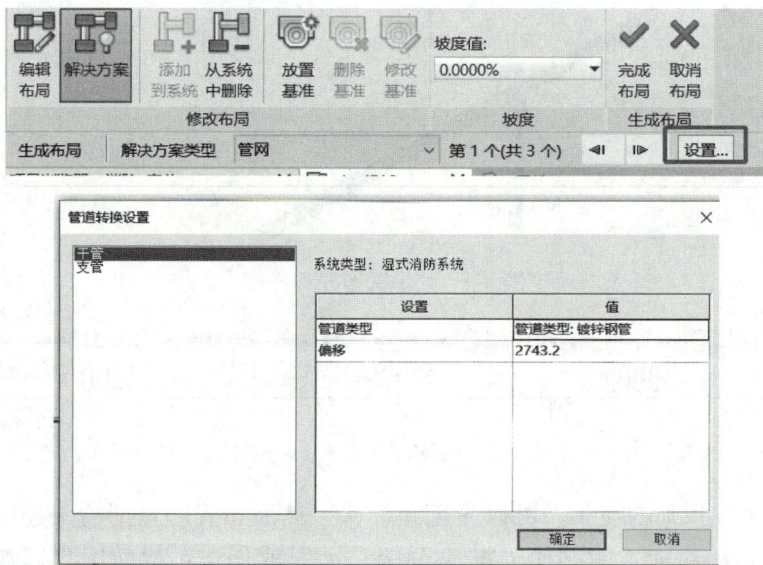

图4-8　管道转换设置

（4）放置基准：单击"放置基准"➤在绘图区单击确定基准的平面位置➤在选项栏输入基准的"偏移""直径"，下拉列表选择基准的管径，见图4-9。

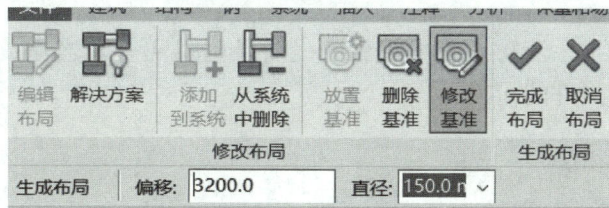

图 4-9　修改基准

（5）解决方案：在"生产布局"选项卡单击"解决方案"，选项栏点击"切换解决方案"见图4-10。

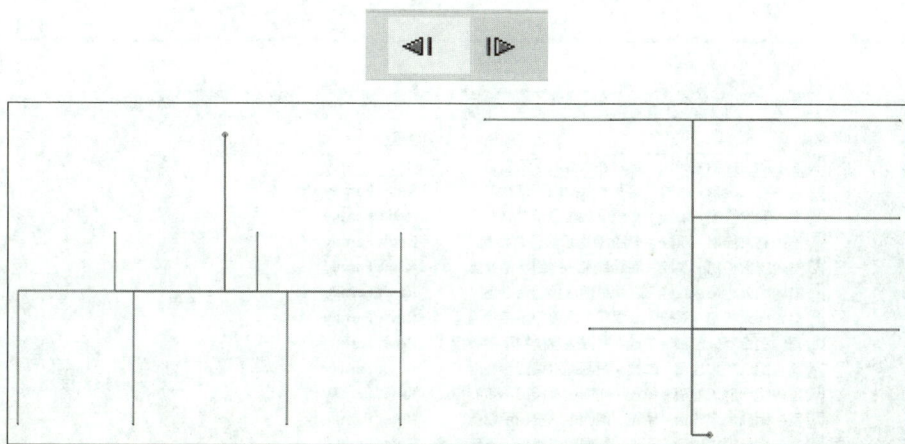

图 4-10　解决方案

（6）编辑布局：选择一个满意的方案单击"完成布局"，或者单击"编辑布局"➤绘图区单击需要修改的管道，拖动调整其平面位置，优化完成后单击"完成布局"，见图4-11。

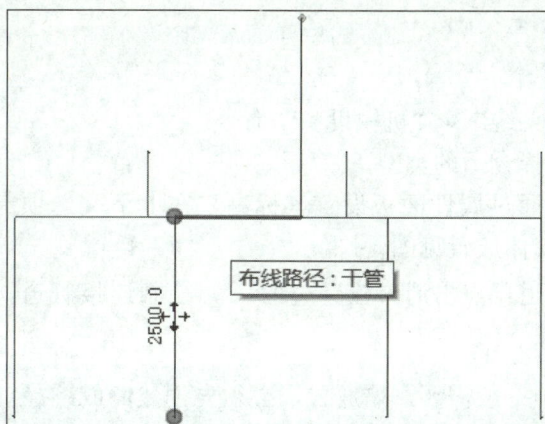

图 4-11　编辑布局

4.4 消防设备及附件

相比生活给水系统，消防系统中用到的设备及附件更多，当完成消防系统管道绘制后，可以进行设备及附件的布置。

4.4.1 消火栓布置

消火栓是消防系统基本的设备，不同消火栓的栓口数量、位置等存在差异，需要根据消火栓进水管道的位置及其他设备要求合理地选择。消火栓在 Revit 软件中是可载入族，可以根据设计要求进行载入，"插入" ➤ "载入族" ➤ "消防" ➤ "给水和灭火" ➤ "消火栓"，见图 4-12。

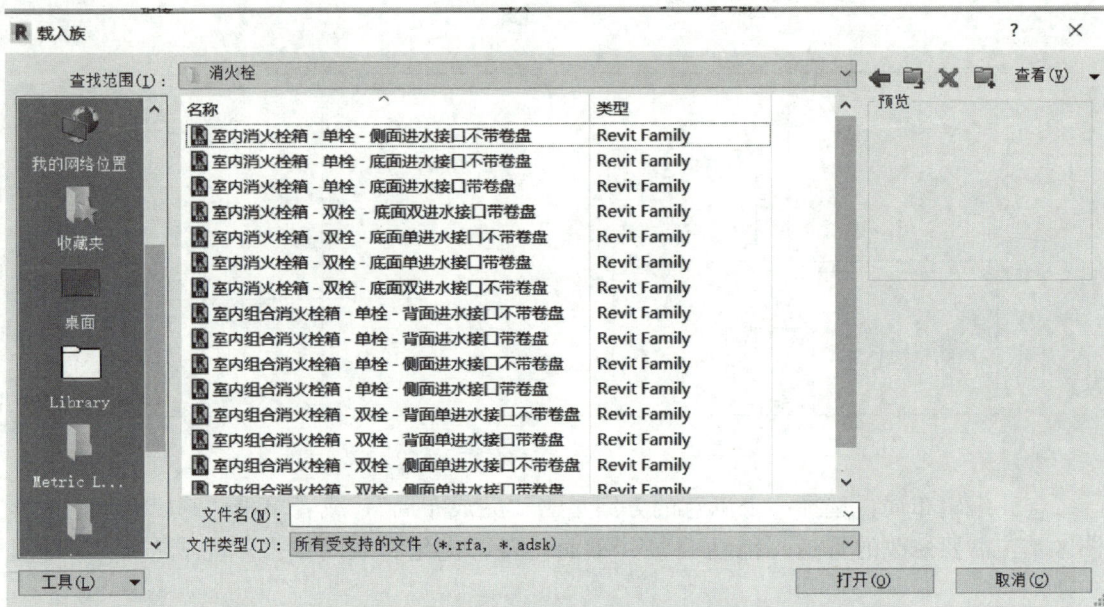

图 4-12　布置消火栓

（1）单击选项卡"系统" ➤ "机械设备"命令。

（2）实例属性：选择合适的类型。

（3）放置消火栓：通过属性面板设置其标高，在上下文选项卡选择"放置在垂直面上"，在平面图中点击墙体放置见图 4-13。

（4）消火栓连接管道：点击消火栓旁边的 ，绘制连接管道，与附加的消防立管连接，见图 4-14、图 4-15。

> **特别提示**：消火栓一般需要靠墙放置，必须先创建墙或链接土建模型。如果消火栓放置的方向不合适，可以通过空格键调整，或者重新选择合适的消火栓类型。

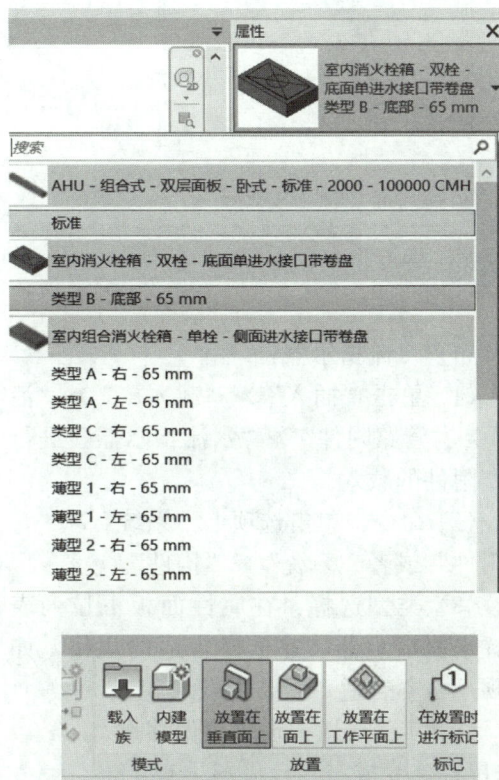

图 4-13　消火栓创建

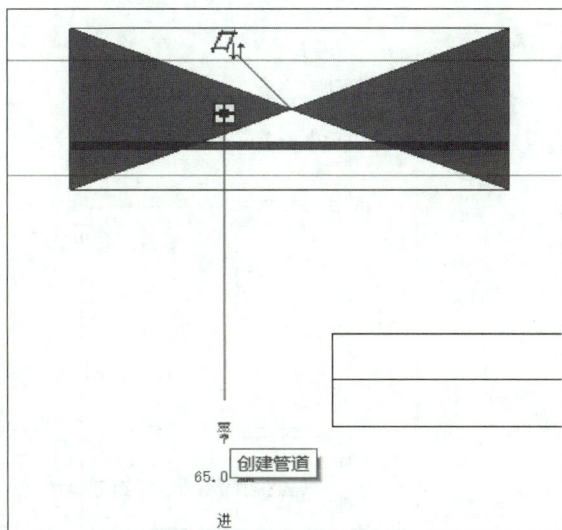

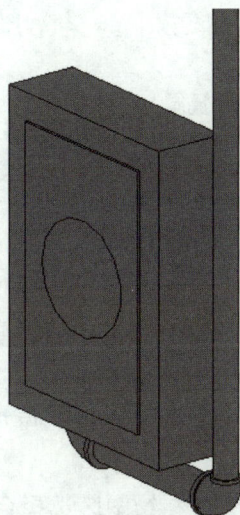

图 4-14　消火栓放置及连接管道

4.4.2　其他设备

消防专业涉及的设备较多，对于不常见的设备，不管设备属于哪种类别，通用的创建方法如下：

放置构件：

(1) 命令：单击选项卡"系统"➤"构件"。

(2) 类型选择：在属性面板下拉列表选择合适的设备，可以通过搜索快速查找。

1. 水流指示器

消防系统涉及的管路附件包含阀门、水流指示器、末端试水等，他们的创建方法基本相同，以水流指示器为例，见图 4-16，创建方法如下：

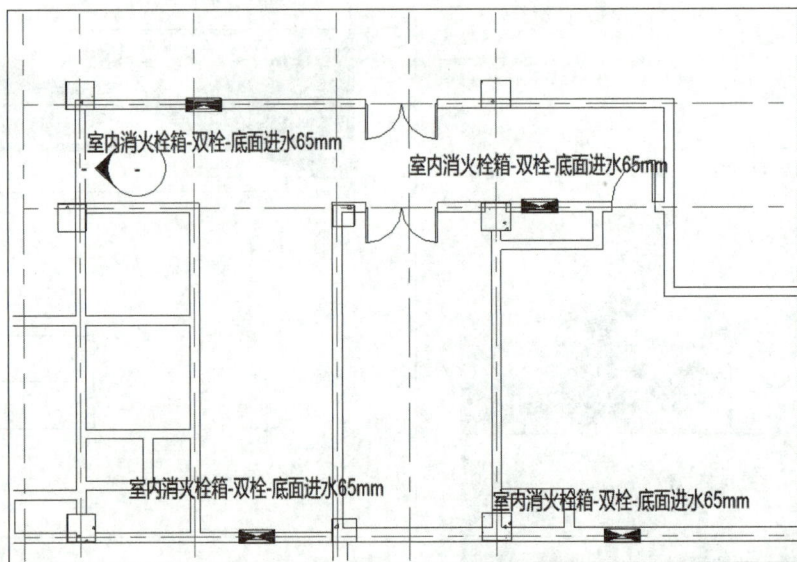

图 4-15　消火栓创建实例

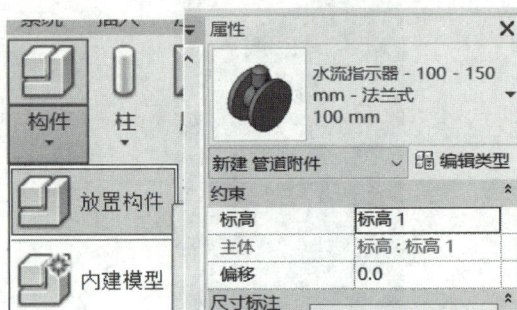

图 4-16　创建消防设备的通用方法

布置水流指示器：

（1）单击"插入"➤"载入族"➤"消防"➤"管路附件"➤"水流指示器"进行管路附件的载入。

（2）命令：单击选项卡"系统"➤"管路附件"或者"系统"➤"构件"。

（3）类型选择：在属性面板下拉列表选择水流指示器，并选择合适的规格，如出现规格不合适，需要先载入族。

（4）实例属性：设置其偏移量。

（5）实例放置：在绘图区选择合适的管道单击鼠标，完成布置，见图4-17。

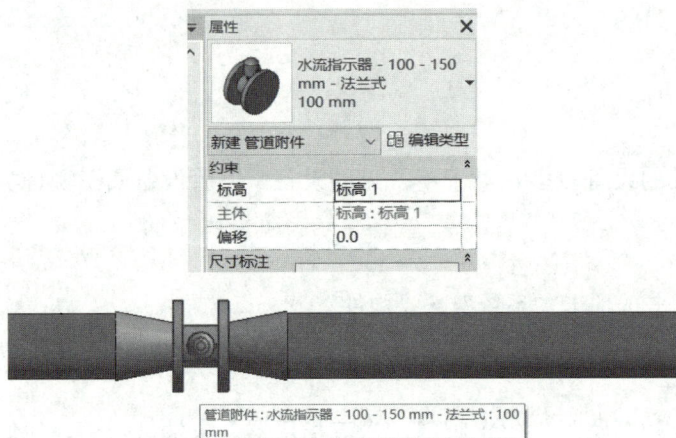

图 4-17　创建水流指示器类型

2. 水泵接合器

水泵接合器是消防系统基本的组成部分之一，可通过载入族载入，水泵接合器有不同的种类，用户根据设计要求选择合适的族载入到项目中。

布置水泵接合器：

单击选项卡"系统"➤"机械设备"或者"系统"➤"构件"。

属性：在属性面板下拉列表选择"水泵接合器"，并设置其偏移量。

实例放置：在绘图区选择合适的位置单击鼠标，完成布置见图4-18。

载入消防连接件——蝶阀，见图4-19。

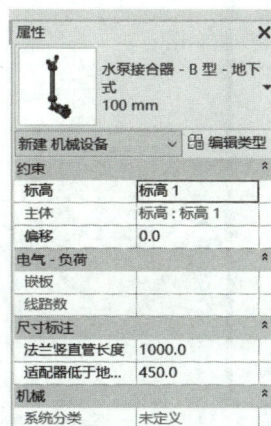

图4-18　水泵接合器创建

图4-19　消防连接件——蝶阀

4.5　消防专业模型创建实践

同样以某办公建筑地下一层为案例项目进行消防系统的 BIM 模型创建。案例中，消防系统主要包含喷淋管道、喷头、消火栓等。本节通过创建"地下一层喷淋系统"来介绍消防系统建模的方法。

4.5.1　项目准备

项目建模所需资料：

（1）地下一层喷淋系统 CAD 图纸；

（2）项目建筑结构模型文件。

1. 消防喷淋系统施工图纸的识读

建筑消防系统包括消火栓和自动喷淋系统。消火栓选择室内组合消火栓，安装高度为1.1m。消防管道采用镀锌钢管，上阀门采用蝶阀，喷头选择下垂型喷头。

案例：地下一层消防喷淋系统图纸如图 4-20 所示。

2. 新建项目样板（见本教材 3.5.1，此处不作赘述）

3. 导入 CAD 图纸（见本教材 3.5.1，此处不作赘述）

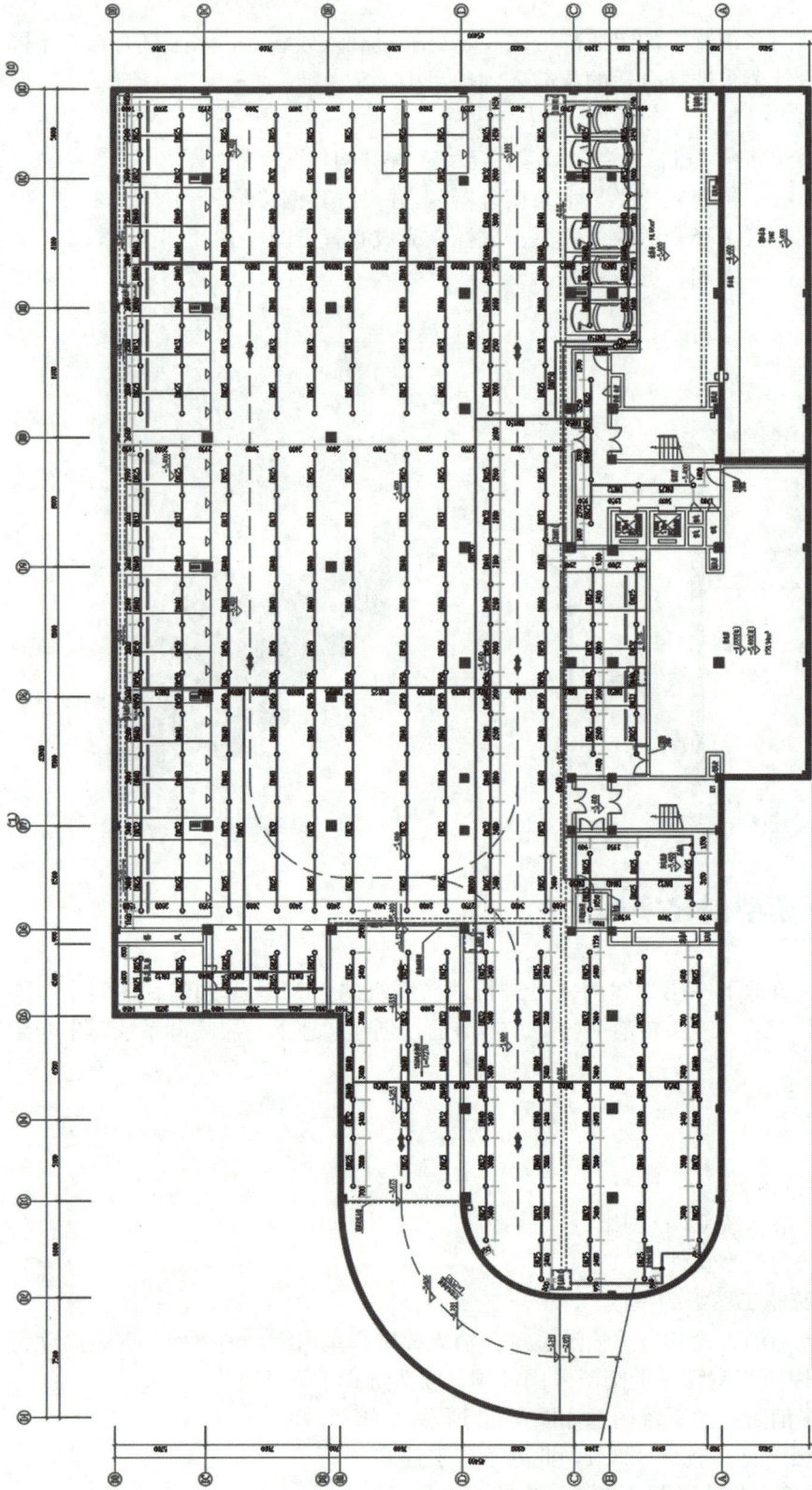

图 4-20 地下一层消防喷淋系统平面图

4.5.2 消防喷淋系统工程建模

1. 喷淋头载入和布置

点击"插入"选项卡，点击"载入族"，选择"消防"文件夹，选择"给水和灭火"文件夹，进行喷淋头的载入。

消防喷淋系统的绘制2

载入下垂型喷淋头，约束条件为标高1偏移−800mm，见图4-21。

图4-21 载入喷淋头

根据图纸上喷淋头之间的距离进行喷淋头布置，见图4-22。

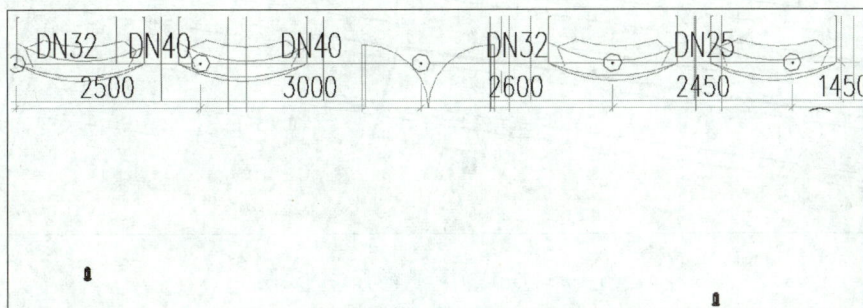

图4-22 喷淋头平面及三维显示

放置完成后，用测量工具，测量喷淋头之间距离，选中喷淋头进行临时尺寸修改，将喷淋头进行准确放置，见图4-23。

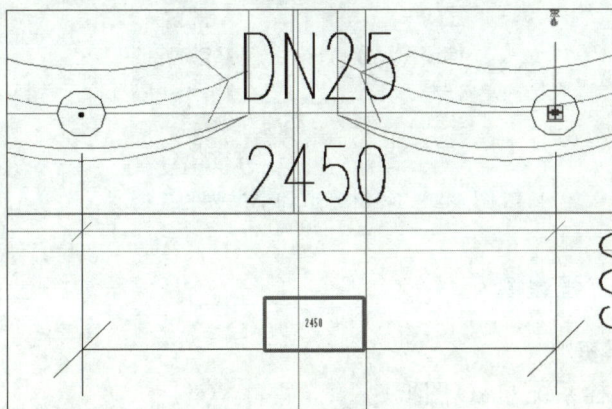

图4-23 喷淋头位置的修改

2. 绘制消防喷淋管线，并与喷淋头连接

回到 1F 楼层平面，进行消防喷淋管线的绘制。

点击"系统"➤"管道"，进行消防喷淋管道的设置，详见本教材 4.2.1、4.2.2 具体内容。根据消防喷淋系统平面图，合理增加管道直径，见图 4-24。

图 4-24　喷淋管道绘制过程直径和标高的修改

根据消防喷淋系统平面图，进行管径和标高的设置，合理设计管线的位置，开始绘制消防喷淋管，见图 4-25。

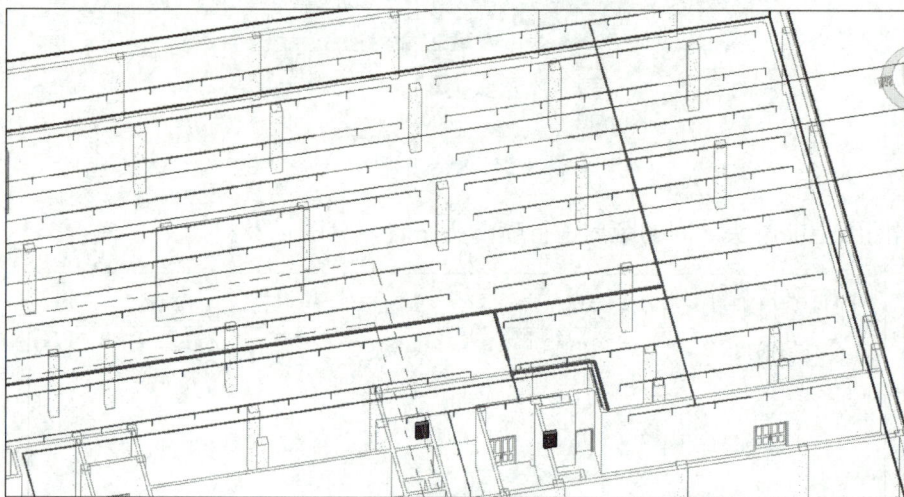

图 4-25　完成消防喷淋管线的绘制

消防喷淋管线绘制完成后，在三维视图中选择喷淋头，点击"连接到"完成喷淋头和喷淋管道的连接，如遇连接不上（无足够的空间连接），可手动绘制管道进行连接，见图 4-26。

图 4-26　喷淋管道和喷淋头的连接

4.5.3　消火栓系统工程建模

1. 项目建模所需资料

（1）地下室消火栓系统 CAD 图纸；

（2）项目建筑结构模型文件。

2. 项目准备

（1）CAD图纸整理和导入，见图4-27；

（2）消火栓系统平面图识读。

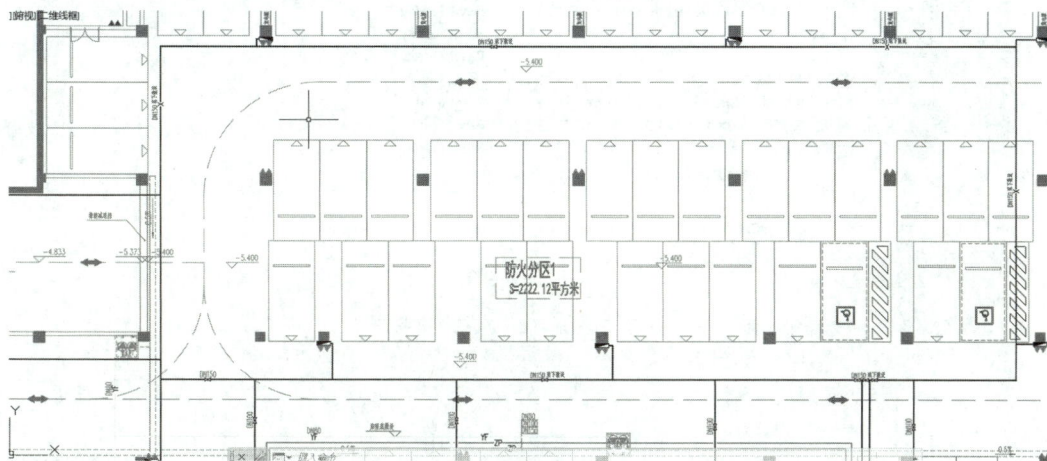

图 4-27　消火栓系统平面图

3. 消火栓系统设备族的载入

载入带手提式灭火器的消火栓箱，见图4-28。

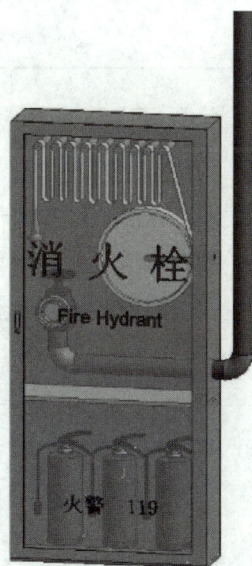

图 4-28　载入带手提式灭火器的消火栓箱

消火栓系统
的绘制和连接

载入消防闸阀，见图4-29。

4. 消火栓系统管道绘制

管道设置详见本教材4.2.3，根据CAD图纸进行消火栓系统消防管道的绘制，绘制完成如图4-30所示。

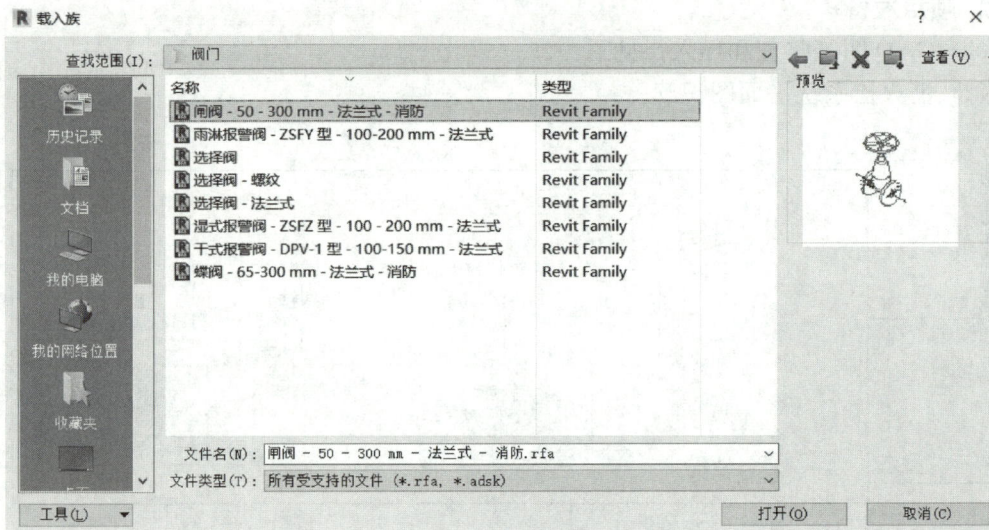

图 4-29　载入消防闸阀

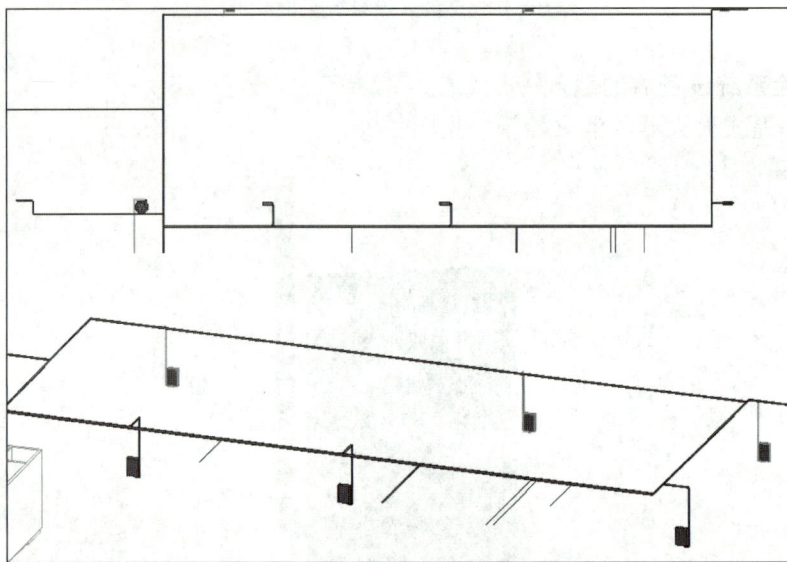

图 4-30　完成消火栓系统模型创建

4.6　实践操作

根据一道 BIM "1＋X" 真题题目要求，创建首层消防喷淋模型，要求合理布置喷淋头，位置摆放合理，将喷淋头和喷淋管道进行连接，管道尺寸及高程按图 4-31 要求。

消防系统模型创建过程中，为了提高效率，可以通过复制、阵列等方法快速创建相同的对象实例。

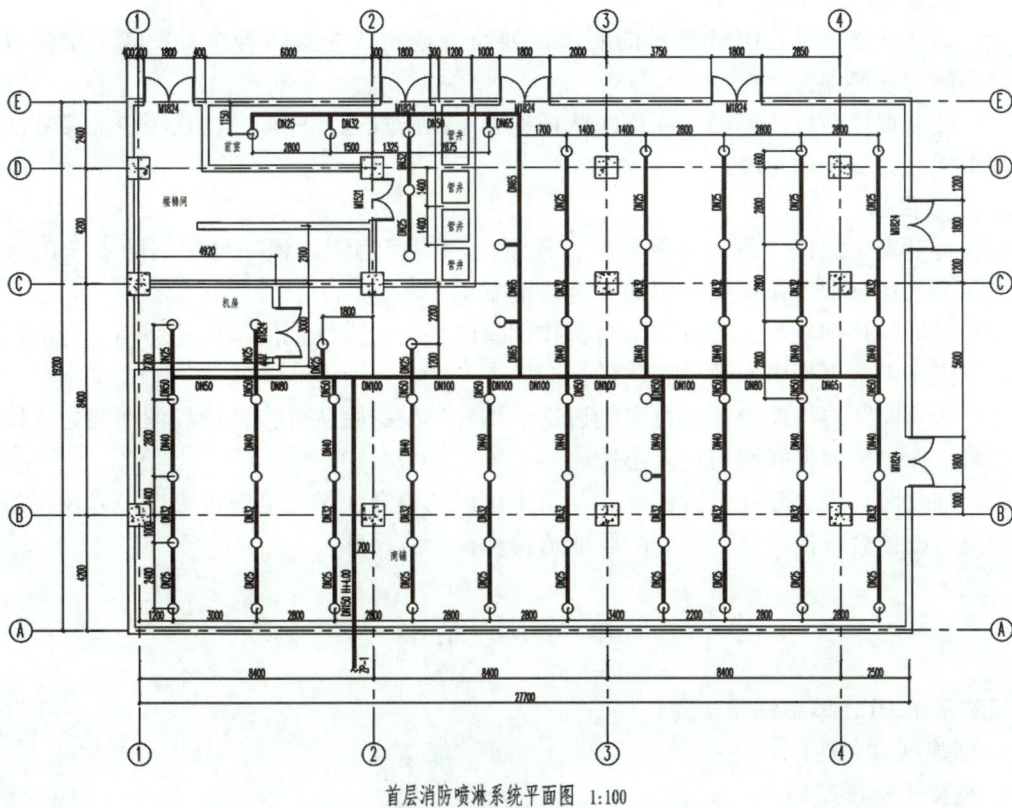

首层消防喷淋系统平面图 1:100

图 4-31   首层消防喷淋系统平面图

思 政 提 升

1. 案例简介

某市消防局依托三维建筑信息模型（BIM）平台，通过添加消防数据模块，整合建筑构件、消防设备、人员流向和周边环境等信息，构建建筑消防设计图纸审查、建筑防火、灭火应急救援的综合应用平台。与以往的各种消防应用系统相比，基于 BIM 的建筑消防数字化管理平台将更安全、更精细、更高效。

通过实战应用，该消防局总结出基于 BIM 技术建筑消防数据管理系统主要可实现三大功能：

功能一：实现了建设工程消防行政审批图纸的三维可视化数据审查；

功能二：化繁为简，实现了对建筑内部情况数据化管理，便于日常防火监督检查；

功能三：提高灭火救援演练的实战性，保障了实际火场指挥决策的准确性。

2. 思政元素

（1）安全责任意识：通过 BIM 技术的应用，强化了参与方对消防安全的责任感，体现了以人为本的安全理念，确保了人员的生命财产安全。

（2）科技创新引领：展示了科技进步如何助力提高建筑项目的质量和安全性，体现了科技对于社会发展的推动作用。

（3）团队合作精神：BIM技术的实施需要跨专业团队的紧密合作，反映了集体协作与沟通协调的重要性。

（4）社会责任与规范遵循：项目团队遵循国家消防规范和标准，体现了企业遵守法律法规，承担社会责任的态度。

3. 思政目标

（1）提升安全意识：通过案例分析，使学生深刻理解到工程项目中消防安全的重要性，增强个人在日常工作和生活中的安全防范意识。

（2）引导科技创新观：激发学生对科技创新的兴趣，鼓励他们掌握并运用先进的信息技术，以提高未来工作中的效率和质量。

（3）培养团队协作能力：通过案例讨论，培养学生的团队合作精神和沟通能力，使他们在未来工作中能够更好地与他人协作。

（4）强化法治观念和社会责任感：让学生认识到遵守法律规范的重要性，以及作为专业人士应尽的社会责任，培养良好的职业道德和社会责任感。

本 章 小 结

消防系统 BIM 模型创建步骤：

1. 创建项目文件；
2. 链接土建模型；
3. 标高轴网及平面视图的创建；
4. 导入消防喷淋专业 CAD 图纸和消火栓系统 CAD 图纸；
5. 管道属性的设置；
6. 绘制消防喷淋系统管道和消火栓系统管道；
7. 添加并连接主要设备。

主要设备如喷淋头、消火栓、消防水泵、阀门等的添加和连接是消防模型的重要组成部分，正确布置和连接设备可以确保系统的正常运行和效果。设备的选择和布置需要考虑空间限制、管道连接、电气需求等多方面因素，需要与其他专业团队协调，确保设备的合理布局和连接。以上关键步骤和难点需要结合具体项目要求和设计需求进行综合考虑和处理。

通过不断的实践和经验积累，可以提高在 Revit 中创建消防专业模型的效率和质量。

课 后 习 题

1. Revit 如何进行消防管道设置？
2. 消火栓如何连接到管网中？
3. 说说 BIM 技术在高层消防管理中的应用。

第5章　通风空调系统BIM模型的创建

【内容提要】

本章主要介绍暖通专业的建模基础，包括风管、风管管件、风管附件、风道末端、机械设备的创建、编辑及修改，并通过一个实际工程项目案例，介绍通风空调模型的创建流程。

【知识目标】

（1）了解机械项目样板的特征；
（2）理解风管系统的含义；
（3）熟悉常用的风管管件；
（4）理解布管系统配置的含义；
（5）熟悉通风空调系统模型创建的流程。

【能力目标】

（1）合理地进行 MEP 风管设置；
（2）自定义风管类型并进行合理的布管系统配置；
（3）绘制与编辑风管；
（4）布置机械设备、风道末端并连接风管；
（5）检查风管的连接；
（6）创建通风空调工程模型。

【思政与素养目标】

（1）养成精益求精、一丝不苟的工作作风；
（2）培养分析问题、解决问题的行为习惯。

【学习任务】

学习任务	知识要点
机械样板基础命令	Revit 机械样板的特征
风管设置	风管、风管系统、风管管件的含义
风管绘制	风管系统的管道绘制
风管标注	风管系统的模型标注
通风空调工程实例建模	创建通风空调工程模型

5.1 风管功能简介

风管功能简介

Revit MEP 具有强大的管路系统三维建模功能，可以直观地反映系统布局，实现所见即所得。如果在设计初期，根据设计要求对风管、管道等进行设置，可以提高设计准确性和效率。本章将通过案例"某办公楼暖通设计"来介绍暖通专业在 Revit MEP 中建模的方法，并讲解设置风管系统的各种属性的方法，使读者了解通风空调系统的概念和基础知识，学会在 Revit MEP 中建模的方法。

5.1.1 风管参数设置

在绘制风管系统前，先设置风管设计参数：风管类型、风管尺寸及风管系统。

1. 风管类型设置方法

在功能区中，依次点击"系统"选项卡➤"HVAC"面板➤"风管"（快捷键"DT"），通过绘图区域左侧的"属性"面板选择和编辑风管的类型，如图 5-1 所示。

Revit 提供的"机械样板"或"系统样板"项目样板文件中"风管"都默认配置了"圆形风管""椭圆形风管"及"矩形风管"三类族，默认族名称为"矩形风管"。

单击"编辑类型"按钮，打开"类型属性"对话框，可以对风管类型进行配置，如图 5-2 所示。

单击"复制"按钮，可以在已有的风管类型基础模板上添加新的风管类型。

通过"管件"列表中配置各类型风管管件族，可以指定绘制风管时自动添加到风管管路中的管件。

在 Revit 中，涉及的常用风管族及载入目录见表 5-1。

图 5-1 编辑风管类型

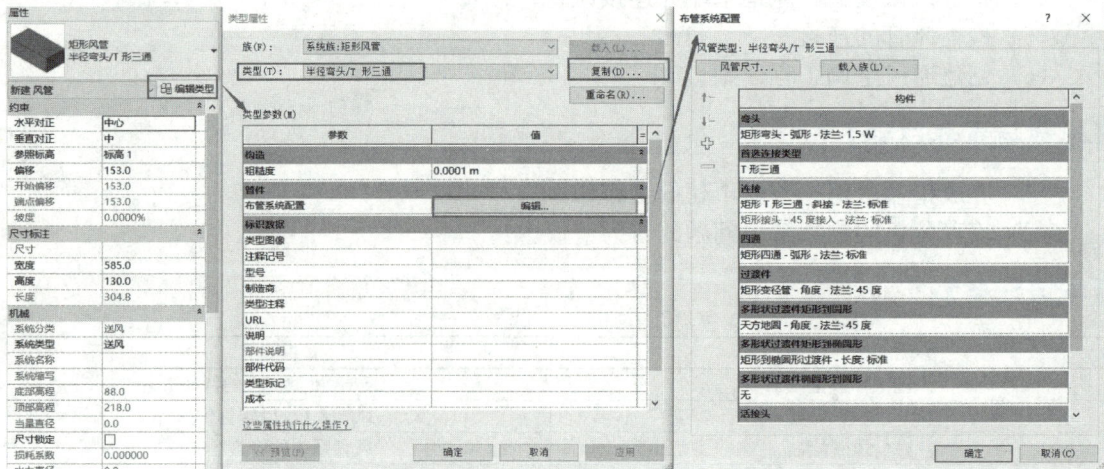

图 5-2 配置风管类型

类别	族	载入目录
风管	圆形风管、椭圆形风管、矩形风管	-
风管管件	弯头、三通、四通、过渡件、接头	C:\ProgramData\Autodesk\RVT 2019\Libraries\China\MEP\风管附件\风管管件
机械设备	风机盘管、空调机组、冷水机组	C:\ProgramData\Autodesk\RVT 2019\Libraries\China\MEP\空调调节\
	风机	C:\ProgramData\Autodesk\RVT 2019\Libraries\China\MEP\通风除尘\风机
风管管件	消声器、过滤器、风阀	C:\ProgramData\Autodesk\RVT 2019\Libraries\China\MEP\风管附件
风道末端	散流器、送风口	C:\ProgramData\Autodesk\RVT 2019\Libraries\China\MEP\风管附件\风口

常用风管族及载入目录　　　　表 5-1

2. 风管尺寸设置方法

在 Revit 中，通过"机械设置"对话框编辑当前项目文件中的风管尺寸信息。

方法一：单击功能区中的"系统"选项卡下"机械"面板名称栏中的斜向箭头设置按钮（快捷键"MS"），打开"机械设置"对话框，如图 5-3 所示。

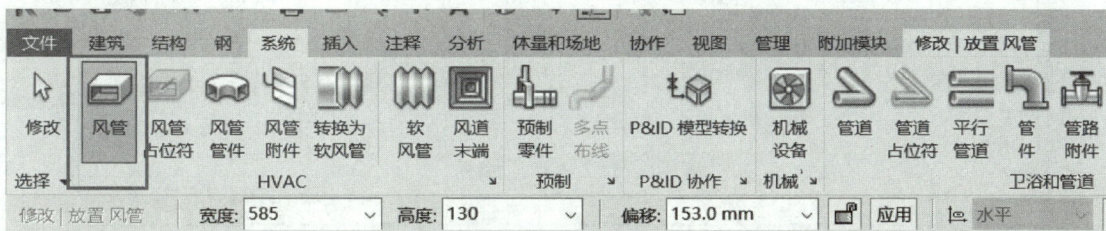

图 5-3　打开机械设置

方法二：单击功能区中的"管理"选项卡➤"MEP 设置"下拉列表➤"机械设置"，如图 5-4 所示。

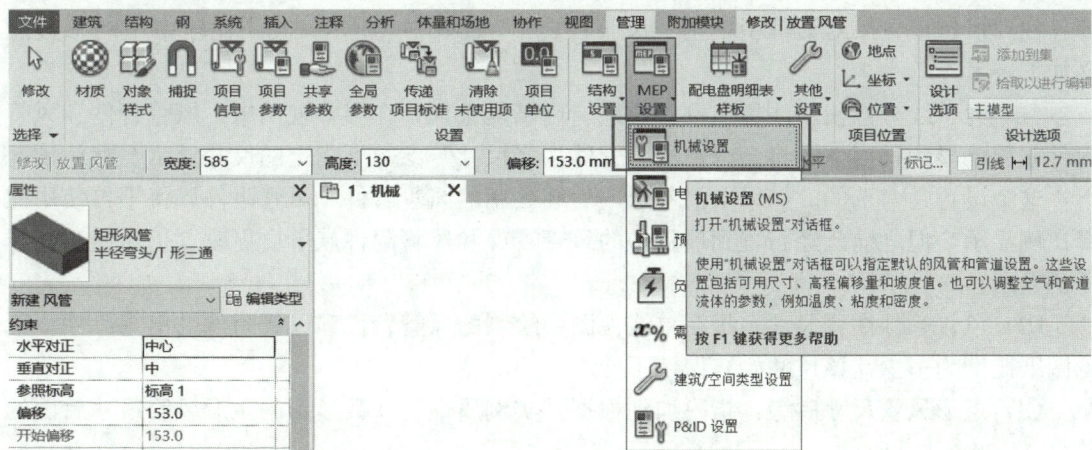

图 5-4　打开机械设置

打开"机械设置"对话框后，单击"矩形""椭圆形""圆形"可以分别定义对应形状的风管尺寸。单击"新建尺寸（N）..."或者"删除尺寸（D）"按钮可以添加或删除风管的尺寸，软件不允许重复添加列表中已有的风管尺寸。如果在绘图区域已经绘制了某尺寸的风管，该尺寸在"机械设置"尺寸列表中将不能删除，需要先删除项目中的风管，才能删除"机械设置"尺寸，如图 5-5 所示。

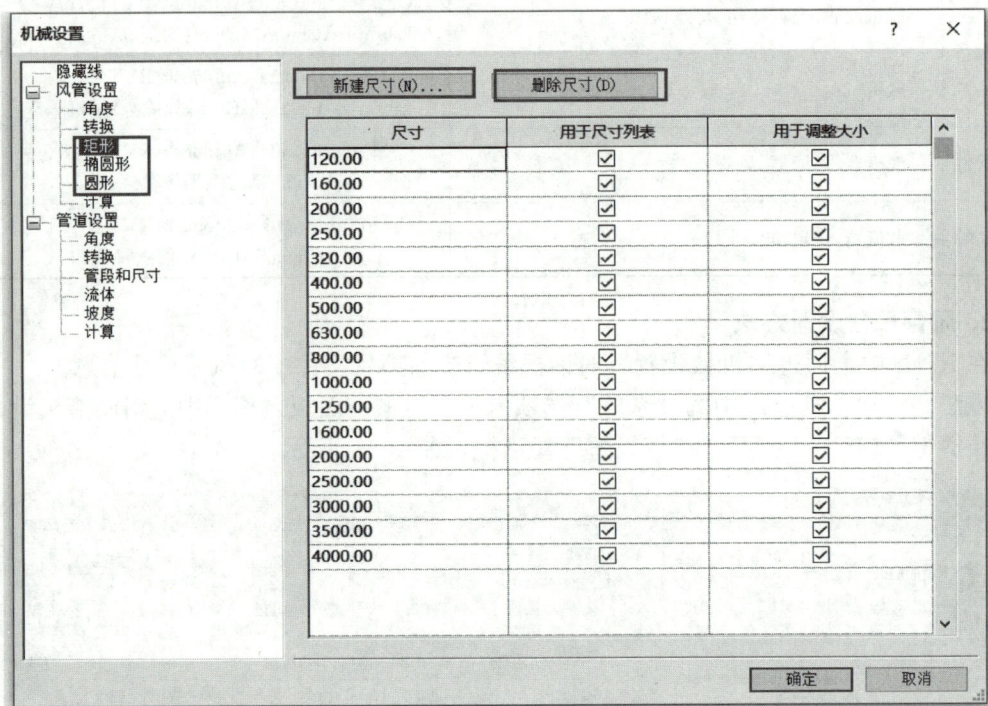

图 5-5　设置风管尺寸

3. 其他设置

在"机械设置"对话框的"风管设置"选项中，还可以对风管进行角度、流体参数等进行设置。

在"机械设置"对话框中单击"风管设置"，如图 5-6 所示，几个比较常用的参数意义如下：

（1）为单线管件使用注释比例：如果勾选该复选框，在屏幕视图中，风管管件和风管附件在粗略显示程度下，将会以"风管管件注释尺寸"参数所指定的尺寸显示。默认情况下，这个设置是勾选的。如果取消勾选，后续绘制的风管管件和风管附件族将不再使用注释比例显示，但之前已经布置到项目中的风管管件和风管附件族不会更改，仍然使用注释比例显示。

（2）风管管件注释尺寸：指在单线视图中绘制的风管管件和风管附件的出图尺寸。无论图纸比例为多少，该尺寸始终保持不变。

（3）矩形风管尺寸后缀：指附加到根据"实例属性"参数显示的矩形风管尺寸后面的符号。

（4）圆形风管尺寸后缀：指附加到根据"实例属性"参数显示的圆形风管尺寸后面的

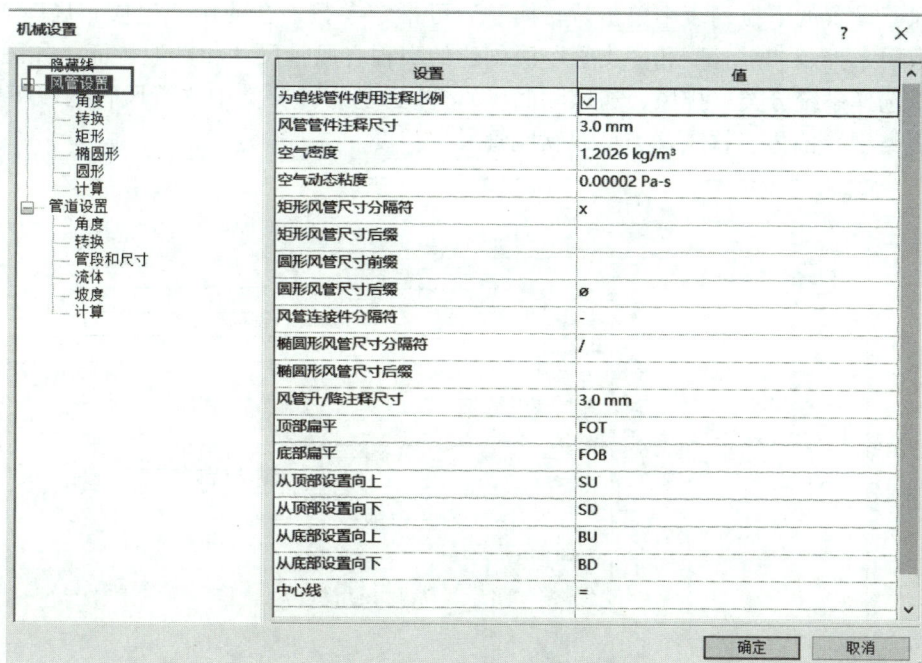

图 5-6　风管其他参数设置

符号。

（5）风管连接件分隔符：指在使用两个不同尺寸的连接件时用来分隔信息的符号。

（6）椭圆形风管尺寸分隔符：显示椭圆形风管尺寸标注的分隔符号。

在风管设置的下拉栏中单击"角度"，可以指定 Revit 在添加或修改风管时将使用的管件角度，如图 5-7 所示。

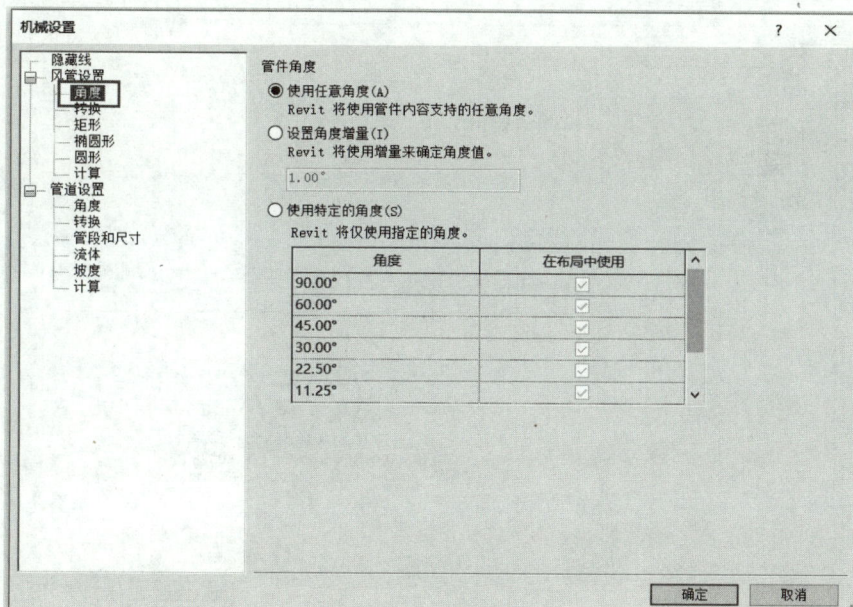

图 5-7　风管角度设置

　　在风管设置的下拉列表中单击"转换"后可指定参数，在使用"生成布局"工具时，这些参数用来控制"干管"和"支管"所创建的高程、风管尺寸和其他特征，如图 5-8 所示，可以选择系统分类（排风、送风和回风），并指定每种分类中支管风管的以下默认参数：风管类型、偏移、软风管类型、软风管最大长度。

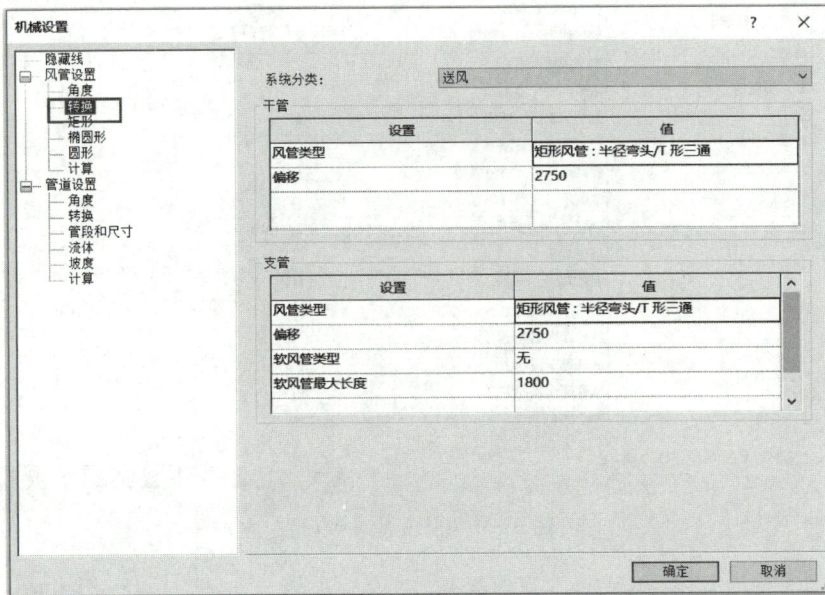

图 5-8　风管"转换"功能

　　在风管设置的下拉栏中单击"计算"后，可以指定为直线管段计算风管压降时所使用的方法。在"压降"选项中，从列表中选择"计算方法（M）"。计算方法的详细信息将显示在说明字段，如果有第三方计算方法可用，将显示在下拉列表中，如图 5-9 所示。

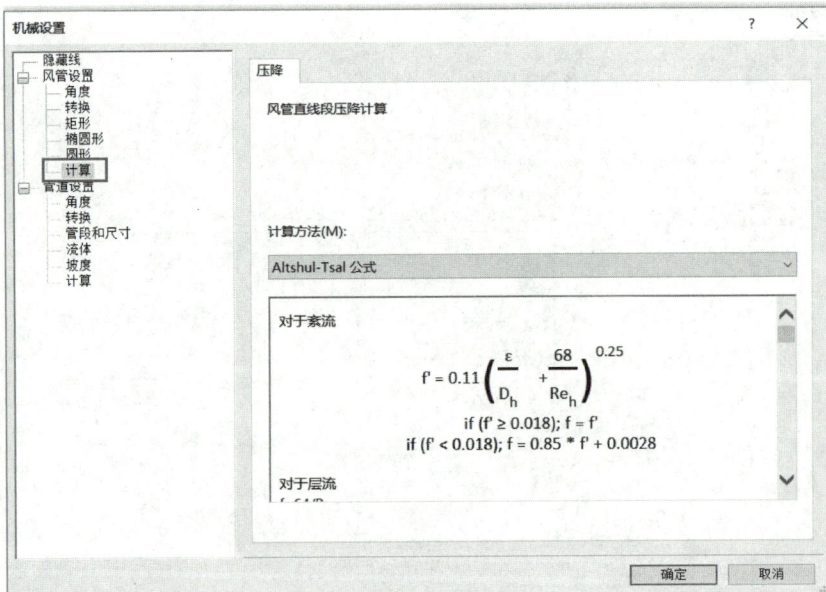

图 5-9　风管"计算"功能

5.1.2　风管绘制方法

1. 基本操作

在平面图、立面图、剖面图和三维视图中均可绘制风管。

单击功能区中的"系统"选项卡➤"风管"（快捷键"DT"），进入风管绘制模式后，"修改 | 放置风管"选项卡和"修改 | 放置风管"选项栏被同时激活，如图5-10所示。

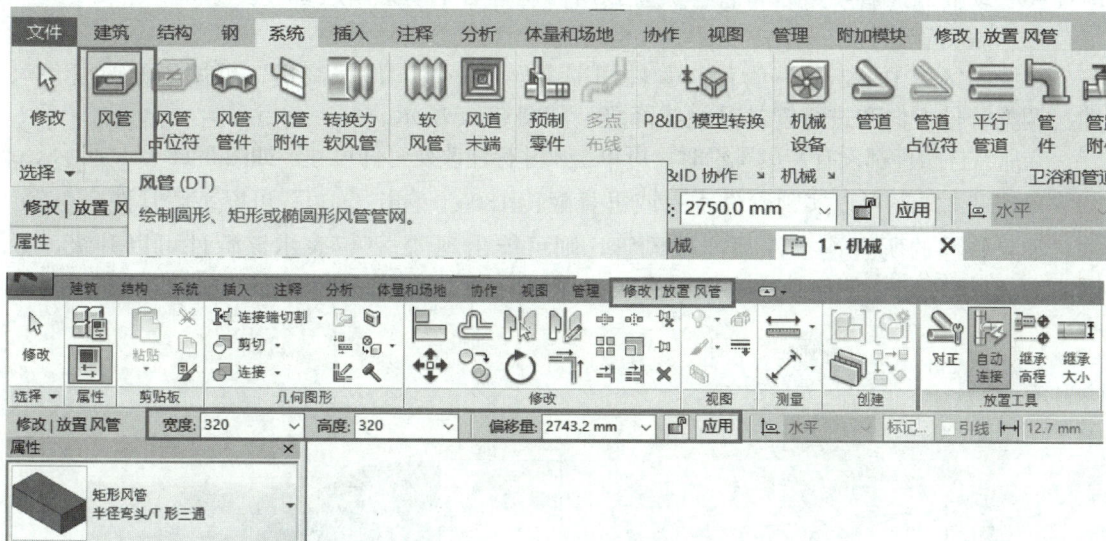

图5-10　绘制风管

按照如下步骤绘制风管：

（1）选择风管类型。在风管"属性"对话框中选择所需要绘制的风管类型。

（2）选择风管尺寸。在风管"修改 | 放置风管"选项栏的"宽度"或"高度"下拉列表中选择风管尺寸。如果在下拉列表中没有需要的尺寸，可以直接在"宽度"和"高度"中输入需要绘制的尺寸。

（3）指定风管偏移，即风管中间高程。默认"中间高程"是指风管中心线相对于当前平面标高的距离。在"中间高程"下拉列表中可以选择项目中已经用到的风管中间高程量，也可以直接输入自定义的中间高程数值，默认单位为"mm"。

（4）指定风管起点和终点。将鼠标指针移至绘图区域，单击指定风管起点，移动至终点位置再次单击，完成一段风管的绘制。可以继续移动鼠标绘制下一管段，风管将根据管路布局自动添加在"类型属性"对话框中预设好的风管管件。绘制完成后，按"Esc"键，或者单击鼠标右键，在弹出的快捷菜单中选择"取消"命令，退出风管绘制命令。

2. 风管管件的使用

风管管路中包含大量连接风管的管件，下面将介绍绘制风管时管件的使用方法和主要事项。

（1）放置风管管件

1）自动添加

绘制某一类型风管时，通过风管"类型属性"对话框中"管件"指定的风管管件，可以根据风管自动布局加载到风管管路中。目前一些类型的管件可以在"类型属性"对话框中指定弯头、T形三通、接头、四通、过渡件（变径）、多形状过渡件矩形到圆形（天圆地方）、多形状过渡件椭圆形到圆形（天圆地方）、活接头。用户可根据需要选择相应的风管管件族。

2）手动添加

在"类型属性"对话框中的"管件"列表中无法指定的管件类型，例如偏移、Y形三通、斜T形三通、斜四通、喘振（对应裤衩三通）、多个端口（对应非规则管件），使用时需要手动插入风管中或者将管件放置到所需位置后手动绘制风管。

（2）编辑管件

在绘图区域中单击某一管件，管件周围会显示一组管件控制柄，可用于修改管件尺寸、调整管件方向和进行管件升级或降级，如图 5-11 所示。

在所有连接件都没有连接风管时，可单击尺寸标注改变管件尺寸，如图 5-11（a）所示。

单击"⇐"可以实现管件水平或垂直翻转180°。单击"↻"可以旋转管件。

如果管件的所有连接件都连接风管，则可能出现"＋"，表示该管件可以升级，如图 5-11（b）所示。例如，弯头可以升级为T形三通，T形三通可以升级为四通等。

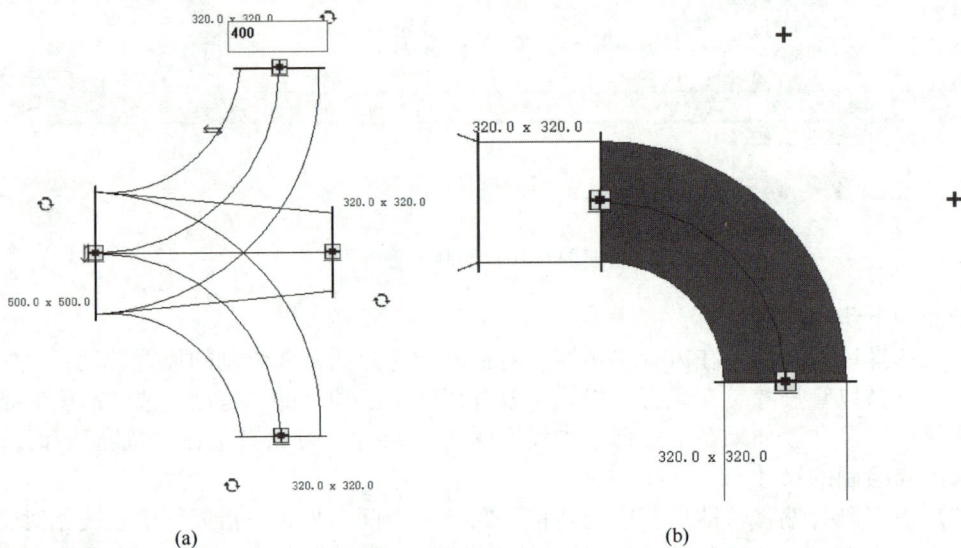

(a)　　　　　　　　　(b)

图 5-11　编辑管件

3. 风管附件放置

单击"系统"选项卡➤"HVAC"面板➤"风管附件"工具（快捷键"DA"），如图 5-12 所示。

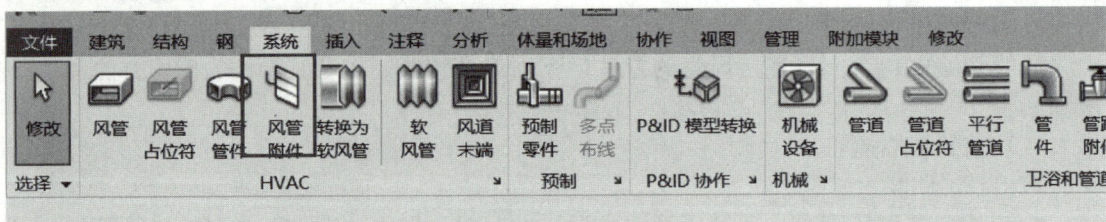

图 5-12　风管附件命令

然后在"属性"面板的"类型选择器"中选择需要插入的风管附件，风管附件是管道中起到控制流量、变向、过滤等作用的部件统称，包括阀门、过滤器、静压箱、消声器等。风管附件插入到风管中将自动捕捉风管中心线，如图 5-13（a）所示，将光标移至放置风管附件的位置，单击放置风管附件，风管附件会打断风管直接插入到风管中，不同零件类型的风管附件，插入风管中安装效果不同，如图 5-13（b）所示。

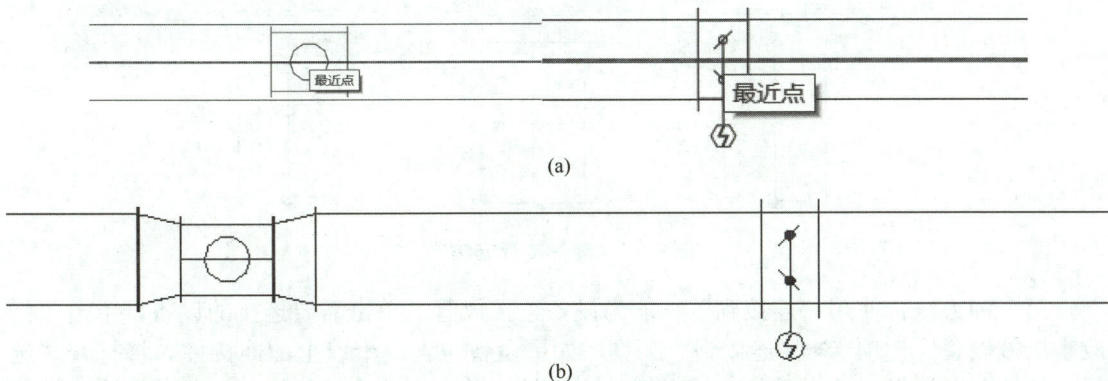

(a)

(b)

图 5-13 风管附件的插入

4. 设备接管

设备的风管连接件可以连接风管和软风管。连接风管和软风管的方法类似，下面将以连接风管为例，介绍设备连接管的 3 种方法。

第 1 种方法：单击选中设备，用鼠标右键单击设备的风管连接件，在弹出的快捷菜单中选择"绘制风管（D）"命令，如图 5-14 所示。

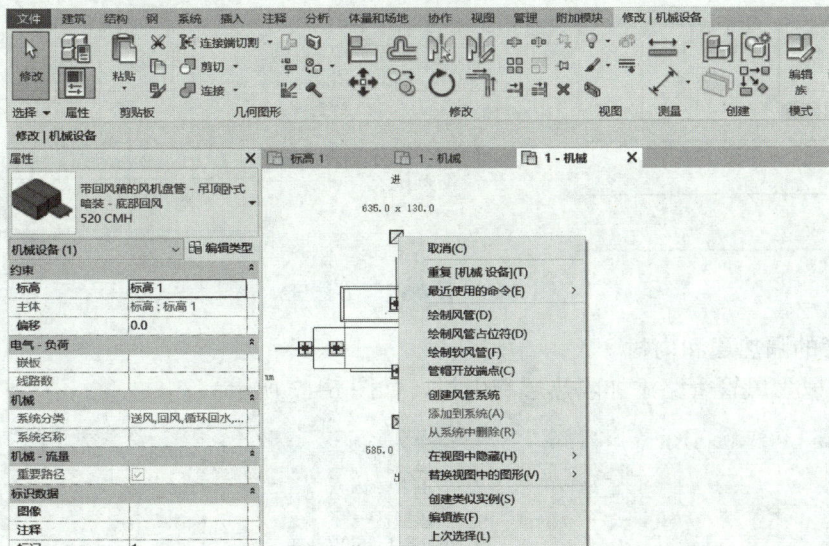

图 5-14 设备接管方法一

第 2 种方法：直接拖拽已绘制的风管到相应设备的风管连接件，风管将自动捕捉设备上的风管连接件，完成连接。

特别提示：这种方法需要风管水平中心线和垂直中心线均与设备的风管连接件中心对齐，否则将无法将风管连接到设备，如图 5-15 所示。

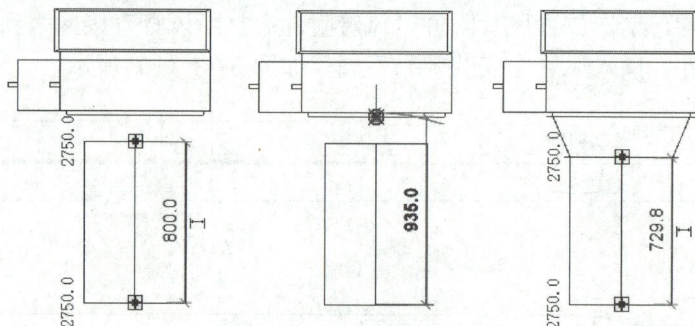

图 5-15　设备接管方法二

第 3 种方法：使用"连接到"功能为设备连接风管。单击需要连接的设备，单击"修改｜机械设备"选项卡▶"连接到"工具，如果设备包含一个以上的连接件，将打开"选择连接件"对话框，选择需要连接风管的连接件，单击"确定"按钮，然后单击该连接件所要连接到的风管，完成设备与风管的自动连接，如图 5-16 所示。

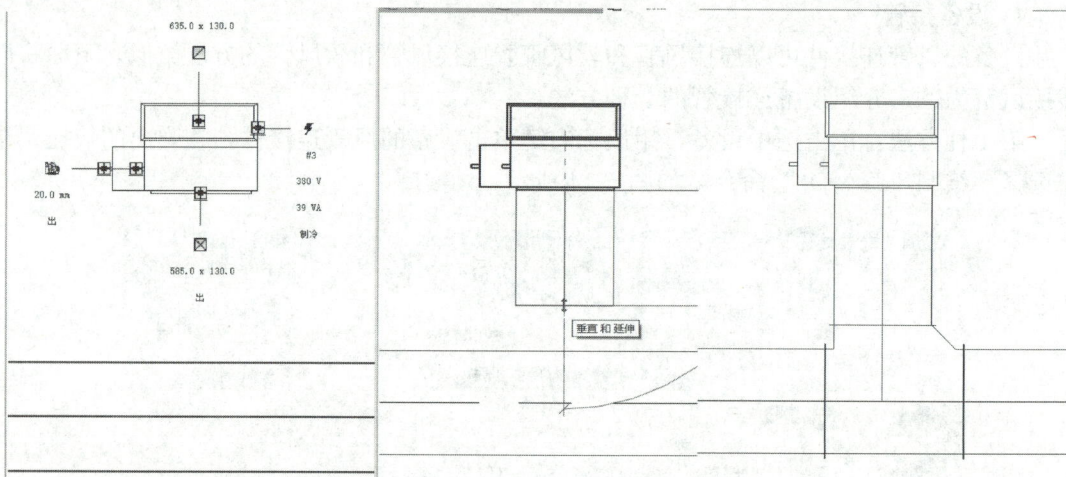

图 5-16　设备接管方法三

5. 风管的隔热层和内衬

这里可以为风管管路添加隔热层和内衬，如图 5-17 所示。

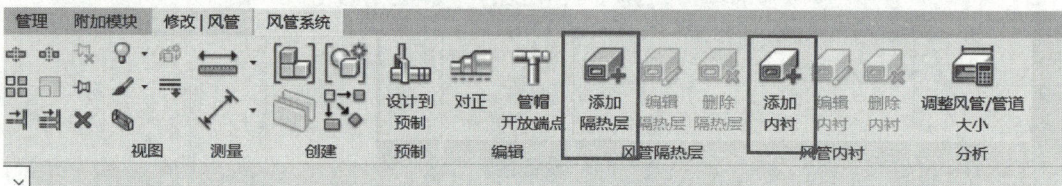

图 5-17　添加风管隔热层和衬层

通过"编辑类型"按钮，可设置隔热层和内衬的类型及厚度，如图 5-18 所示。

114

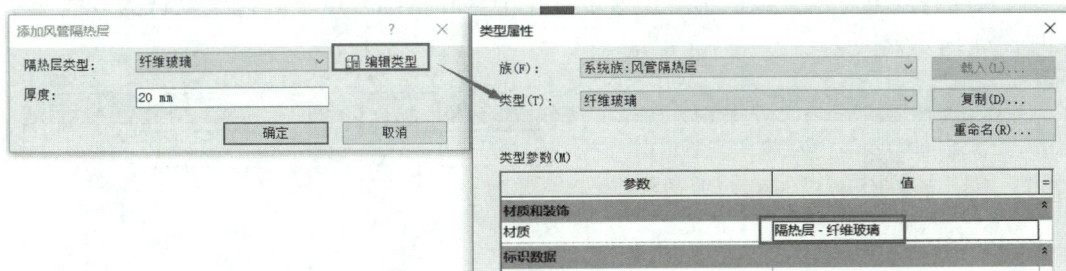

图 5-18　设置隔热层和内衬类型

当视觉样式设置为"线框"时，可以清晰地看到隔热层和内衬，如图 5-19 所示。

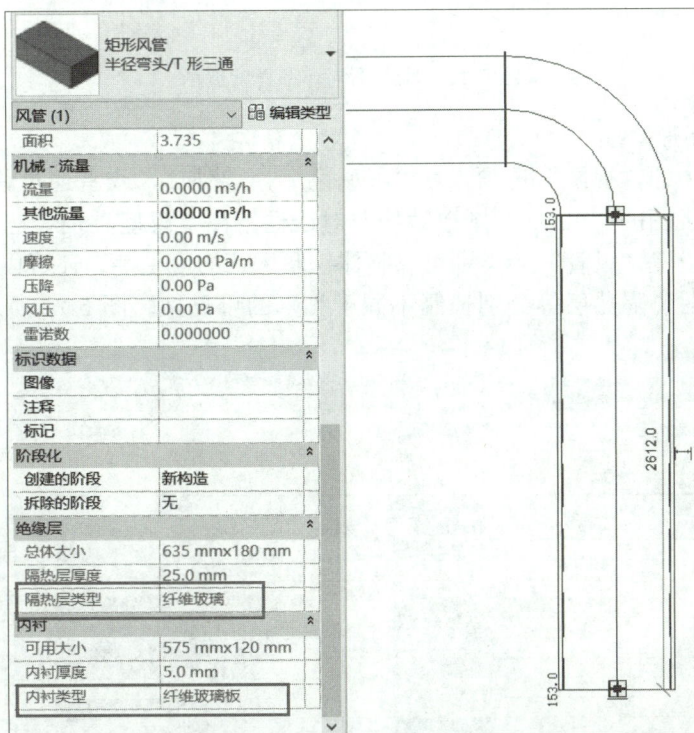

图 5-19　设置好的隔热层和内衬

5.1.3　风管显示方法

1. 视图详细程度

Revit MEP 2021 的视图可以设置 3 种详细程度：粗略、中等和精细，如图 5-20 所示。

图 5-20　设置详细程度

在粗略程度下，风管默认为单线显示；在中等和精细程度下，风管默认为双线显示，如图 5-21 所示。

图 5-21　风管不同详细程度展示

2. 可见性/图形替换

单击功能区中的"视图"选项卡➤"可见性/图形替换"，或者通过快捷键"VG"或"VV"打开当前视图的"可见性/图形替换"对话框。在"模型类别"选项卡中可以设置风管的可见性。设置"风管"族类别可以整体控制风管的可见性，还可以分别设置风管族的子类别，如内衬、隔热层等分别控制不同子类别的可见性。图 5-22 所示的设置表示风

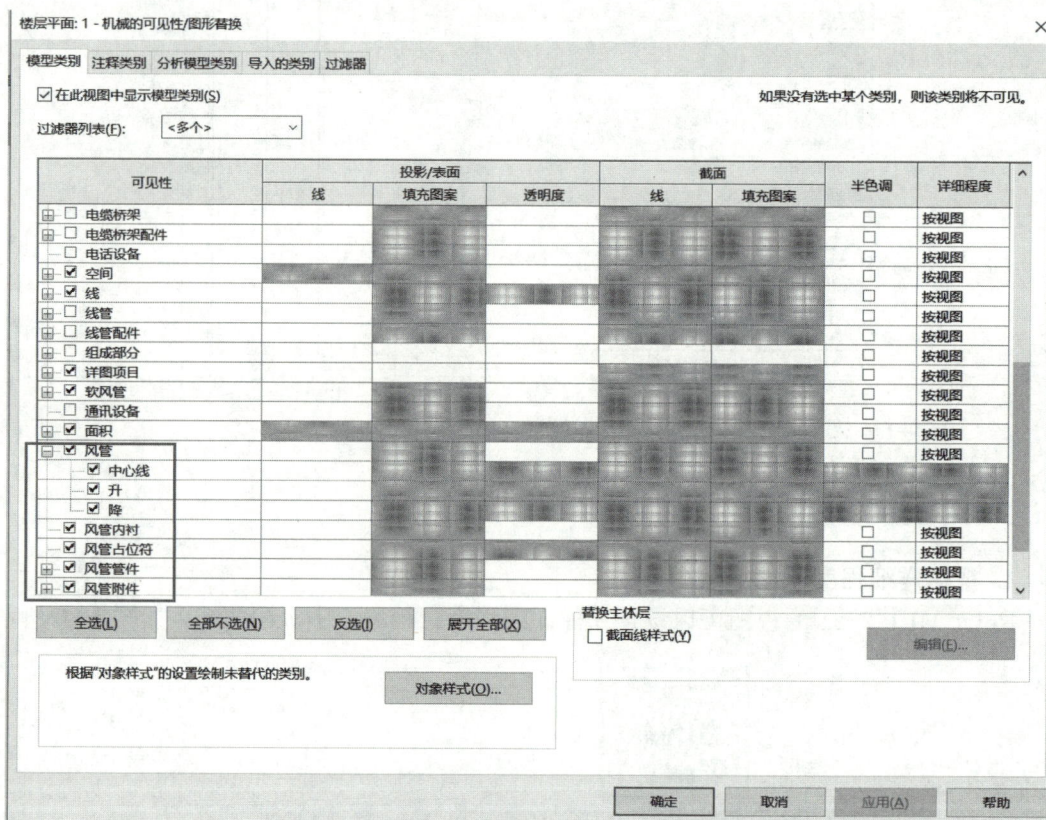

图 5-22　可见性/图形替换设置

管族中所有子类别都可见。

3. 隐藏线

单击机械下方箭头，"机械设置"对话框中"隐藏线"的设置用来设置图元之间交叉，发生遮挡关系时的显示，如图 5-23 所示。

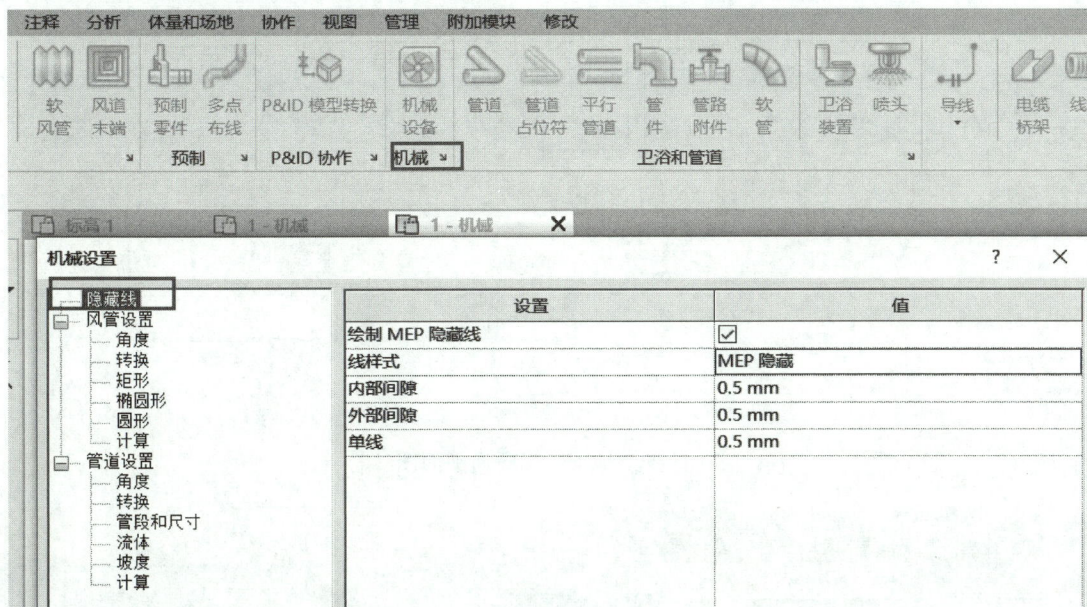

图 5-23　隐藏线设置

5.1.4　风管标注

风管标注和水管标注的方法基本相同，请参照本书"管道标注"中相关章节的介绍。

5.2　案例讲解及项目准备

首先打开本书配套资源中的 CAD 底图文件夹，可以看到如图 5-24 所示的施工图纸。

图纸为某地下室通风及防排烟平面图，其中包含排烟系统和排风及事故排风系统，这些系统又分别由排风管、排风机、排烟风机等部分组成。各个风管通过排风机、消声器等连接成完整的通风排烟系统。接下来，将按照此平面图，进行通风排烟系统建模。

5.2.1　新建项目文件

单击"文件"➤"新建"➤"项目"，打开对话框，如图 5-25 所示，单击"浏览（B）…"按钮，选择"systems-DefaultCHSCHS. rte"样板文件，选择后单击"确定"按钮。

5.2.2　链接模型

新建项目之后，先将项目另存为"某地下室-通风排烟模型"，如图 5-26 所示，保存在对应文件夹中，然后将建筑结构模型链接到项目文件中。

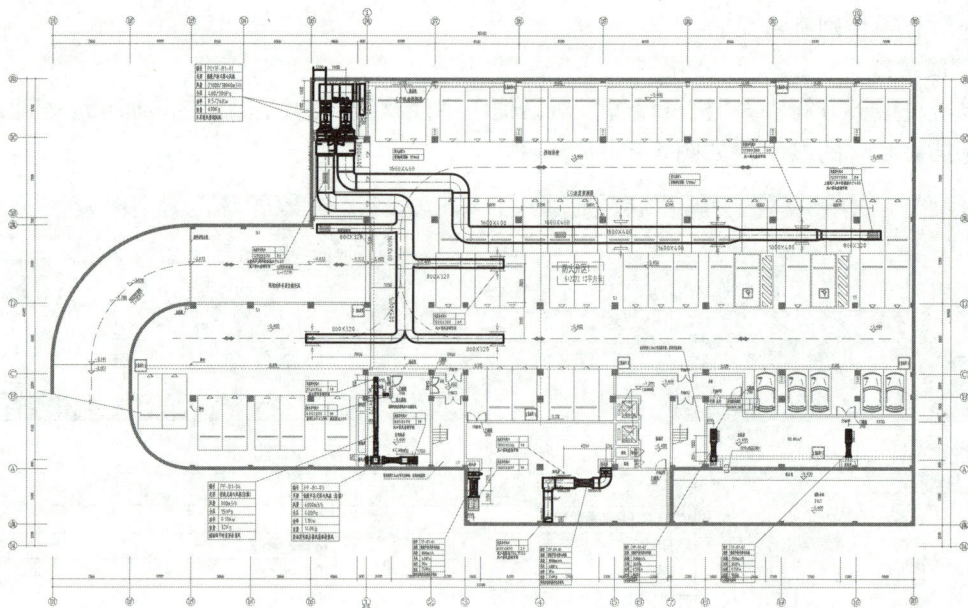

图 5-24　地下一层暖通平面图

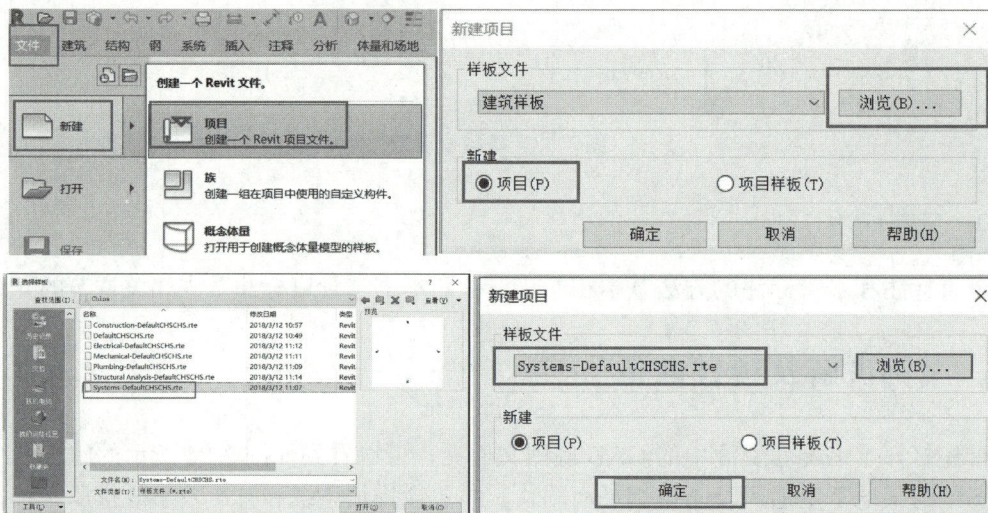

图 5-25　打开项目样板

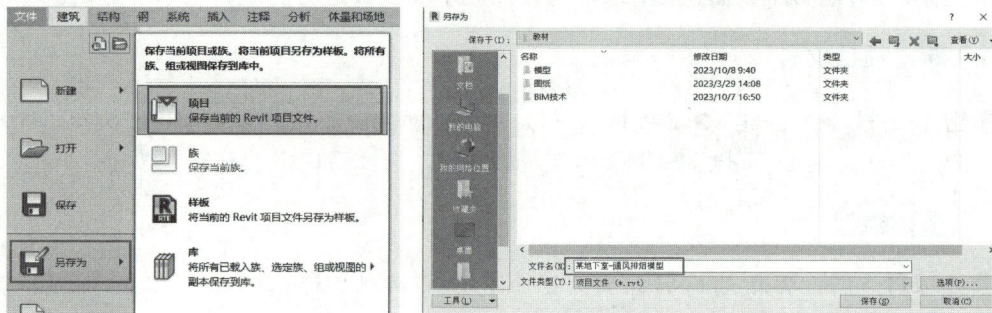

图 5-26　项目"另存为"

单击功能区中的"插入"选项卡➤"链接 Revit"，打开"导入/链接 RVT"对话框，如图 5-27 所示，选择要链接的建筑模型"某地下室-建筑结构模型 .rvt"，并在"定位（P）"下拉列表中选择"自动-原点到原点"，单击右下角的"打开（O）"按钮，建筑模型就被链接到项目文件中。

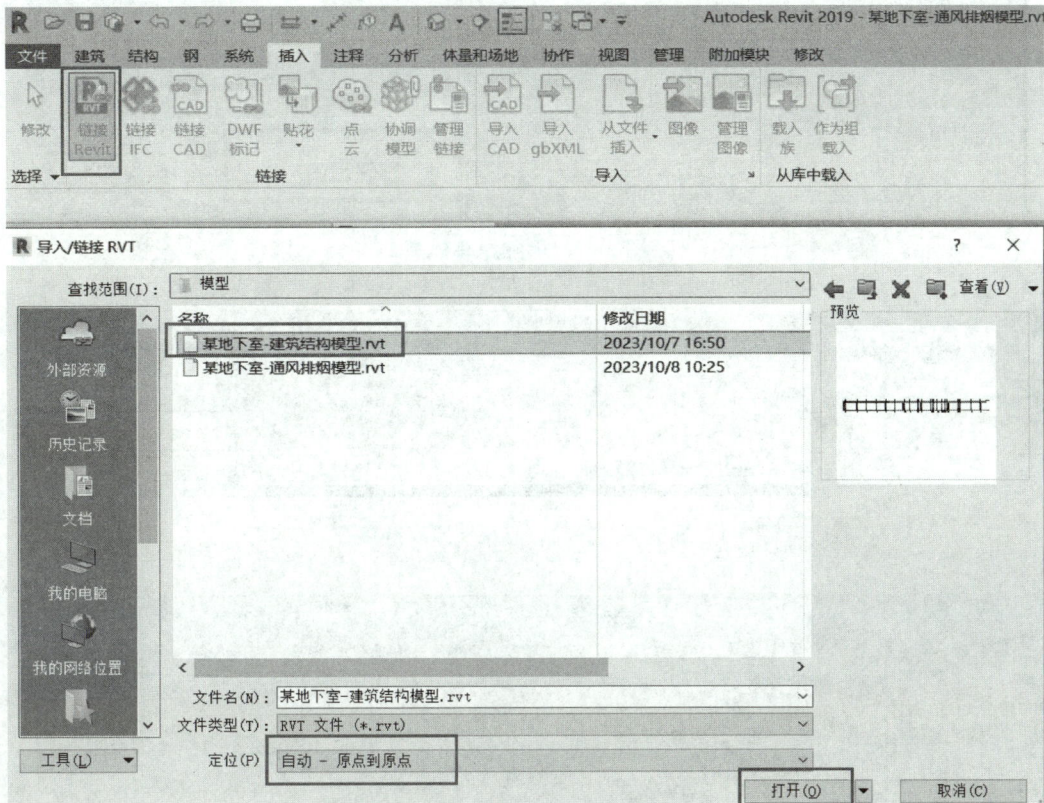

图 5-27　链接建筑模型到项目中

5.2.3　标高轴网及平面视图的创建

（1）删除原有标高，链接建筑模型后，切换到某个立面视图。例如切换到"HVAC"➤"立面（建筑立面）-南"，发现在绘图区域中有两套标高，一套是"系统样板"项目样板文件自带的标高，一套是链接模型的标高。在项目浏览器的"视图（规程）"下也能发现楼层平面和天花板平面视图中的标高是项目样板文件自带的标高。为了共享建筑设计信息，需要先删除自带的平面和标高，选中原有标高，将其删除。在删除时会出现一个警告对话框，如图 5-28 所示，提示各视图将被删除，单击"确定（O）"按钮。

（2）单击功能区中的"协作"选项卡➤"复制/监视"➤"选择链接"，如图 5-29所示。

（3）在绘图区域中拾取链接模型后，激活"复制/监视"选项卡，单击"复制"激活"复制/监视"选项栏，如图 5-30 所示。

勾选"复制/监视"选项栏中的"多个"复选框，然后在立面视图中选择标高-1F，单

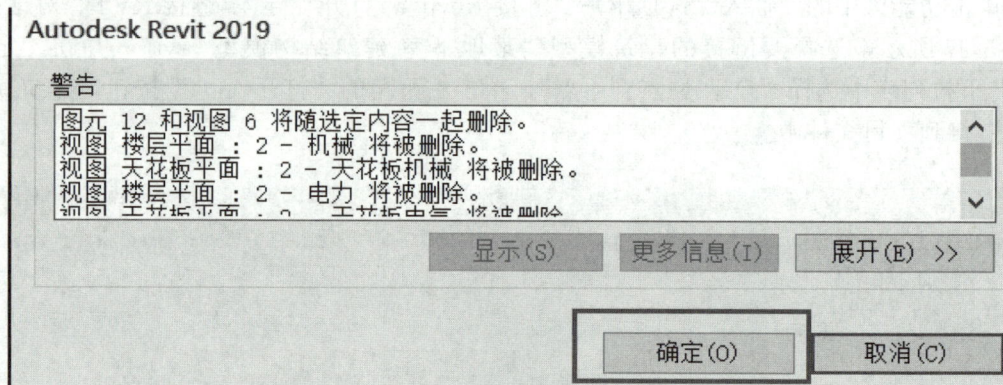

图 5-28　删除原有标高

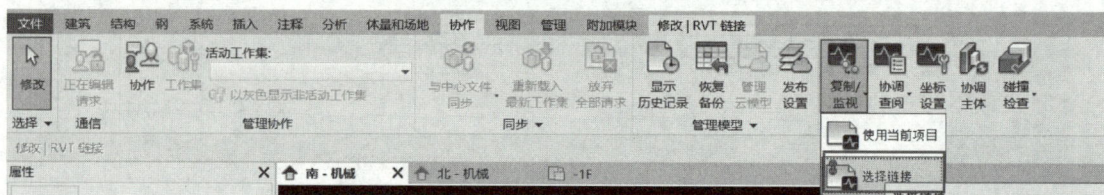

图 5-29　"复制/监视"原有链接

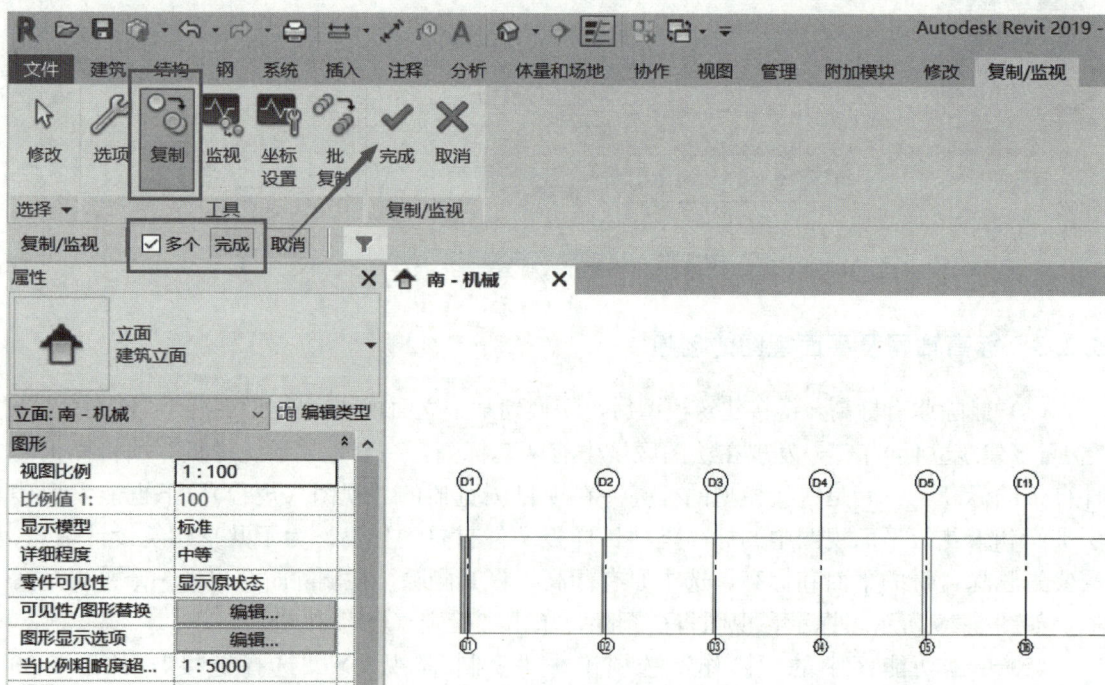

图 5-30　"复制/监视"标高

击"确定"按钮后，在选项栏中单击"完成"按钮，再单击选项卡中的按钮，完成复制。这样既创建了链接模型标高的副本，又在复制的标高和原始标高之间建立了监视关系。如

果所链接的建筑模型中的标高有变更，打开该项目文件
时，会显示警告。同样，复制监视轴网，项目中的其他
图元如墙，均可通过此步骤复制监视。

（4）删除项目文件中自带的标高后，项目文件中自
带的楼层平面及天花板平面也会被删除，所以需要创建
与建筑模型标高相对应的平面视图，具体步骤如下：

单击功能区中的"视图"选项卡➤"平面视图"➤
"楼层平面"，打开"新建楼层平面"对话框，如图5-31
所示。

选择想要的标高，比如-1F，然后单击"确定"按钮，
平面视图名称将显示在项目浏览器中。其他类型平面视
图，如天花投影平面视图的创建方法与上述方法类似。

（5）在绘图区，全部选择，然后将其锁定，如图5-32
所示。

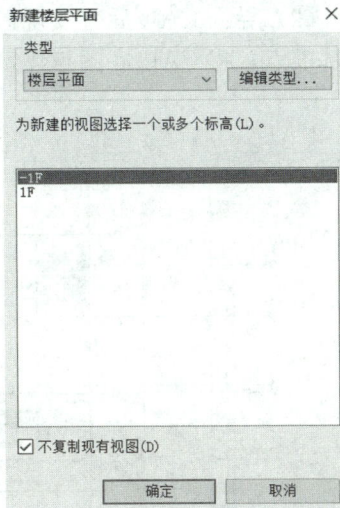

图 5-31　新建楼层平面

图 5-32　锁定图元

5.2.4　导入 CAD 底图

在模型中导入CAD底图的具体步骤如下：

（1）单击"插入"选项卡➤"导入CAD"，打开"导入CAD格式"对话框，选择
"地下一层暖通平面图.dwg"，"导入单位（S）"为"毫米"，"定位（P）"为"自动-原点
到原点"，"放置于（A）"为"-1F"，单击"打开（O）"按钮，如图5-33所示。

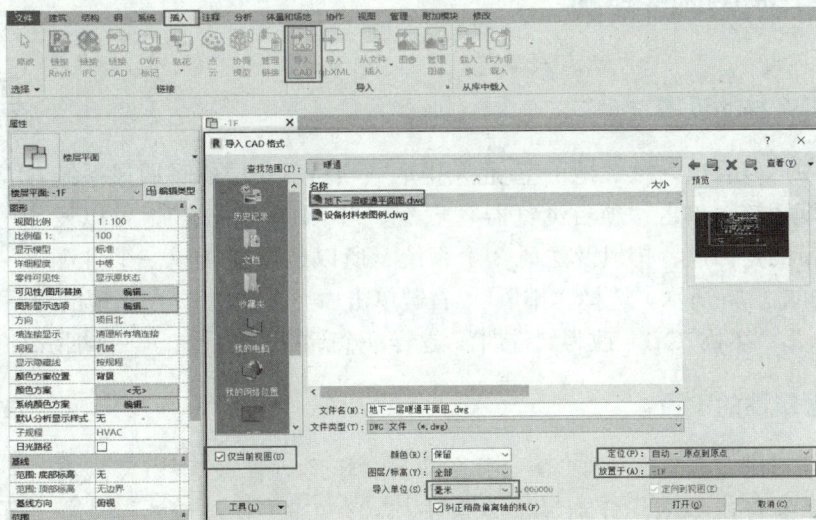

图 5-33　导入 CAD 底图

121

（2）导入 CAD 后，发现 CAD 与建筑模型不重合，使用"对齐"命令，以轴网交点为基准点，将 CAD 底图与建筑模型对齐，并将 CAD 底图进行锁定，最终如图 5-34 所示。

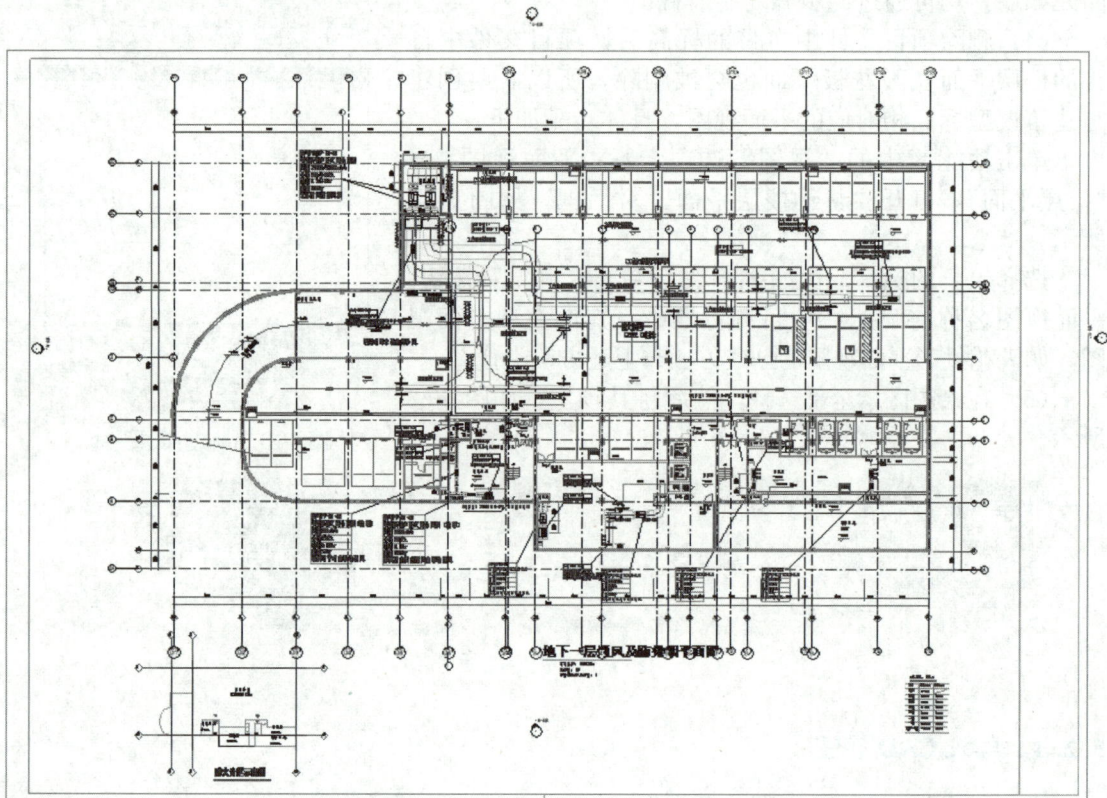

图 5-34　对齐并锁定 CAD 底图

5.3　风系统模型的绘制

5.3.1　风管系统的设置

从图纸中可以看出，该"地下室-通风排烟"项目负一层的暖通风系统包含排风排烟系统。单击"项目浏览器"➤"族"➤"风管系统"，可以发现，系统自带的是回风、排风及送风 3 个系统，所以还需要新建一个排烟系统，步骤如图 5-35 所示：选择"排风"，右键单击"类型属性"，在出现的对话框中，选择"复制（D）…"，"名称（N）"改为"排烟"，这样一个新的风管系统——排烟系统就建好了。

风管系统的设置

5.3.2　风管属性的设置

单击"项目浏览器"➤"族"➤"风管"➤"矩形风管"，可以发现有 4 种可供选择的管道类型，分别为半径弯头/T 形三通、半径弯头/接头、斜接弯头/T 形三通和斜接弯头/接头。它们的区别主要在于弯头和支管的

风管属性的设置

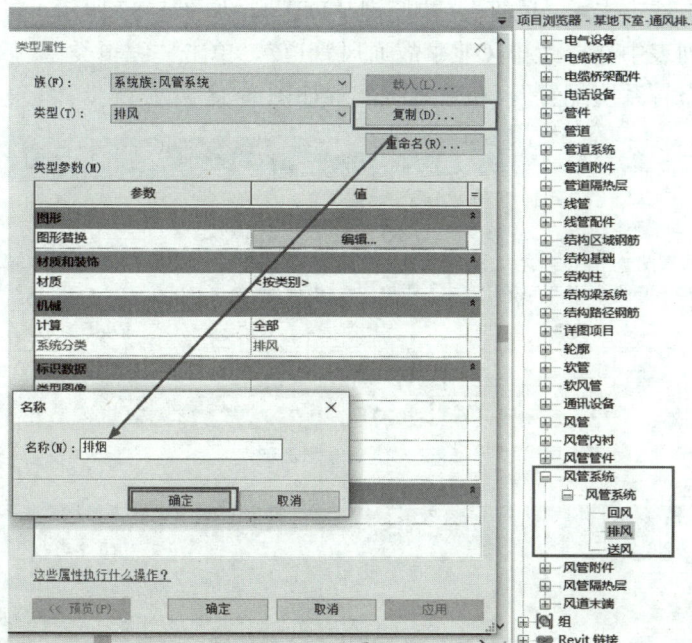

图 5-35　新建排烟系统

连接方式，其命名是以连接方式来区分的（半径弯头/斜接弯头表示弯头的连接方式，T
形三通/接头表示支管的连接方式）。选择"半径弯头/T 形三通"，右键单击"类型属性"
按钮，复制后修改名称为"排风兼事故通风管道"，如图 5-36 所示。

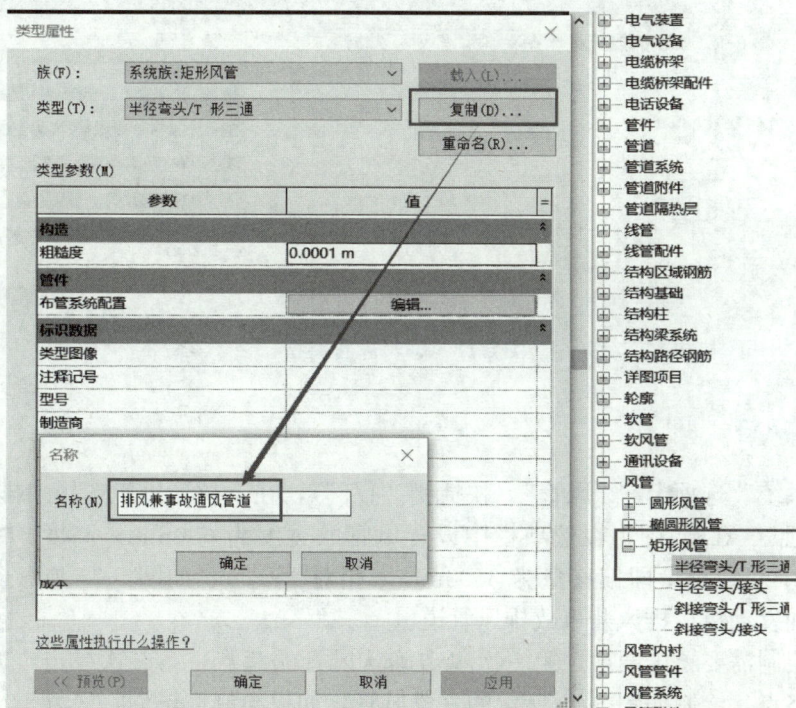

图 5-36　新建排风兼事故通风管道

123

单击"系统"选项卡➤"风管"（快捷键"DT"），如图 5-37 所示，进入风管绘制界面属性栏，在下拉列表中选择"排风兼事故通风管道"，单击"编辑类型"，进入类型属性编辑界面，单击"布管系统配置"，布管系统配置如图 5-38 所示。

图 5-37　绘制风管

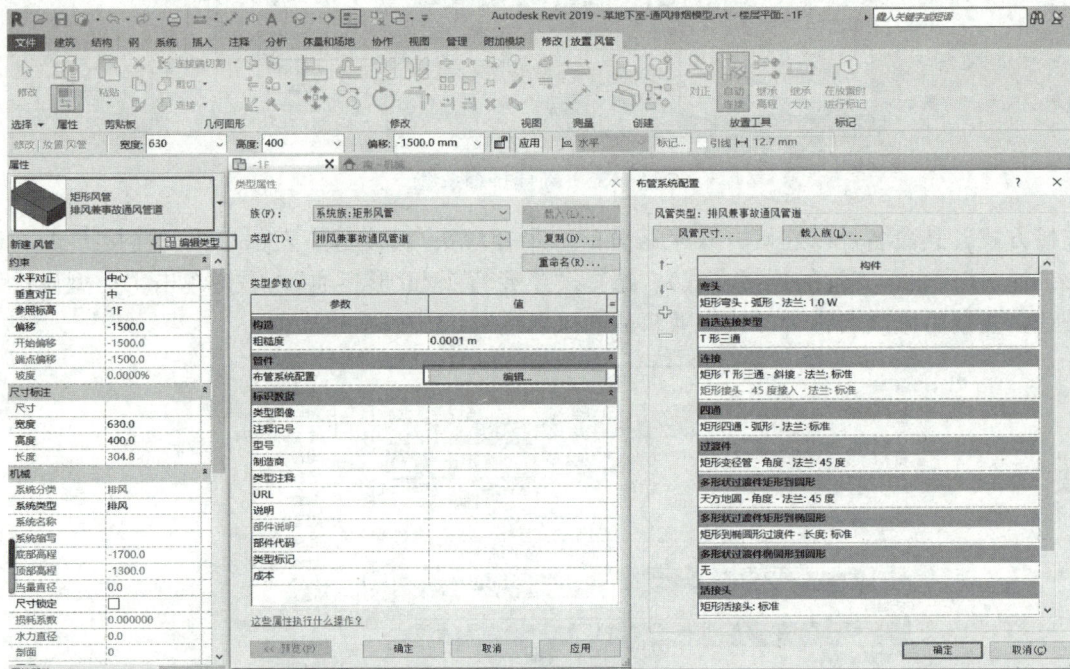

图 5-38　编辑风管类型

5.3.3　绘制风管

单击"系统"选项卡➤"风管"（快捷键"DT"），在下拉列表中选择"排风兼事故通风管道"，对照 CAD 底图，在选项栏中设置风管的宽度为 630mm，高度为 400mm，中间高程量即偏移量为 3500mm（相对于-1F），如图 5-39 所示，绘制柴油发动机房排风兼事故排风管道。

风管的绘制需要单击两次，第一次单击确认风管的起点，第二次单击确认风管的终点，绘制如图 5-39 所示的一段风管，如果绘制完毕后，风管和底图没有对齐，则可以单击"修改"选项卡➤"编辑"➤"对齐"，将绘制的风管与底

绘制风管

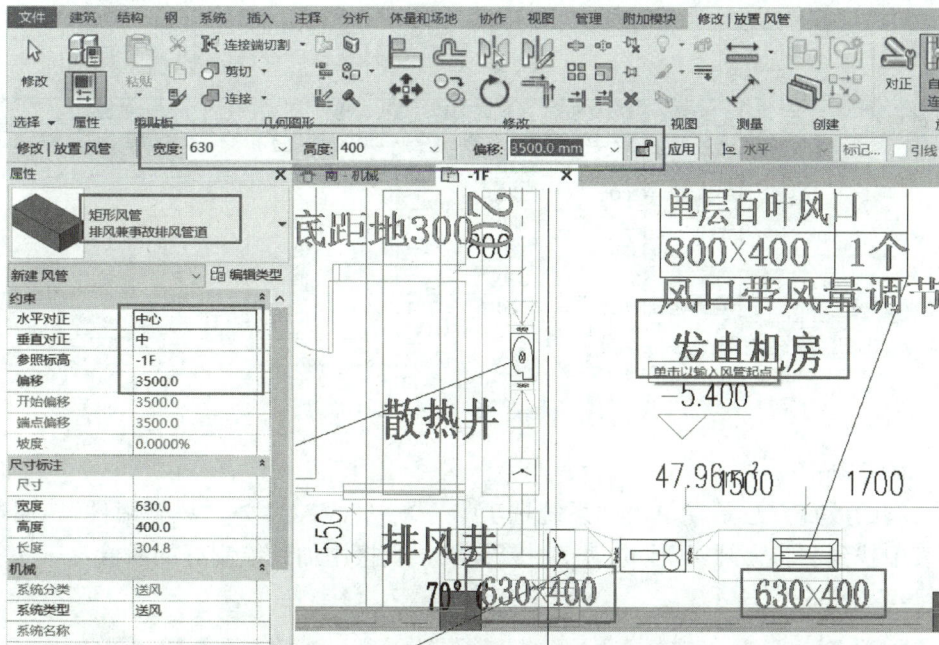

图 5-39 绘制柴油发动机房排风兼事故排风管道

图位置对齐并锁定。

选择绘制的风管，单击鼠标右键，在弹出的快捷菜单中选择"重复风管"命令，继续绘制日用储油间的排风兼事故风管，风管宽度为320mm，高度120mm，在连接处，系统会根据设置自动生成管件。其中T型三通管件的方向，可以通过"⟶"控制句柄进行控制。绘制好的管道如图 5-40 所示。

5.3.4 添加并连接主要设备

1. 添加阀门

（1）载入阀门族

单击"插入"选项卡▶"从库中载入"▶"载入族"，选择系统自带的"防火阀-矩形-电动-70 摄氏度"族文件，单击"打开"按钮，将该族载入项目中。

图 5-40 日用储油间排风兼事故排风管道

单击"插入"选项卡▶"从库中载入"▶"载入族"，选择系统自带的"对开多叶风阀"族文件，单击"打开"按钮，出现指定类型对话框，如图 5-41 所示，因为没有项目中要求的尺寸，就先选择一个类型尺寸，比如 320mm×320mm，将该族载入项目中。

指定类型

族：	类型：				
对开多叶风阀 - 矩形 - 手	类型	风管宽度	风管高度	风阀长度	叶片数量
		(全部)	(全部)	(全部)	(全部)
	160x320	160	320	140	2
	200x320	200	320	140	2
	250x320	250	320	140	2
	320x320	320	320	140	2
	800x320	800	320	140	2
	1000x320	1000	320	140	2

在右侧框中为左侧列出的每个族选择一个或多个类型

确定　　取消　　帮助

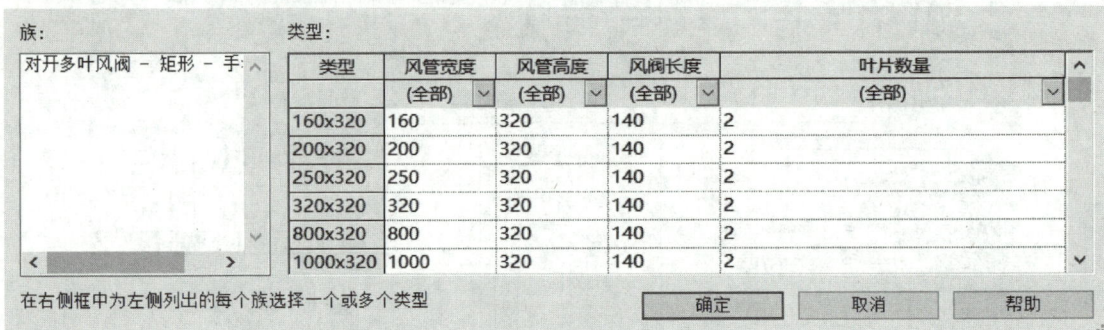

图 5-41　插入"对开多叶风阀"族

（2）放置阀门

防火阀的放置方法是，单击"系统选项卡"➤"HVAC"➤"风管附件"，属性栏里下拉列表中找到"防火阀-矩形-电动-70 摄氏度"，直接添加到绘制好的风管上，系统自动生成连接，如图 5-42 所示。

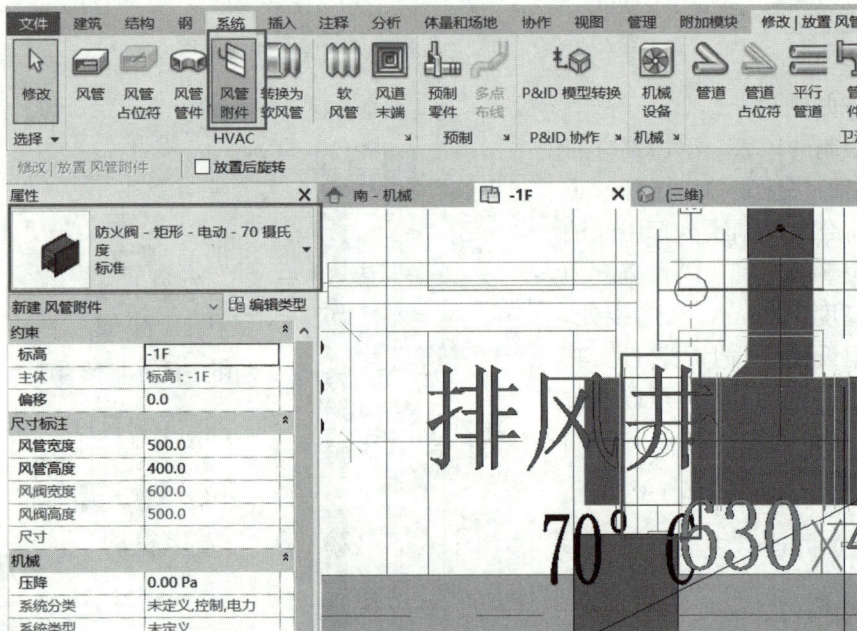

图 5-42　放置 70℃防火阀

对开多叶风阀再放置前，需要先修改阀门尺寸，单击"系统选项卡"➤"HVAC"➤"风管附件"，属性栏里下拉列表中找到"对开多叶风阀-矩形-手动-320×320"，单击"编辑类型"，在类型属性对话框里，单击"复制（D）..."，修改阀门尺寸为 630mm×400mm。同时，类型参数里，也需要把阀门尺寸修改为 630mm×400mm，单击"确定"，如图 5-43 所示。用同样的方法，再建一个"对开多叶风阀-矩形-手动-320×120"的阀门族。

然后分别选择"对开多叶风阀-矩形-手动-630×400""对开多叶风阀-矩形-手动-320×120"这 2 个族，直接添加到绘制好的风管上，系统会自动生成连接，如图 5-44 所示。

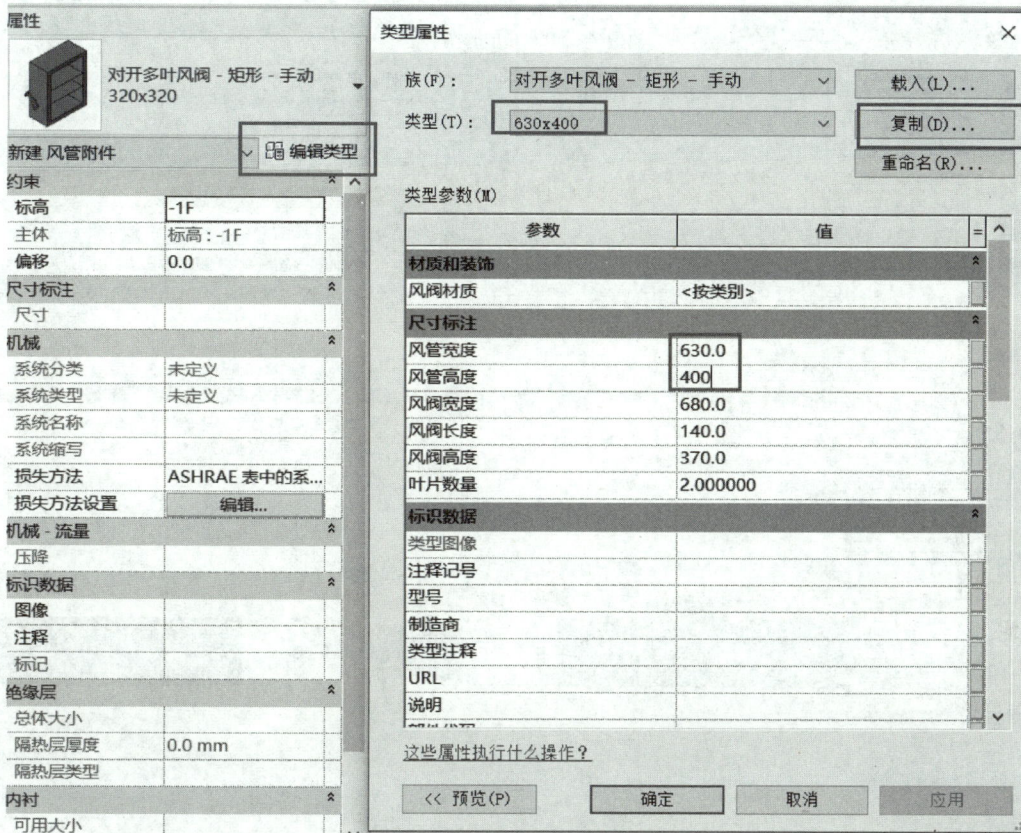

图 5-43　编辑阀门类型

2. 添加风机

（1）载入风机族

单击"插入"选项卡➤"从库中载入"➤"载入族"，选择系统自带的"混流风机"和"离心风机-风管式"风机族文件，单击"打开（O）"按钮，将这 2 个风机族载入项目中，如图 5-45 所示。

（2）放置风机

风机放置方法是，单击"系统"选项卡➤"HVAC"➤"机械设备"，属性

图 5-44　放置对开多叶风阀

栏里根据风机类型和风机风量，在下拉列表中选择好对应的风机族，以"离心风机-风管式"风机为例，直接添加到绘制好的风管上，发现系统不会自动生成连接，此时就要对风管和风机进行一定的调整。首先，选中风管，单击"拆分图元"命令，先断开风管，再把两段风管分开，其中一段风管有法兰，需要选中删除，这样风机的安装位置就空了出来。选中风机，调整其到合适的高度 3290mm（相对于-1F），再到-1F 平面中，选中风管一端，直接连到风机，同样另外一侧也同理操作，系统自动完成风管风机的连接，如图 5-46 所示。

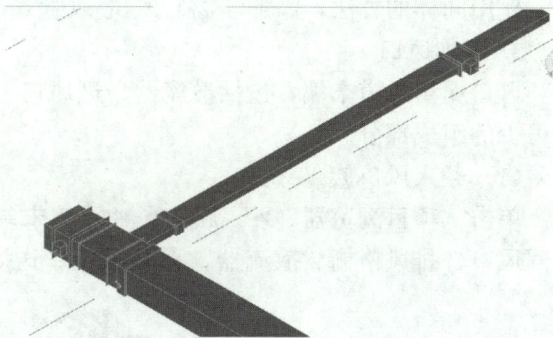

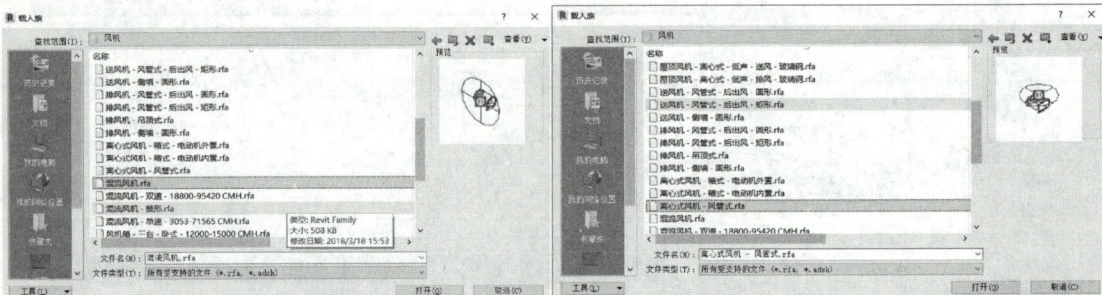

图 5-45　载入风机族

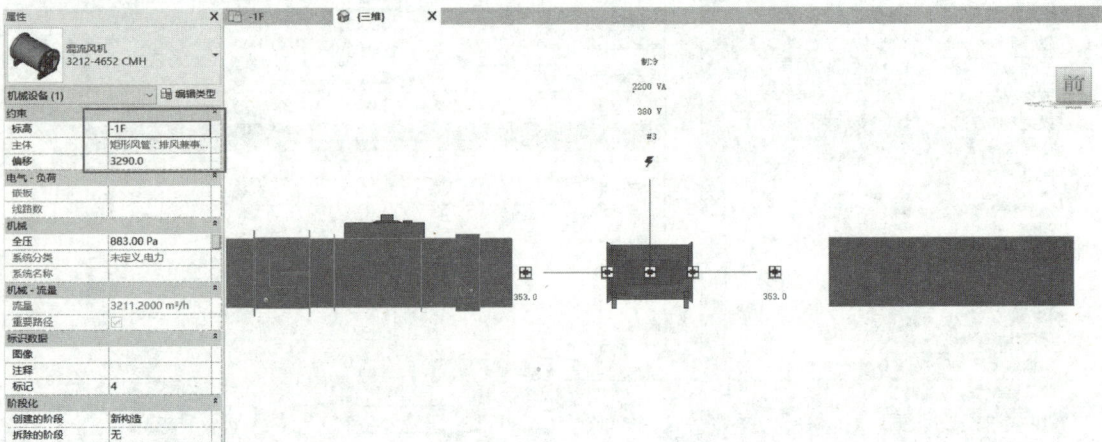

图 5-46　放置离心风机-风管式

使用同样的方法，添加"离心风机-风管式"，如图 5-47 所示。

3. 添加风口

风口属于风道末端，包括散流器、进风口、出风口、排风格栅灯。它们是通风空调必不可少的组成部分。

（1）载入风口族

单击"项目浏览器"➤"族"➤"风道末端"，可以看到系统样板自带了很多风口，有回风口、排风格栅、散流器、百叶风口、送风口等，如图 5-48 所示。对照 CAD 底图，

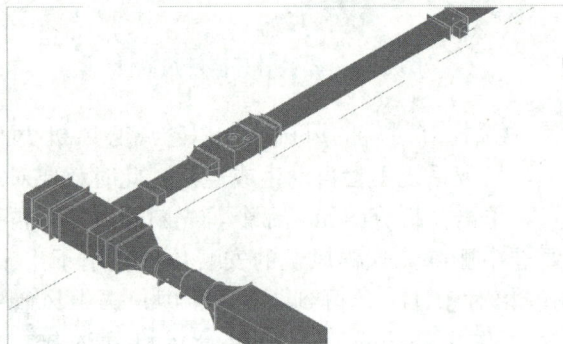

图 5-47　添加离心风机-风管式

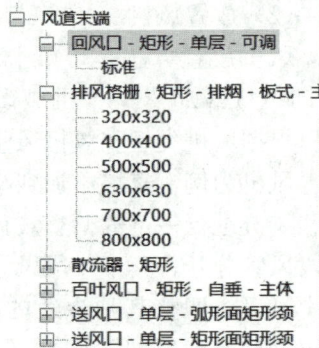

图 5-48　族-风道末端

要求的是单层百叶风口 250mm×250mm、800mm×400mm，这里的风道末端的风口属于排风系统。

单击"插入"选项卡➤"从库中载入"➤"载入族"，选择系统自带的"回风口-矩形-单层-可调"族文件，单击"打开（O）"按钮，指定 800mm×400mm，将"回风口-矩形-单层-可调"-800mm×400mm 族载入项目中。同样的方法，可以把"回风口-矩形-可调"-250mm×250mm 族载入到项目中，如图 5-49 所示。

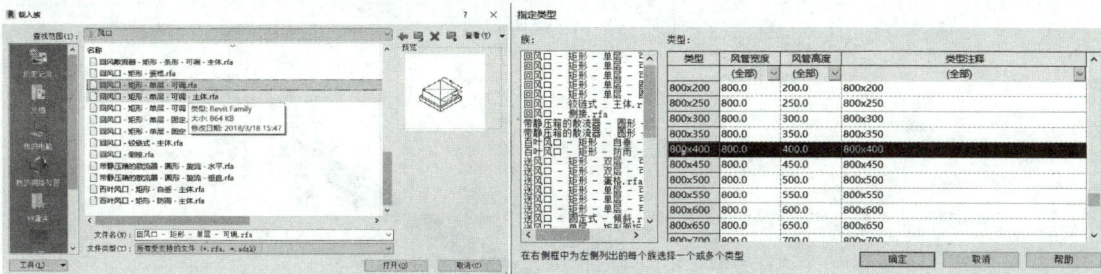

图 5-49　载入风口族

（2）放置风口

单击选项卡"系统"➤"HVAC"➤"风道末端"，在属性面板的类型选择器中选择合适的规格，以"回风口-矩形-单层-可调"-250mm×250mm 的放置为例，设置偏移量为 2800mm，在放置过程中，可以按空格键调整放置的方向➤单击左键完成创建。也可以在选项栏勾选"放置后旋转"，而后通过移动鼠标调整放置的角度。如图 5-50 所示，"回风口-矩形-单层-可调"-250mm×250mm 的放置，系统自动完成风管风口的连接，而"回风口-矩形-单层-可调"-800mm×400mm 的放置，系统没有自动完成风管风口的连接，我们需要检查并调整连接。

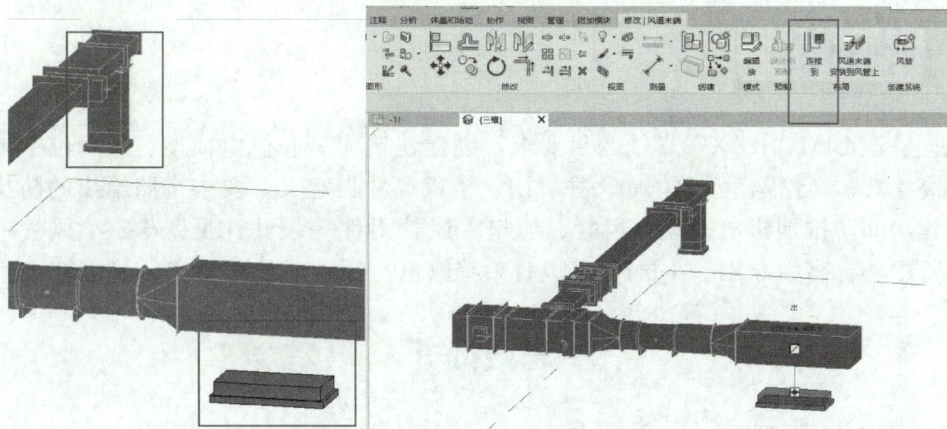

图 5-50　放置风口

三维视图中，选中"回风口-矩形-单层-可调"-800mm×400mm，单击"连接到"命令，选择要连接的管道，系统提示错误：没有足够的空间放置所需管件，如图 5-51 所示。

按照提示增加管长，以便有足够的安装空间来安装"回风口-矩形-单层-可调"-800mm×400mm，最后模型如图 5-52 所示。

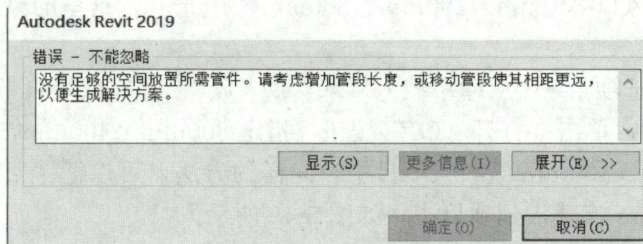

图 5-51　放置风口警告

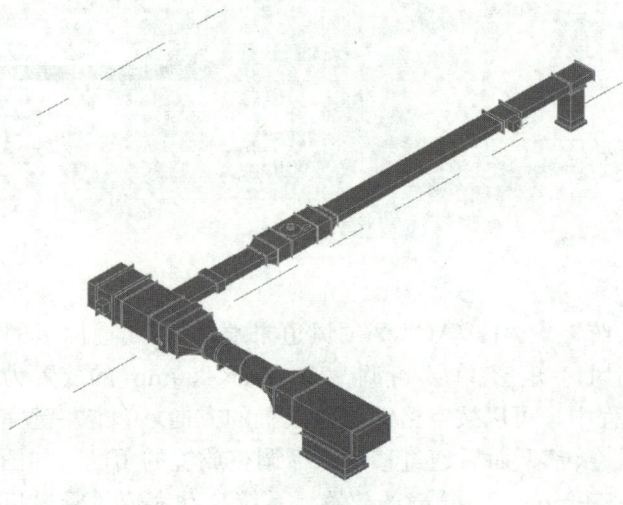

图 5-52　模型绘制

按照上述方法，可完成本案例中其他的排风、排烟系统模型的绘制。

5.4　实践操作

根据一道 BIM "1+X" 真题题目要求，创建建筑模型和机电模型。房间位于地下一层，层高 4.2m，建模模型中，墙、柱、门、楼板尺寸自定义。要求按照给出的防排烟平面图创建房间防排烟机电模型，风管、风口、风管附件等尺寸详见图 5-53，风管中心对齐，风管中心标高为 3.4m，同时定义风管系统颜色：补风、送风-青色，排烟管-红色。

思政提升

1. 案例简介

在一项新建的大学图书馆项目中，设计团队面临了如何为宽敞的阅览空间提供舒适、高效的暖通空调（HVAC）系统的挑战。为此，他们采用了 BIM（建筑信息模型）技术进行暖通系统的设计和分析。通过 BIM 软件，工程师们创建了详细的三维模型，模拟了空气流动、温度分布和能耗情况，优化了空调出风口的位置和大小，以及绝热材料的选择和布局。此外，BIM 模型还被用于与电气、给水排水等其他系统进行协调，确保了各专

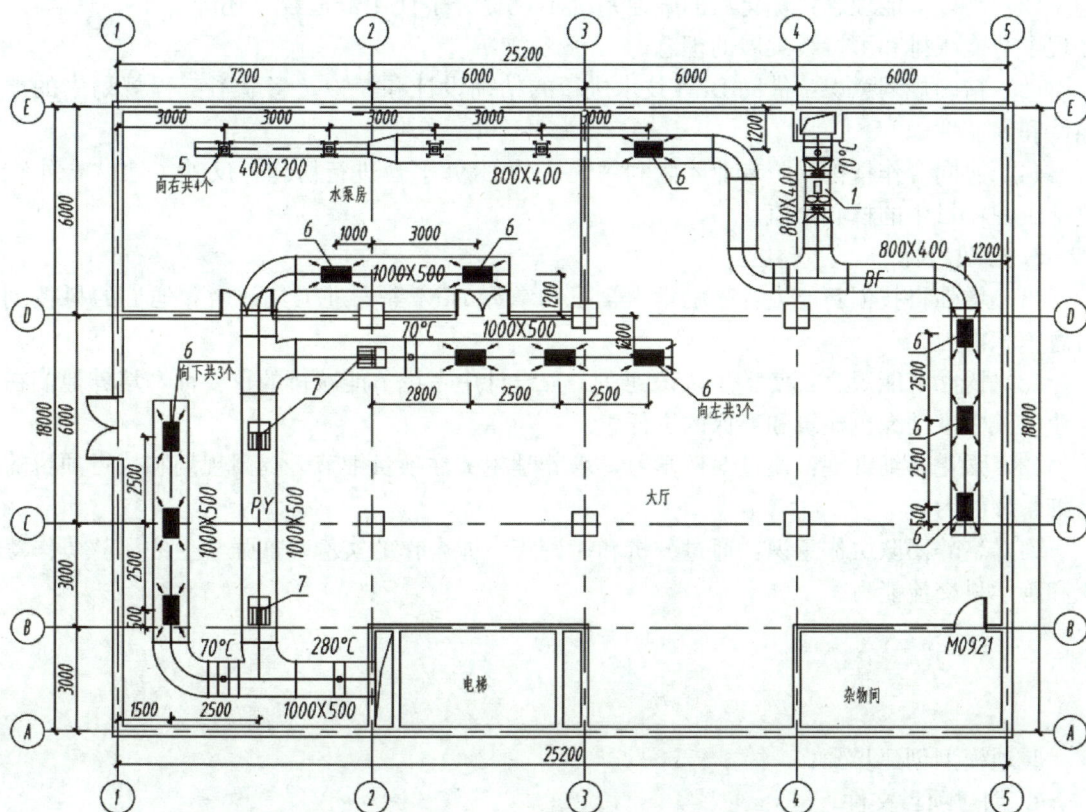

图 5-53 防排烟平面图及主要设备材料表

序号	设备名称	型号规格	单位	数量
1	混流风机	$L=14500 \text{m}^3/\text{h}$ $P=373\text{Pa}$，$N=6\text{kW}$	台	1
2	70℃防火阀	800mm×400mm	个	1
3	70℃防火阀	1000mm×500mm	个	2
4	280℃防火阀	1000mm×500mm	个	1
5	方形散流器	300mm×300mm	个	4
6	双层百叶风口	800mm×400mm	个	12
7	多叶防火排烟口	(250+800)mm×600mm	个	3
8	VRV室内机	制冷量$Q=11.2\text{kW}$ $N=376\text{W}$，$P=90\text{Pa}$	个	5
9	双层百叶风口	400mm×400mm	个	5

主要设备材料表

业间的有效对接和施工过程中的顺畅沟通。

2. 思政元素

（1）科技引领未来：本案例体现了BIM技术在现代建筑工程中的关键作用，展示了科技革新如何促进行业发展。

（2）高效节能理念：优化后的暖通系统不仅提升了使用舒适度，还降低了能源消耗，体现了节能减排和可持续发展的理念。

（3）精确规划意识：借助 BIM 技术进行的精确设计和模拟，彰显了工程规划中的严谨性和专业性。

（4）协同合作精神：跨专业团队利用统一的 BIM 平台进行协作，反映了团队合作在复杂工程项目中的核心价值。

3. 思政目标

（1）增强科技创新能力：鼓励学生学习和掌握 BIM 等先进工具，培养他们的科技创新意识和能力。

（2）树立节能观念：使学生认识到在工程设计中考虑节能减排的重要性，培养他们在专业实践中推动绿色建筑和环保的责任感。

（3）强化精细管理：通过案例学习，培养学生关注项目细节，提高规划和执行项目的精细管理能力。

（4）培养团队协作意识：通过分析和讨论跨专业合作的实例，加强学生的团队协作意识和跨学科交流能力。

本 章 小 结

暖通模型创建步骤：

1. 创建项目文件；

2. 链接土建模型；

土建模型的准确性和完整性对暖通模型的创建至关重要。确保正确链接土建模型可以帮助在暖通模型中准确定位和布置风管系统，处理土建模型中的几何冲突和空间限制可能是一个挑战，需要与土建团队密切合作，及时解决可能出现的碰撞和协调问题。

3. 标高轴网及平面视图的创建；

4. 导入暖通专业 CAD 图纸；

5. 风管系统的设置；

在 Revit 中设置风管系统是暖通模型的核心部分。正确定义风管系统的类型、尺寸、布局和连接方式是确保模型质量和性能的关键。根据设计需求正确设置风管系统可能需要深入了解暖通工程的相关知识，需要考虑气流动力学、空气流速、压力损失等因素，确保系统运行效果良好。

6. 风管属性的设置；

设置风管属性可以影响模型的可视化效果和工程分析结果，包括风管的材质、绝热层、直径、流速等属性的设置。正确设置风管属性需要对暖通工程的相关标准和规范有一定的了解，需要根据设计要求和实际情况进行合理的属性配置，以确保模型的准确性和可靠性。

7. 绘制风管；

8. 添加并连接主要设备。

主要设备如空调机组、风机盘管等的添加和连接是暖通模型的重要组成部分。正确布置和连接设备可以确保系统的正常运行和效果。设备的选择和布置需要考虑空间限制、管道连接、电气需求等多方面因素，需要与其他专业团队协调，确保设备的合理布局和连接。

　　以上关键步骤和难点需要结合具体项目要求和设计需求进行综合考虑和处理。通过不断的实践和经验积累，可以提高在 Revit 中创建暖通专业模型的效率和质量。

<h2 style="text-align:center">课 后 习 题</h2>

　　1. 请简要描述在 Revit 中如何添加和配置暖通设备，例如空调机组或风机盘管，并确保它们与风管系统正确连接。

　　2. 请简要说明在 Revit 中如何设置和编辑风管属性，包括风管的材质、直径、绝热层等属性。

　　3. 请简要说明在 Revit 中如何创建通风空调系统模型，包括必须考虑的关键要素。

　　4. 请简要描述在 Revit 中如何设置和编辑风管属性，包括风管的材质、直径、绝热层等属性。

　　5. 如何在 Revit 中进行风管系统的布局设计，包括如何调整风管的走向和连接方式？

　　6. 如何在 Revit 中与其他专业团队进行协调，确保暖通模型、建筑模型和结构模型的一致性？

第6章 电气照明系统BIM模型的创建

【内容提要】

本章主要介绍电气照明系统的建模基础，包括桥架、线管、连接件电气设备的创建、编辑及修改，并通过一个实际工程项目案例，介绍照明电气模型的创建流程。

【知识目标】

(1) 电缆桥架类型尺寸及类型设置；

(2) 电缆桥架绘制与编辑；

(3) 照明电气设备的放置与修改；

(4) 线管尺寸及类型设置；

(5) 照明线管的创建编辑。

【能力目标】

(1) 自定义电缆桥架类型尺寸及类型；

(2) 绘制与编辑桥架；

(3) 照明电气设备的放置与修改；

(4) 自定义线管尺寸及类型；

(5) 照明线管的创建编辑。

【思政与素养目标】

让学生更深入地理解社会发展进程，积极构建社会主义核心价值观，为将来的发展打好基础。

【学习任务】

学习任务	知识要点
电缆桥架类型创建和设置	电缆桥架尺寸属性设置方法
电缆桥架的绘制	水平及电缆桥架绘制
照明电气设备设置绘制	照明电气设备主体族及独立族绘制方式
线管类型创建和设置	线管尺寸属性设置方法
线管的绘制	照明系统线管绘制

6.1 概述

本章主要介绍在 Revit 中电气照明系统模型的绘制及配电盘明细表的创建。

6.1.1 基本命令

电气照明系统建模前，需要新建项目文件，选择对应的样板文件，如图 6-1 所示。

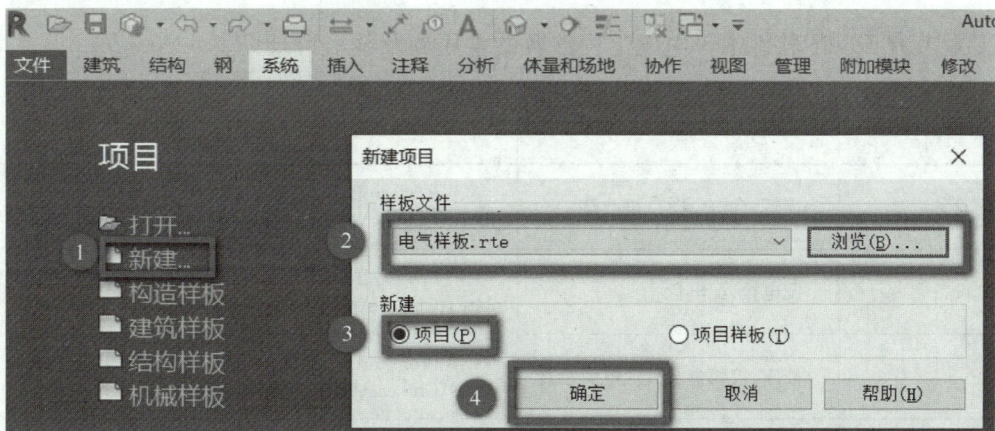

图 6-1 新建项目文件

电气照明系统包括电缆桥架、线管、电气设备等，Revit 中创建模型的命令位于"系统"选项卡"电气"区，如图 6-2 所示。

图 6-2 电气工程常用命令

进行电气建模时，涉及相关类型、族、参数及实例创建规则见表 6-1。

电气工程类型、常用参数、创建规则与方式　　表 6-1

类型/族	主要类型参数	主要实例参数	创建规则	创建方式
电缆桥架	构造、管件	长度、宽度、偏移量、对齐方式	自动连接、继承高程、继承大小	手动创建
电缆桥架配件	—	标高、偏移量	基于电缆桥架管件	自动生成
电气设备	电压、尺寸	偏移、配电系统	基于墙体、地面	手动创建
设备（开关、插座）	—	偏移量	基于墙体	手动创建
照明设备	电气、负荷	偏移量	基于墙体、地面	手动创建

续表

类型/族	主要类型参数	主要实例参数	创建规则	创建方式
线管	标准、管件	管径、长度、偏移量	自动连接、继承高程、继承大小、坡度、弯曲半径	手动创建
线管配件	—	标高、偏移量	基于线管管件	自动生成

6.1.2 专业族

专业族在 Revit 软件中，电气工程涉及的常用族及载入目录见表 6-2。

电气工程常用族及载入目录 表 6-2

类别	族	载入目录
照明设备	筒灯、台灯、花灯、事故灯	C:\ProgramData\Autodesk\RVT 2019\Family Templates\Chinese\MEP\供配电\照明
电气设备	配电箱、配电盘	C:\ProgramData\Autodesk\RVT 2019\Family Templates\Chinese\MEP\供配电\配电设备\箱柜
设备	插座、接线盒及其他电力装置	C:\ProgramData\Autodesk\RVT 2019\Family Templates\Chinese\MEP\供配电\配电设备\终端
电缆桥架	带配件的电缆桥架、无配件的电缆桥架	—
电缆桥架配件	弯头、三通、交叉线（四通）、过渡件、活接头	C:\ProgramData\Autodesk\RVT 2019\Family Templates\Chinese\MEP\供配电\配电设备\电缆桥架配件
线管	带配件的线管、无配件的线管	—
线管配件	弯头、三通、交叉线（四通）、过渡件、活接头	C:\ProgramData\Autodesk\RVT 2019\Family Templates\Chinese\MEP\供配电\配电设备\导管配件

6.2 电缆桥架类型创建和设置

在绘制电缆桥架/线管前，需先设置的参数：电缆桥架/线管尺寸、电缆桥架/线管类型。这里以电缆桥架为例，线管设置同电缆桥架。

6.2.1 电缆桥架尺寸设置

单击功能区中"管理"选项卡➤"MEP 设置"下拉列表➤"电气设置"，见图 6-3，打开"电气设置"对话框，单击电缆桥架设置下"尺寸"，分别勾选项目所需的尺寸用于尺寸列表，单击"新建尺寸（N）..."可添加尺寸，见图 6-4。

6.2.2 电缆桥架属性设置

1. 载入配件族

单击功能区中"系统"选项卡➤"电缆桥架配件"，弹出的"修改/放置电缆桥架配件"

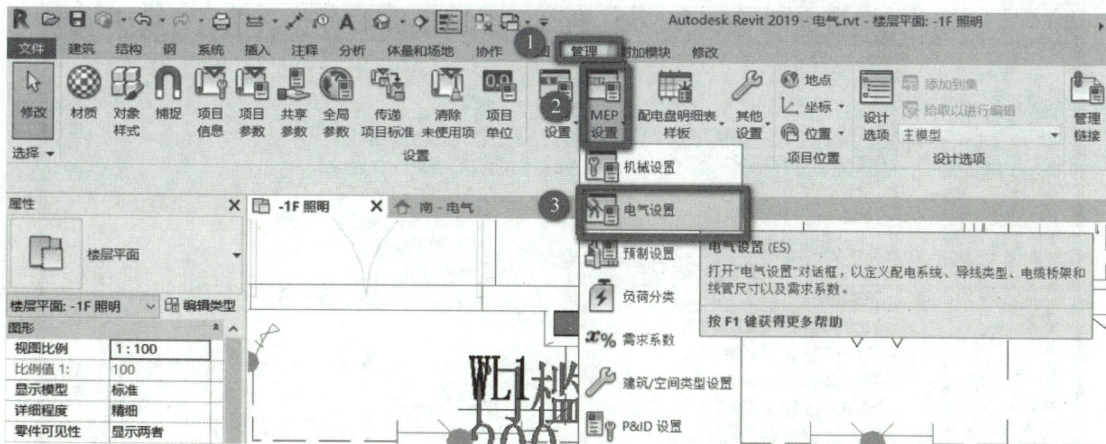

图 6-3　打开电气设置

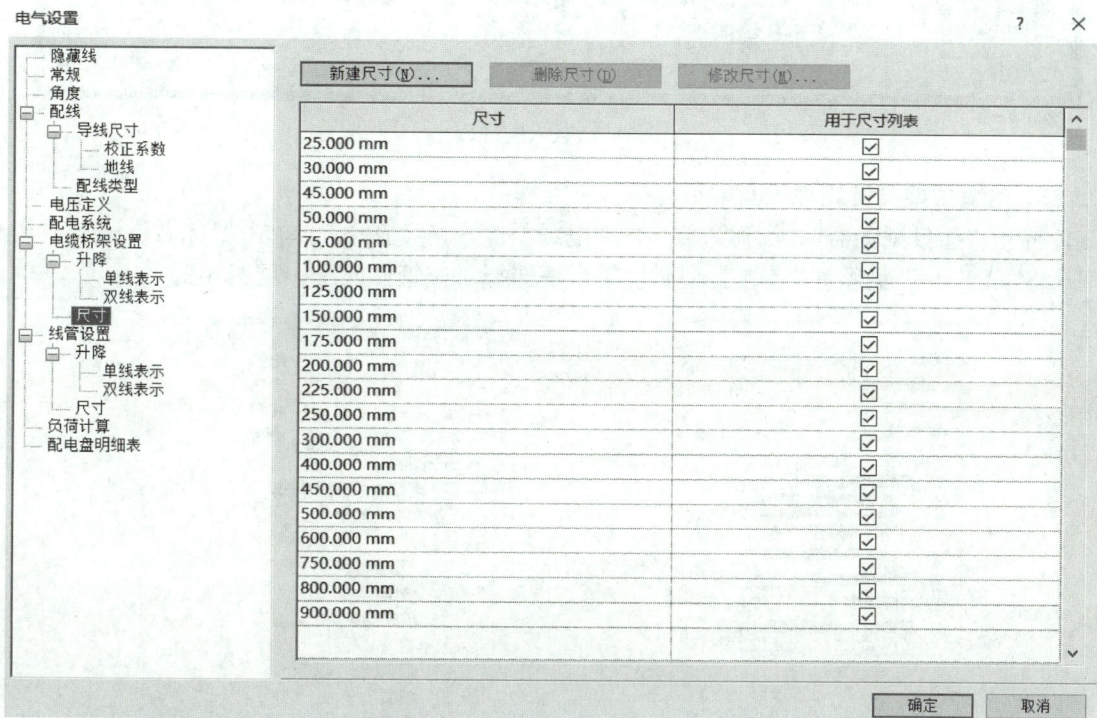

图 6-4　电缆桥架尺寸设置

上下文选项卡，通过选项卡下"载入族"工具来载入电缆桥架配件族，如图 6-5 所示。

2. 新建电缆桥架及配件族类型

打开"项目浏览器"，找到"族"➤"电缆桥架"➤"电缆桥架配件"，通过单击右键复制，对电缆桥架及配件族分别新建"强电""弱电""消防"三个类型，见图 6-6。

特别提示： 因电缆桥架/线管和风管/水管不同，其没有管道系统，只能通过在电缆桥架及配件的类型名称上体现不同系统的区别，后期可以通过过滤器来给不同类型的电缆桥架/线管分别配色，这样就能更直观地区分电缆桥架/线管系统。具体操作见本章 6.7。

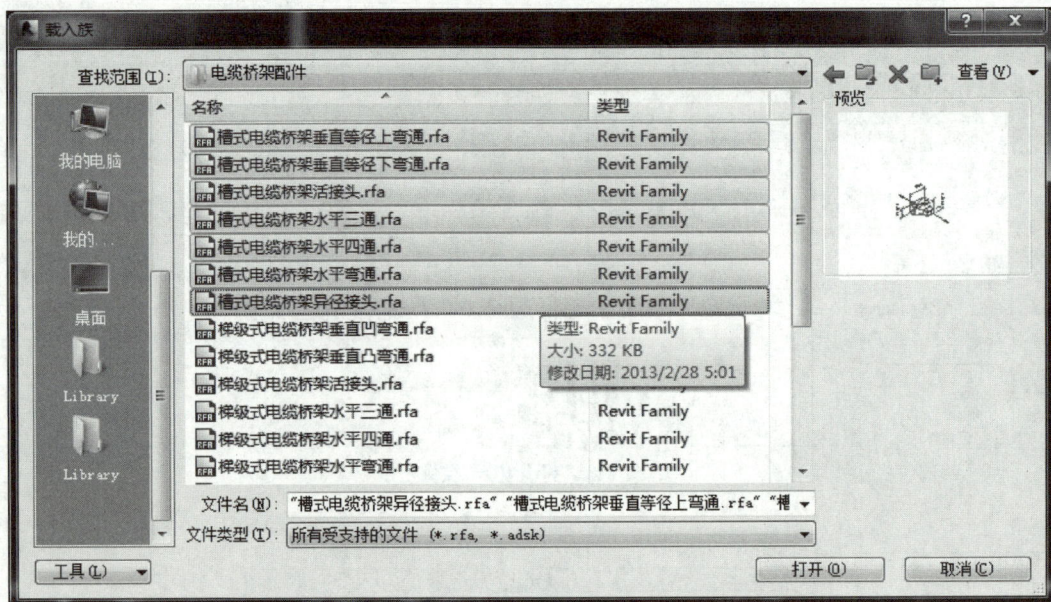

图 6-5　载入配件族

3. 电缆桥架类型属性设置

打开"项目浏览器",找到"族"➤"电缆桥架"➤"强电",单击鼠标右键选择"类型属性(P)..."见图 6-7,在类型属性对话框选择对应管件匹配,见图 6-8。

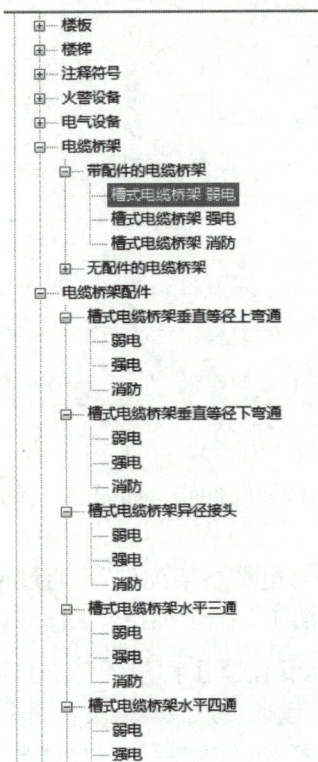

图 6-6　新建电缆桥架类型

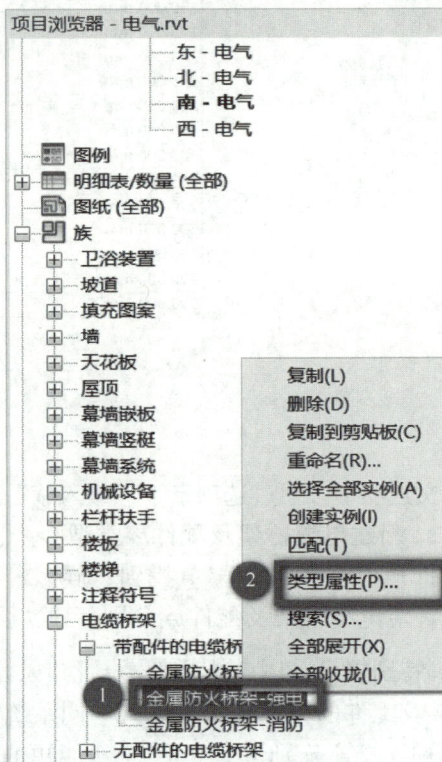

图 6-7　桥架类型属性设置

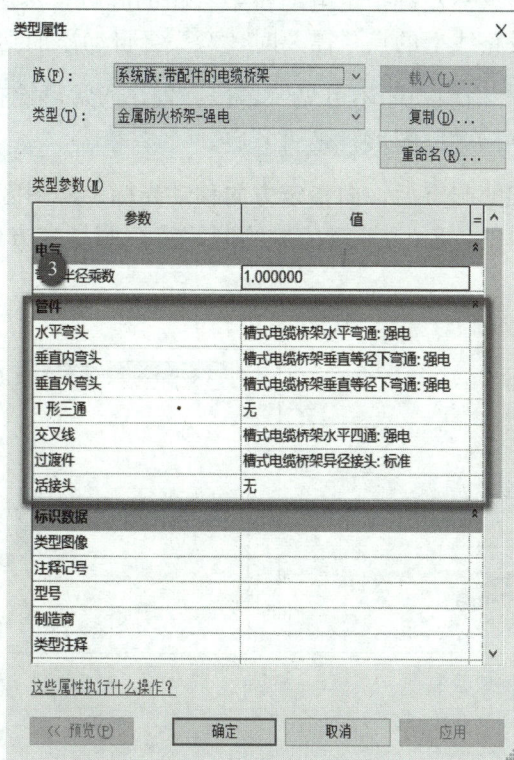

图 6-8 桥架管件匹配

6.3 电缆桥架的绘制

6.3.1 水平电缆桥架绘制

单击"系统"选项卡下方"电气"面板 中的"电缆桥架"工具（快捷键"CT"），在"属性"对话框的"类型选择器"中，设置电缆桥架类型（带配件或不带配件），接着在"修改/放置电缆桥架"选项栏上，指定实例参数"宽度、高度、偏移量"，见图 6-9。

电缆桥架
设置与绘制

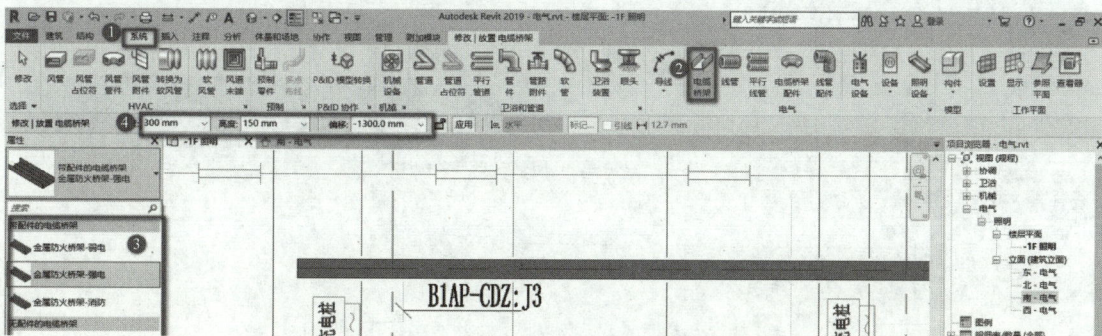

图 6-9 水平电缆桥架绘制

在绘图区域中，单击鼠标左键指定电缆桥架管路的起点，然后向指定方向移动光标，并单击鼠标左键指定敷设路线上的点，需要时，弯头会自动添加到管段中，见图 6-10。

特别提示：如遇到"当前视图不可见"错误警告，通常可检查修改本楼层属性"视图范围"或视图模型"可见性/图形"是否开启。

或者在确定电缆桥架的起点后，向指定方向移动光标，绘图区域会出现预览路径，直接输入桥架长度数值，单击"Enter"键完成绘制，将按照指定方向绘制出指定长度的电缆桥架，见图 6-11。

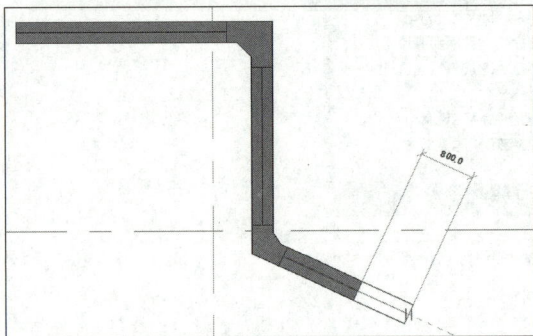

图 6-10　水平桥架绘制

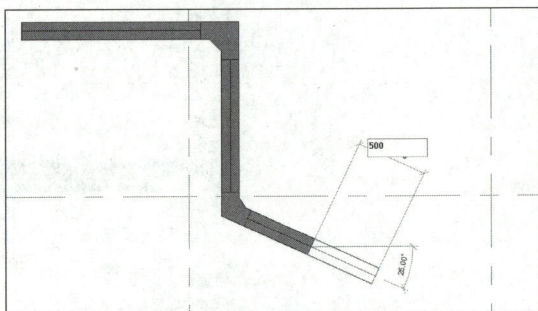

图 6-11　水平桥架绘制

6.3.2　垂直电缆桥架绘制

绘制垂直的电缆桥架与立管，单击"系统"选项卡下方"电气"面板中的"电缆桥架"工具，先输入对应参照标高的起点标高"偏移"量，单击鼠标左键指定电缆桥架管路的起点见图 6-12，再输入立管终点"偏移"量，点击"应用"按键，完成立管绘制。需要时，弯头会自动添加到管段中，见图 6-13。

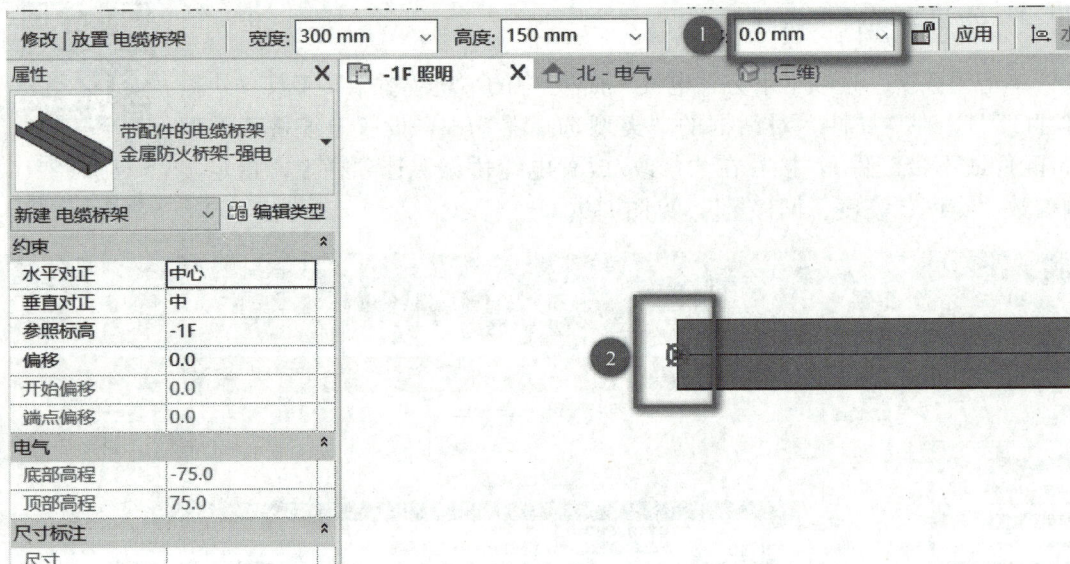

图 6-12　垂直桥架绘制

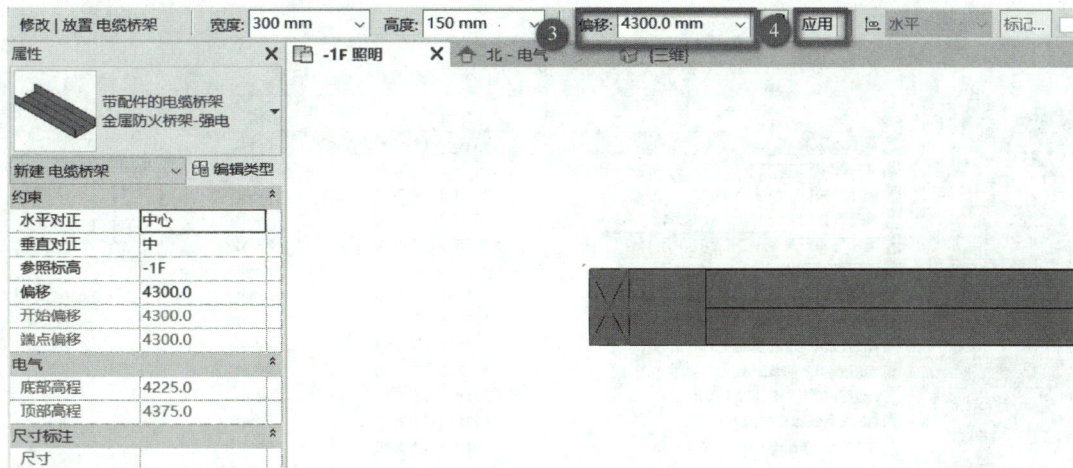

图 6-13　垂直桥架绘制

6.4　照明电气设备设置与绘制

项目浏览器中，展开"照明""楼层平面"，然后双击放置设备的视图，见图 6-14。

6.4.1　独立族放置方法

以配电箱为例：单击"系统"选项卡下"电气"面板中的"电气设备"，见图 6-15。

在"类型选择器"中，选择一种构件类型，如果没有要放置的模型构件，可通过"载入族"载入模型文件，见图 6-16。

选择对应的族，在"属性"栏指定参照标高的偏移量，在视图区单击鼠标左键点选放置，见图 6-17。

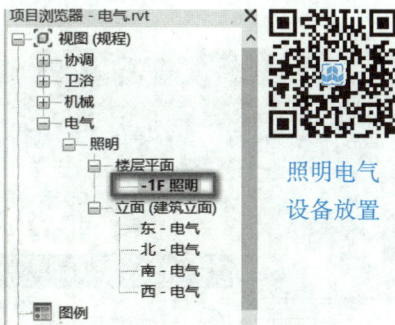

图 6-14　创建照明平面视图

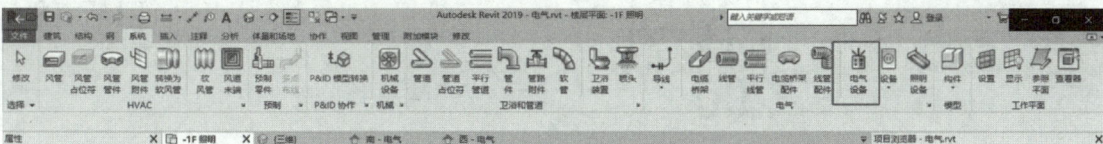

图 6-15　放置独立族

6.4.2　主体族放置方法

主体族放置方法有三种，分别为"放置在垂直面上""放置在面上""放置在工作平面上"，这里以"放置在工作平面"为例讲解。

以双管荧光灯为例。

（1）设置参照平面：在项目浏览器中，展开"照明" ➤ "立面"，然后双击任意的立面视图。在"系统"功能卡下"工作平面"栏点选"参照平面"见图 6-18，在视图中绘制相应参照平面，见图 6-19。

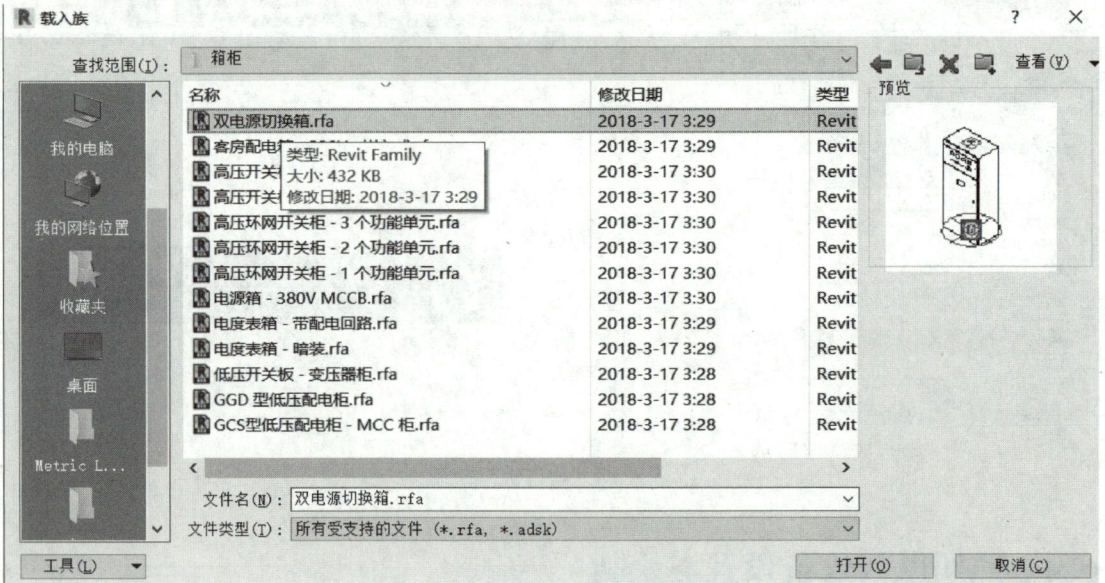

图 6-16　载入族

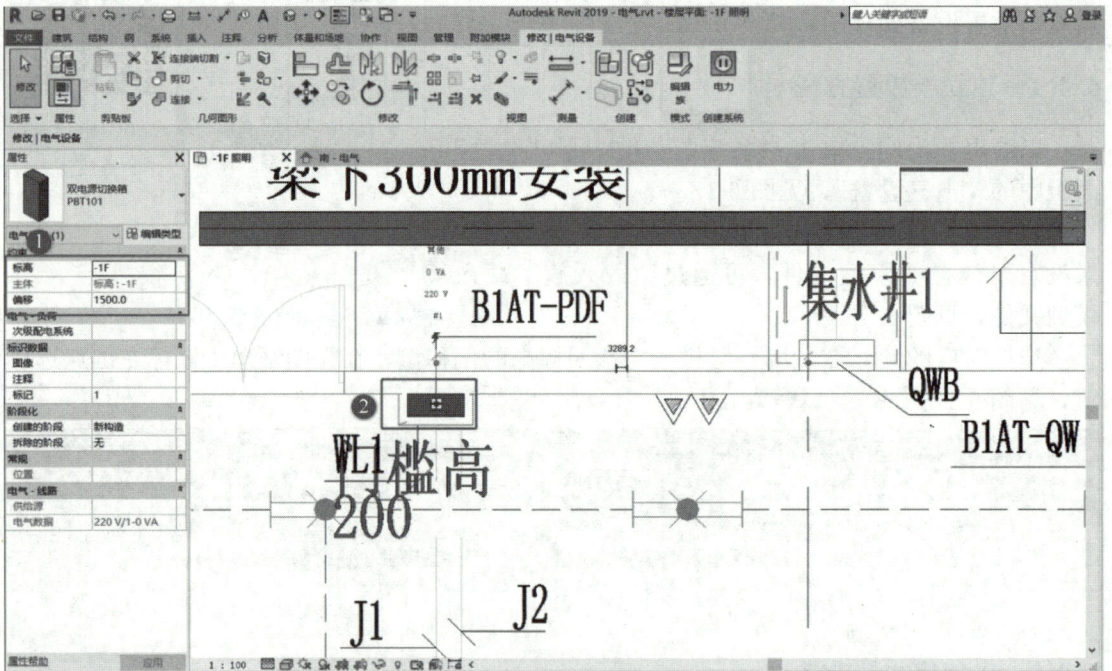

图 6-17　配电箱放置

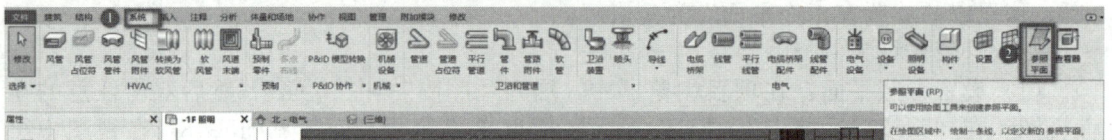

图 6-18　添加参照平面

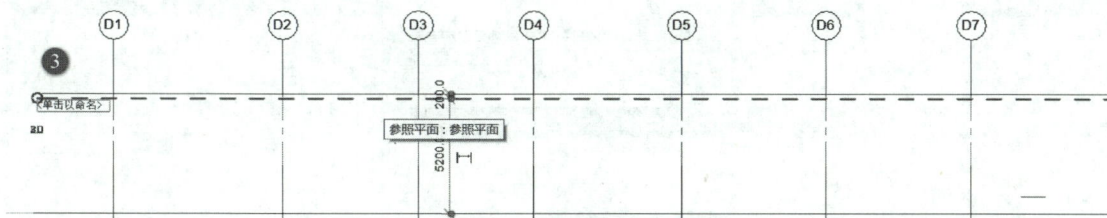

图 6-19　绘制参照平面

（2）设置工作平面：在"系统"功能卡下"工作平面"栏点选"设置"见图 6-20，在工作平面对话框中选择"拾取一个平面（P）"，在视图中点选对应的参照平面线见图 6-21，再转到视图对话框下选择转到对应的"楼层平面"，见图 6-22。

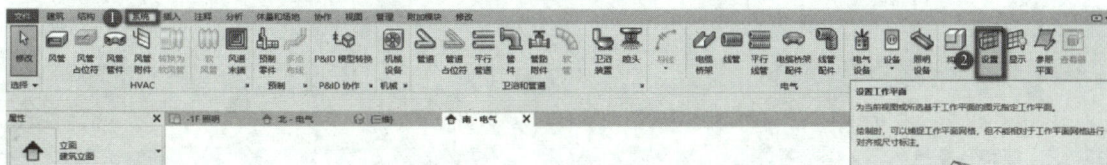

图 6-20　设置工作平面

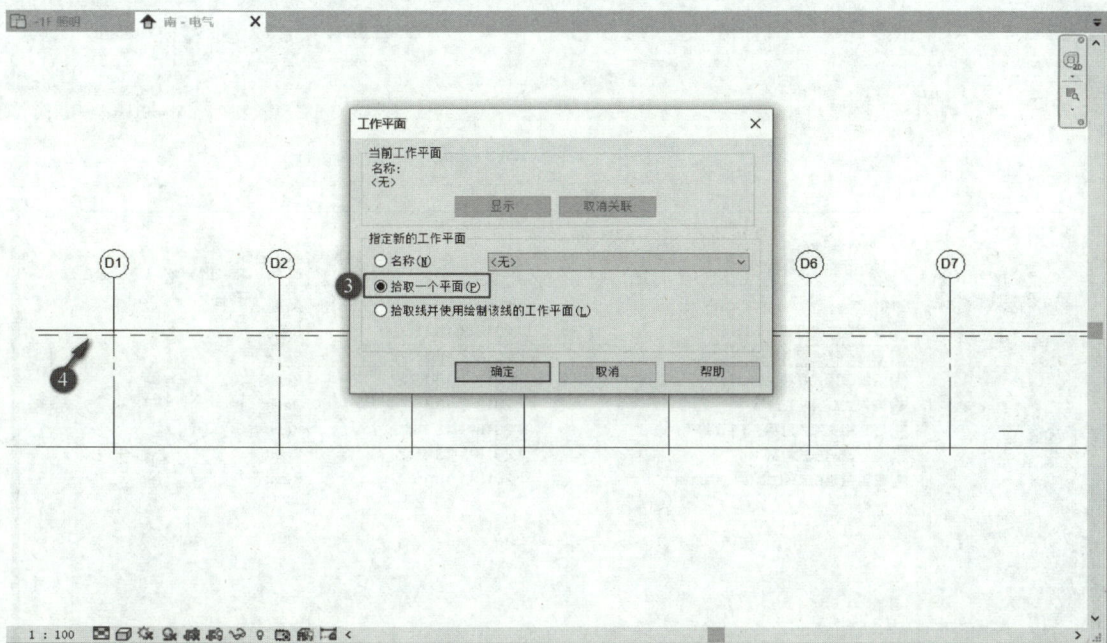

图 6-21　设置工作平面

（3）放置设备：单击"系统"选项卡下"电气"面板中的"照明设备"，见图 6-23。
载入对应的照明主体族"双管悬挂式灯具"见图 6-24，并在项目浏览器中，展开"族"➤"双管悬挂式灯具"下再复制或修改为项目所需的族类型名称，见图 6-25。

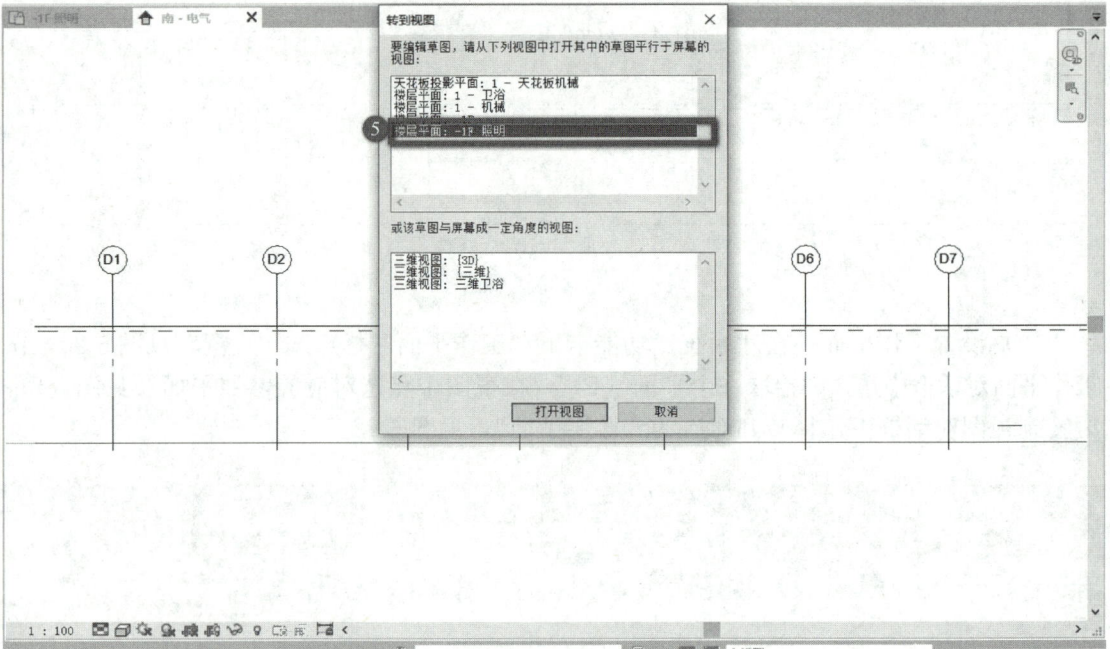

图 6-22　转换视图

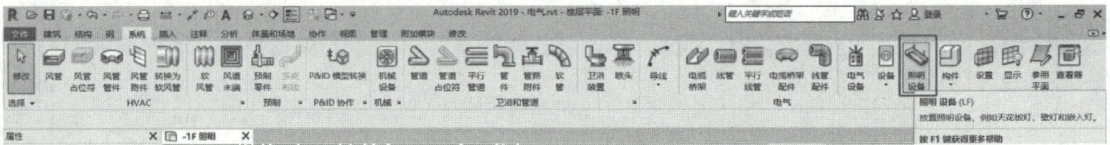

图 6-23　选择照明设备

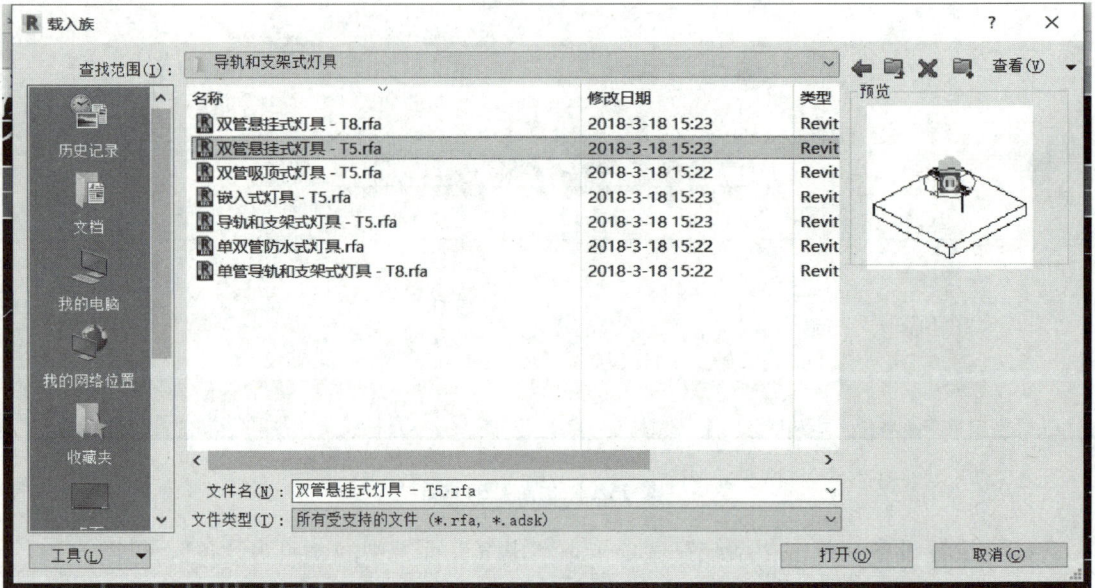

图 6-24　载入照明灯具

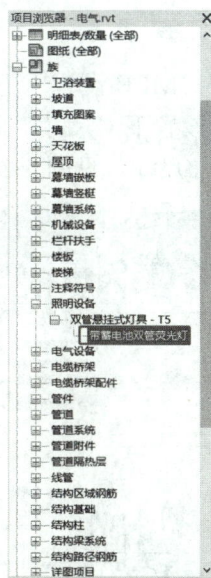

图 6-25　新建修改族类型名称

单击"系统"选项卡下"电气"面板中"照明设备",选择对应的双管荧光灯族,选择"放置在工作平面上"工具,并在对应视图区单击鼠标左键点选放置,见图 6-26。

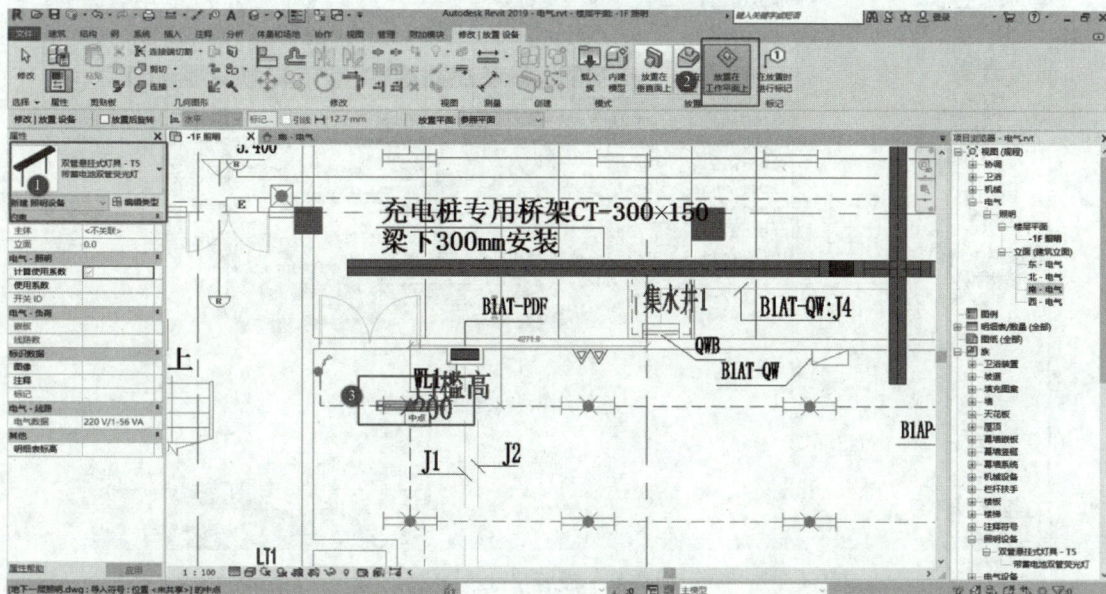

图 6-26　荧光灯布置

6.5　线管类型创建与设置

线管设置同电缆桥架,在绘制线管前,需先设置的参数:线管尺寸、线管类型。

6.5.1　线管尺寸设置

单击功能区中"管理"选项卡➤"MEP 设置"下拉列表➤"电气设置",见图 6-27,打开"电气设置"对话框,单击线管设置下"尺寸"分别勾选项目所需的尺寸用于尺寸列表,单击"新建尺寸(N)..."可添加尺寸,见图 6-28。

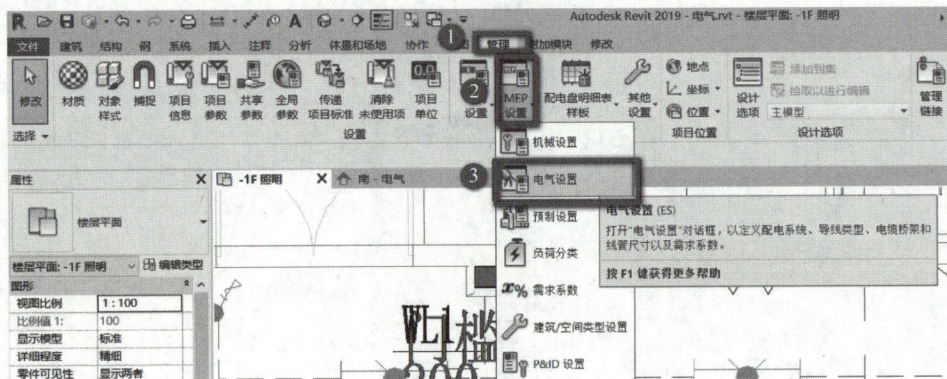

图 6-27　电气设置

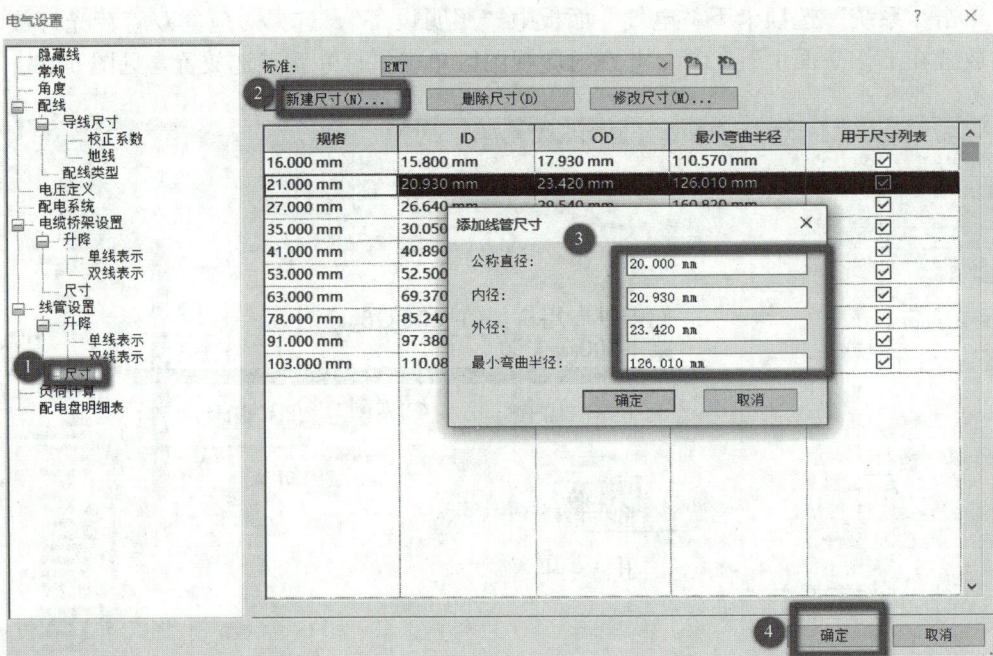

图 6-28　线管尺寸设置

6.5.2　线管类型属性设置

1. 载入配件族

单击功能区中"系统"选项卡➤"线管配件",弹出的"修改/放置线管配件"上下文选项卡,通过选项卡下"载入族"工具来载入所需线管配件族,见图 6-29。

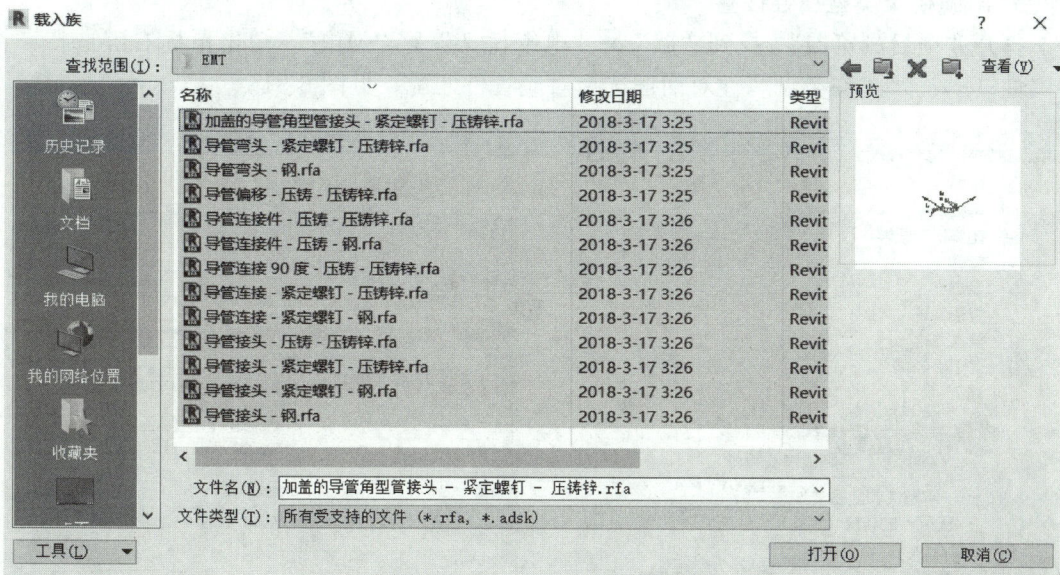

图 6-29　载入配件族

2. 新建线管及配件族类型

打开"项目浏览器"，找到"族"▶"线管"▶"线管配件"，单击右键复制，对电缆桥架及配件族分别新建类型，见图 6-30。

线管的设置
与绘制

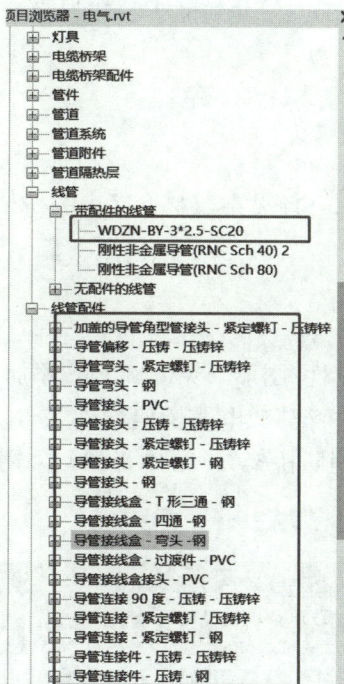

图 6-30　线管及配件类型设置

特别提示：由于模型中导线为二维模型，这里我们以线管形式代替导线绘制。

3. 电缆桥架类型属性设置

打开"项目浏览器"，找到"族"➤"电缆桥架"➤"强电"，单击鼠标右键选择"类型属性（P)..."，在类型属性对话框选择对应管件匹配，见图6-31。

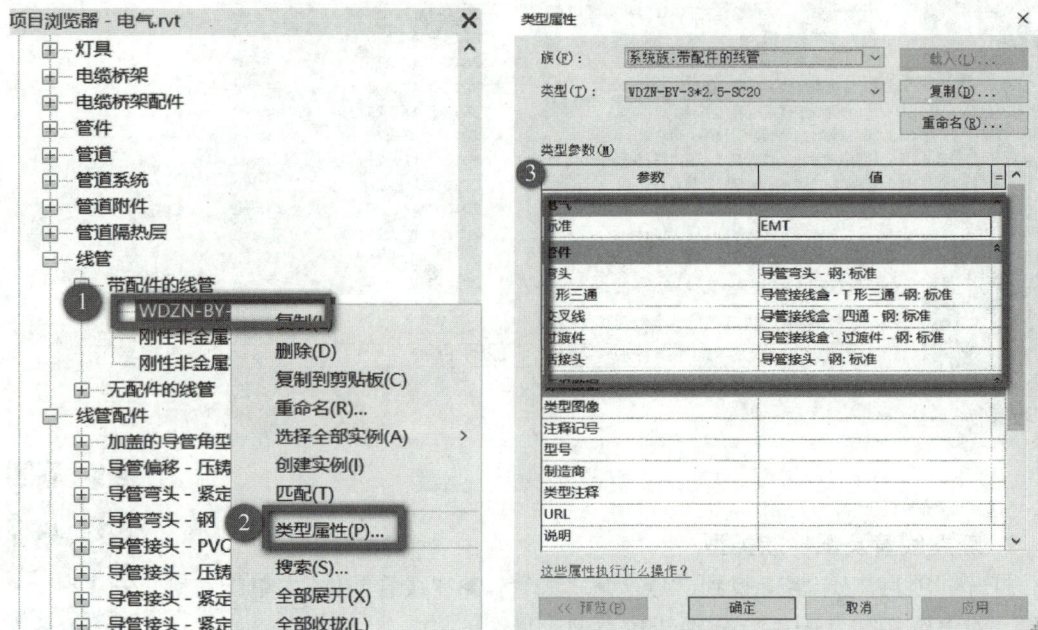

图 6-31　电缆桥架类型属性设置

6.6　线管的绘制

线管的绘制方法同电缆桥架，详见本教材6.2电缆桥架绘制。

6.7　视图过滤器应用

选择"视图"选项卡"可见性/图形"见图6-32，添加"强电桥架""弱电桥架""消防桥架"，桥架类别选择"电缆桥架""电缆桥架配件"，过滤条件分别为"类型名称"等于"强电桥架""弱电桥架""消防桥架"，见图6-33，采用这样的过滤器分别控制视图中各系统颜色显示，见图6-34。

图 6-32　打开视图可见性

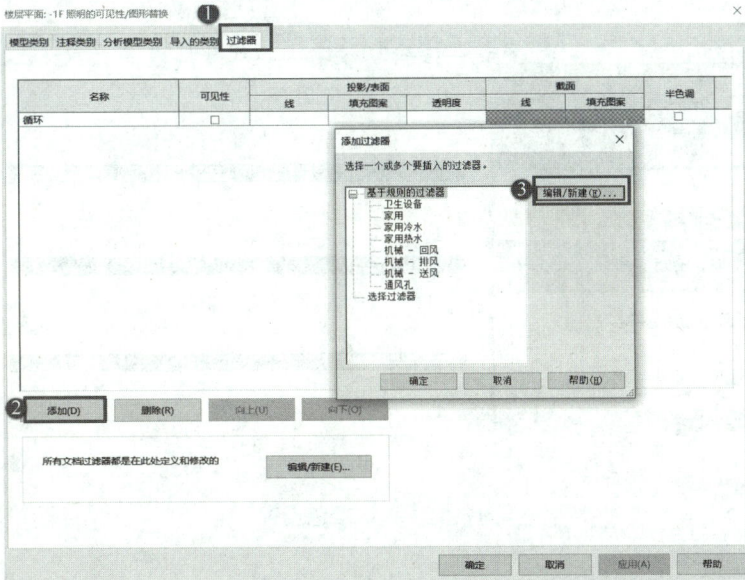

图 6-33　新建电缆桥架过滤器

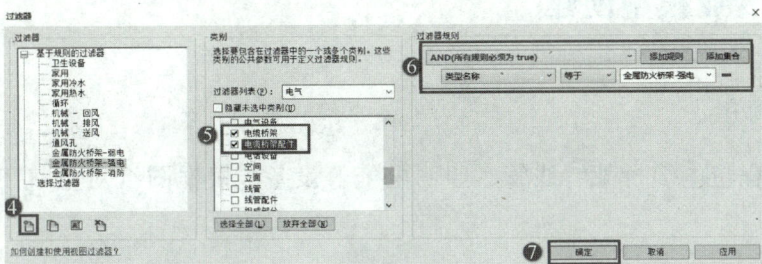

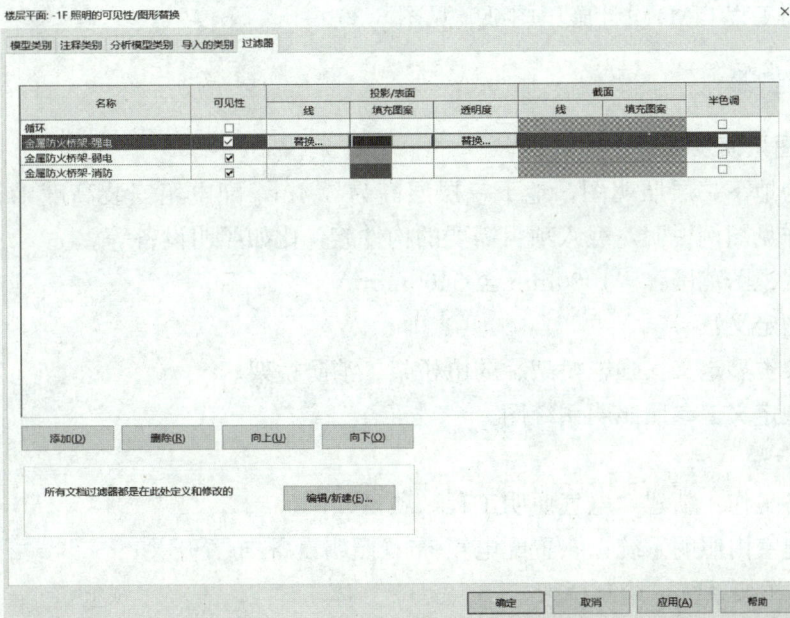

(a)

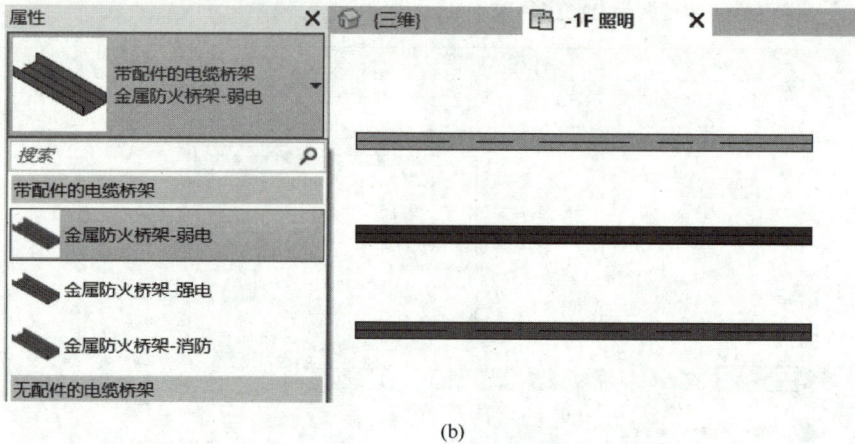

(b)

图 6-34　系统颜色设置

6.8　电气专业模型创建

6.8.1　任务简介

本电气工程包电缆桥架、线管、照明电气等设备。根据图纸对电气工程进行 BIM 建模。

6.8.2　建模所需资料

电气照明工程 CAD 设计施工图纸，见图 6-35。

6.8.3　建模步骤

1. 施工图识读及项目设置

本工程为地下一层照明图，地下一层层高为 5.4m，配电箱安装高度 1.5m，其他电气设备高度详见图例说明，载入项目需要的构件族，比如照明设备等。

（1）设置视图范围：—1000mm 至 5400mm。

（2）类型定义：

电缆桥架类型定义：强电桥架、弱电桥架、消防桥架；

线管类型定义：参照照明系统图。

2. 建模步骤

（1）准备工作：新建"电气照明工程"项目；

（2）创建室内照明系统：布置配电箱-布置照明设备-布置开关；

（3）创建桥架系统：绘制桥架；

（4）视图显示控制：创建桥架过滤器，见图 6-36。

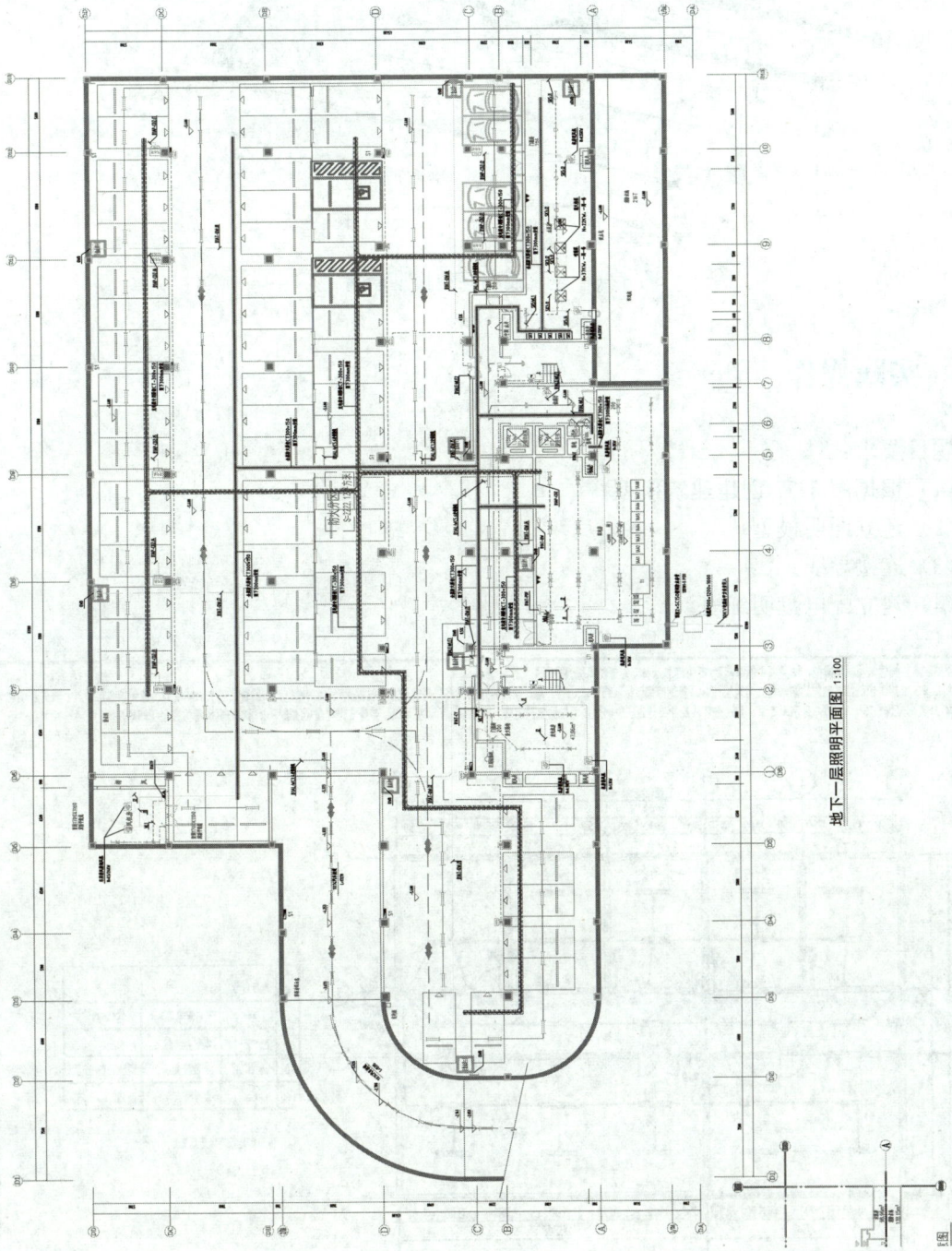

地下一层照明平面图 1:100

图 6-35　电气照明工程 CAD 设计施工图纸

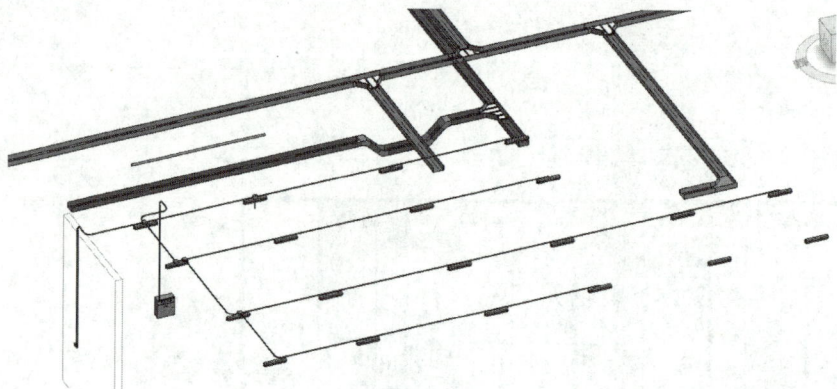

图 6-36　电气照明系统模型创建

6.9　实践操作

题目要求：

（1）根据图 6-37 创建建筑模型；

（2）建立照明模型；

（3）连接导线；

（4）建立配电盘明细表。

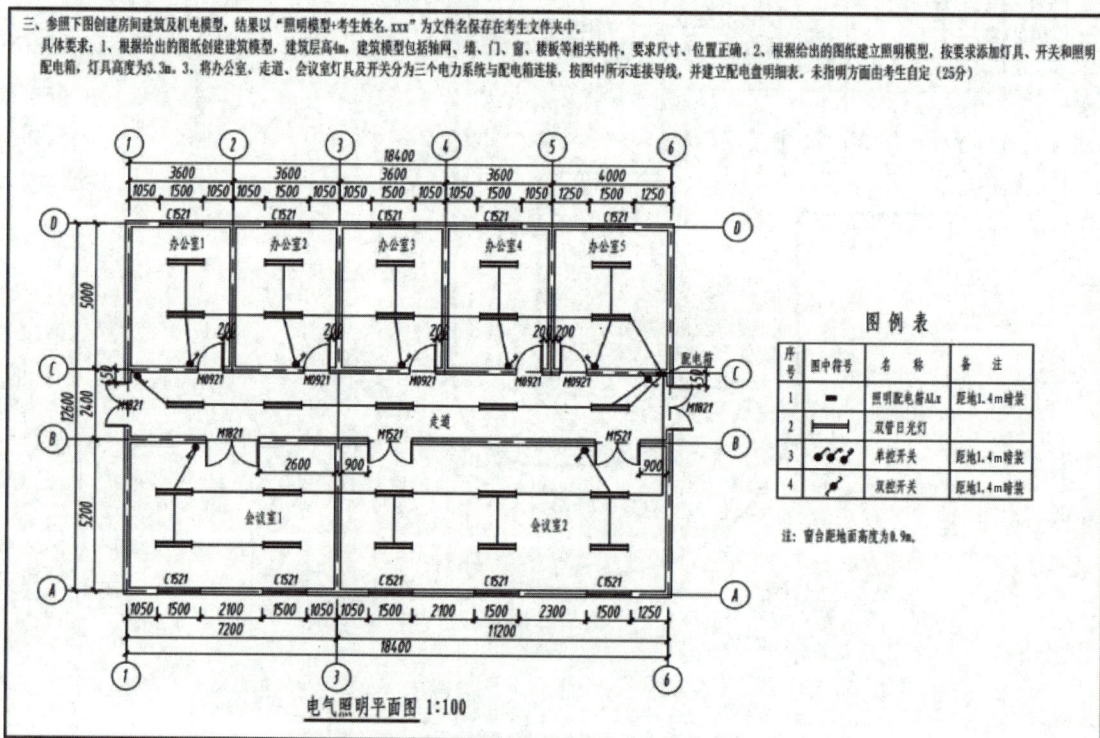

三、参照下图创建房间建筑及机电模型，结果以"照明模型+考生姓名.xxx"为文件名保存在考生文件夹中。

具体要求：1、根据给出的图纸创建建筑模型，建筑层高4m，建筑模型包括轴网、墙、门、窗、楼板等相关构件，要求尺寸、位置正确。2、根据给出的图纸建立照明模型，按要求添加灯具、开关和照明配电箱，灯具高度为3.3m。3、将办公室、走道、会议室灯具及开关分为三个电力系统与配电箱连接，按图中所示连接导线，并建立配电盘明细表。未指明方面由考生自定（25分）

图 6-37　电气照明平面图

操作重点：本题的重点是照明模型、电力系统、配电盘明细表。

思政提升

1. 案例简介

在一项涉及多栋高层住宅的建筑群项目中，工程团队采用了 BIM（建筑信息模型）技术进行电气工程设计和施工。该项目地处城市核心区，对电气系统的稳定性和安全性要求极高。利用 BIM 技术，工程师们创建了精确的三维电气模型，通过模拟分析优化了电缆线路布局，减少了材料浪费，并确保了电气系统的高效运行。此外，BIM 模型也被用于与消防、暖通空调等其他系统进行协调，以避免后期施工中的冲突和返工。

2. 思政元素

（1）创新驱动发展：本案例展示了 BIM 技术在电气工程领域的创新应用，体现了科技进步对传统工程实践的革新作用。

（2）质量第一原则：通过 BIM 技术的精细化管理，保证了电气工程的质量和安全，强调了在建设过程中始终把质量放在首位的重要性。

（3）资源节约理念：优化设计减少了材料的浪费，符合绿色节能和可持续发展的理念。

（4）跨专业协同合作：不同专业间的高效协同工作，凸显了团队合作精神和集体协作的重要性。

3. 思政目标

（1）强化创新意识：鼓励学生学习和掌握新技术，培养面对复杂问题时的创新思维和解决问题的能力。

（2）树立质量观念：使学生深刻认识到工程质量的重要性，培养他们在未来工作中始终坚守质量第一的原则。

（3）提倡绿色发展观：引导学生认识到资源节约和环境保护的重要性，增强在实际工作中推动绿色建筑和可持续发展的责任感。

（4）培养协同精神：通过案例学习，培养学生在专业工作中主动与其他专业协同合作的能力，提升他们的团队意识和沟通技巧。

本 章 小 结

电气照明系统建模基本流程：

链接 CAD ▶ 创建桥架模型 ▶ 设置视图 ▶ 过滤器绘制桥架 ▶ 创建线管模型 ▶ 布置设备 ▶ 绘制线管

本章难点为创建电气照明系统导线连接，当遇到无法自动连接时，应通过高程点测量，立面或剖面绘制连接导线，合理设计布线配置系统达到连接目的。

课 后 习 题

1. 如何进行电气管线和电气设备的连接？

2. 如何创建配电盘明细表？

第7章　机电管线综合优化

【内容提要】

本章主要对已整合的 BIM 模型进行三维视图参数设置，运行碰撞检查，根据管线布置原则进行各专业管线分层；对管线碰撞点进行优化，优化净空、管线排布方案，实现项目的精细化管理。

【知识目标】

（1）熟练运行软件碰撞检查；

（2）熟悉三维视图参数设置；

（3）熟悉管线碰撞检查和优化的策略。

【能力目标】

（1）运用 Revit 软件对多专业模型进行碰撞检查；

（2）运行碰撞检查并导出碰撞报告；

（3）对发生碰撞冲突的构件进行定位并调整避让；

（4）对模型构件优化调整。

【思政与素养目标】

（1）培养创新和创业意识；

（2）了解技术与市场之间的关系，思考如何将技术创新与市场需求相结合，如何实现产业化。

【学习任务】

学习任务	知识要点
碰撞检查	运行软件碰撞检查，设置碰撞专业
三维视图参数设置	增加强电桥架过滤器，填充样式设置；更改风口高度
管线优化	根据管线布置原则进行各专业管线分层；管线碰撞点进行优化，最终优化模型无碰撞

7.1 概述

建筑信息化的显著优势使 BIM 技术的应用在建筑行业受到普遍认可。传统的管线综合由于二维图纸的局限性，空间碰撞问题较难暴露，基于 BIM 技术辅助管线综合，三维可视化可以更加直观准确地反映各管线的信息，在施工图设计阶段能够高效地辅助解决管线碰撞、困难点管线布置等问题。

机电模型在创建完成后还需进行管线之间的交叉碰撞检测工作，并进行相关的模型优化设计。机电模型优化的主要任务是解决建筑、结构、给水排水、暖通空调和电气各专业之间、机电内部各专业之间以及复杂部位的管线交叉重叠和净高不足等问题。在解决这类问题时，设计师既要满足各专业对其管线的合理布置，又要更好地利用建筑的空间环境。另外，还需满足管线的安装、调试以及维护的空间要求。

在 BIM 模型优化的过程中，不断进行"碰撞检查—修改设计—同步模型"，直到所有碰撞冲突都得到更正。在模型优化的过程中，根据不同优化任务特点制定与之相适合的优化设计方案是优化设计工作的重中之重。

在熟悉建筑图、精装图以及功能分区，领会甲方的技术要求，了解关键设备及材料的型号规格、安装工艺要求之后，组织设计人员制定有针对性的优化设计方案有助于提高之后建模深化工作的效率。各方人员在充分理解原有设计意图的基础上，参照各专业的设计规范、施工规范，再结合施工当中的基本原则制定统一的深化方案；同时结合项目特点，如净高紧张处、重要机房、管线密集处等，制定出针对性方案，明确重难点部位的管线标高、位置排布。

通过发挥 BIM 技术三维可视化的优势，结合项目实例及优化效果分析，表明基于 BIM 技术的管线综合应用解决了传统管综二维局限性，搭建了可视化"桥梁"，有效促进了各专业人员协调工作，使各参与方沟通更加便捷，提高了各参与方的工作效率及整个项目的管理效率。

7.2 管线优化原则

在进行管线综合优化的过程中有两个特别重要的因素需要考虑：第一，空间舒适度。设计过程中要合理布置机电各管线，减少有效建筑空间的浪费，提高建筑有效层高，以免造成感觉上的空间压迫。第二，施工检修要求。管道管线在布置时应充分考虑安装空间，还要为安装后预留一定的维修空间。同时，管线之间的间距应满足国家标准要求，避免后期施工及维护检修过程中出现一系列问题。管线优化一般原则见表 7-1。

管线优化一般原则　　表 7-1

序号	优化原则	优化原理
1	小管让大管	造价便宜、易安装
2	低压管让高压管	高压管造价高
3	桥架让水管	后期维护方便
4	冷水管让热水管	保温造价较高

　　根据项目经验总结及管线综合重难点位置，管线综合优化布置时还需注意以下细节：

　　（1）管道桥架分层管线同一平面无法布置则分层布置，电气桥架最上层，给水管道次之，污、排水管道最下层，垂直方向最小间距不得小于150mm。桥架不宜安装在水管的正下方。

　　（2）管道桥架分区在同一垂直平面上，管线也可分区布置，同一类型的桥架的管线尽量集中在某一区，区与区之间考虑安装与检修空间。

　　（3）考虑到暖通的风管最大，通常以暖通专业为主，水电专业为辅。电气专业桥架安装可见缝插针，通常先安排空调、给水排水的管道，再考虑桥架的空间。

　　（4）暖通的风管若不止一根，则排烟管宜高于其他风管，大风管宜高于小风管。两个风管如果只是在局部交叉，可以安装在同一标高，交叉的位置小管避让大管，空调新风管上翻避让排烟管道。

　　（5）空调水平干管宜高于风机盘管。从走道进入房间的新风支管若与梁或者其他管道产生碰撞，可改用软风管，自由弯曲，绕开障碍物。

　　（6）水管有压管绕无压管。冷凝水管应考虑坡度，吊顶的实际安装高度通常由冷凝水管最低点决定。

　　（7）若水管道较多，在条件允许的情况下宜单独占一段水平空间，不与空调管道并行。若空间有限，可让个别水管穿梁。若穿梁也无法解决吊顶的问题，则只能调整系统，如水管修改为竖向系统，不走水平管。

　　（8）强电线路与弱电线路不应敷设在同一个电缆桥架内，且应留有一定距离。同一类型桥架之间的最小间距可考虑为50mm；强弱电桥架之间的间距可考虑为不小于200mm。桥架与墙之间的最小间距可考虑为50mm，当主电缆大桥架或桥架的数量与体量均占绝对优势时，桥架下翻；其余情况桥架均上翻。

　　（9）走廊部位通常水平位置狭小且管道种类繁多，包括通风管道、冷冻水管道、冷凝水管道、电气桥架、消防干管及分支管、冷热水管道及分支管等，空间排布位置不足。

　　（10）公共走道内考虑到安装空间，小桥架、母线、喷淋在最上面，风管、水管在下面，若出现碰撞，电管和水管让通风管，电管让水管。

　　（11）尽量利用梁内空间。管道尽量贴梁底走管，充分利用梁与梁之间的空间，尤其是当梁高较大时。管道交叉碰撞时，在满足弯曲半径的条件下，充分利用梁内空间，使空调风管和有压水管翻转至梁内空间，避免与其他管道冲突，保持路由畅通，满足层高要求。

　　（12）管线综合重点及难点部位。管道竖井与机房内是管道较为集中的部位，且管道多为规格较大管道，应提前进行管道综合，否则会使管道布置凌乱。机房内，对能够成排布置的管道尽量成排布置，减少管道的交叉、返弯等现象的发生；对出入机房处的管道，需要计算制作联合的管道支架，既节省空间，又节省材料。

　　（13）管线综合布置强调管线整齐划一，错落有致，空间布局合理，安装检修方便，以最经济、最有效的方式进行调整。

7.3 机电模型优化案例

案例包括了建筑系统、结构系统、给水排水系统、暖通空调系统和电气系统。在各专业模型创建完成之后，进行链接整合成一个综合模型。然后，对综合模型进行碰撞检测，检测各专业之间是否存在碰撞问题，再加以调整和优化。

本次案例实操内容包含：

1. 碰撞检查报告。

（1）对机电模型所有图元间进行碰撞检查并导出报告；

（2）对机电模型所有图元与结构模型结构框架进行碰撞检查并导出报告；

（3）以"机电碰撞报告""机电与结构碰撞报告"命名导出报告。

2. 创建机电三维视图，并设置参数。

（1）隐藏建筑模型和结构模型；

（2）在过滤器中增加强电桥架过滤器，填充样式设置为蓝色、实体填充，喷淋系统颜色修改为紫色；

（3）假设吊顶高度 2.5m，把风口高度调整到合适位置。

3. 管线优化。

（1）按照管线布置基本原则对管线进行分层，按照"水下电上"的原则优化；

（2）对管线碰撞点进行优化，最终优化模型无碰撞；

（3）管线高度不低于吊顶高度（2.5m）。

4. 管线优化确认无误后，成果以"机电优化模型"进行命名。

7.3.1 碰撞检查

1. 以"链接 Revit"命令链接模型

打开机电模型项目文件，按原点到原点的方式链接建筑和结构模型。选择插入链接——Revit命令。选择建筑模型，定位选择自动-原点到原点。以同样的方法链接结构模型，这样建筑和结构模型就整合到机电模型中，形成机电综合模型，如图 7-1 所示。

以"链接 Revit"
命令链接模型

2. 以"碰撞检查"命令进行机电管线内部碰撞检查

（1）机电模型所有图元间进行碰撞检查

单击"协作"➤"碰撞检查"，运行"碰撞检查"命令。全选机电模型的图元，完成后"确定"，生成冲突报告，选择"导出（H）..."命令。这样就完成第 1 个碰撞检查报告的导出，如图 7-2 所示。

以"碰撞检查"
命令进行机电管
线内部碰撞检查

（2）机电模型所有图元与结构模型结构框架进行碰撞检查

同样单击"协作"➤"碰撞检查"，运行"碰撞检查"命令。左边是我们选取当前项目的机电管线所有图元；右边是我们选择类别来自结构模型的楼板、结构柱、结构框架，如图 7-3 所示。

点击"确定"，生成机电和结构的碰撞报告，选择"导出（H）..."命令，将报告命名为机电与结构碰撞报告，保存至考生文件夹中，这样就完成第 2 个报告的导出，如图 7-4 所示。

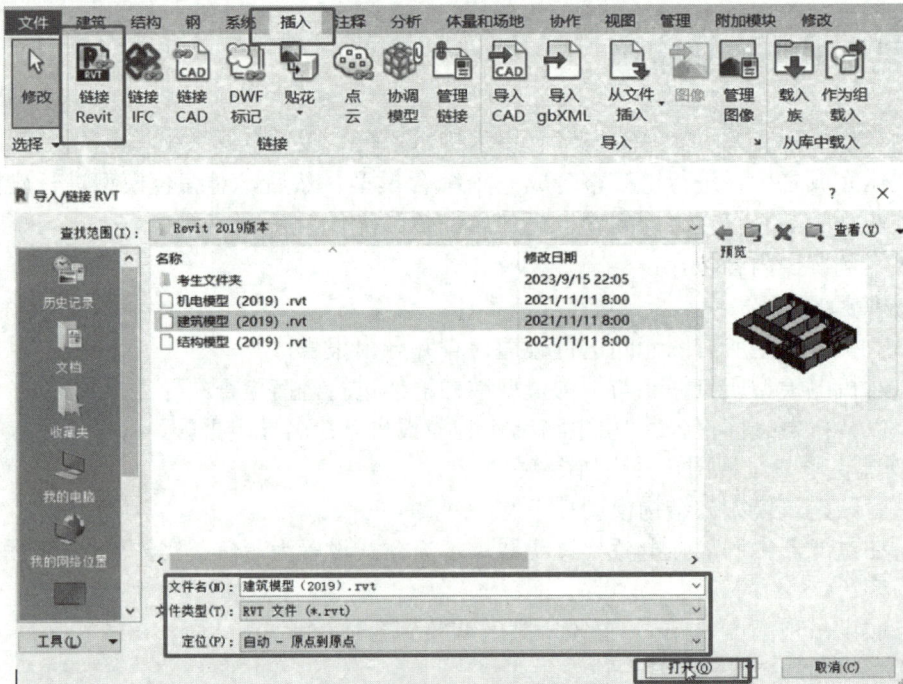

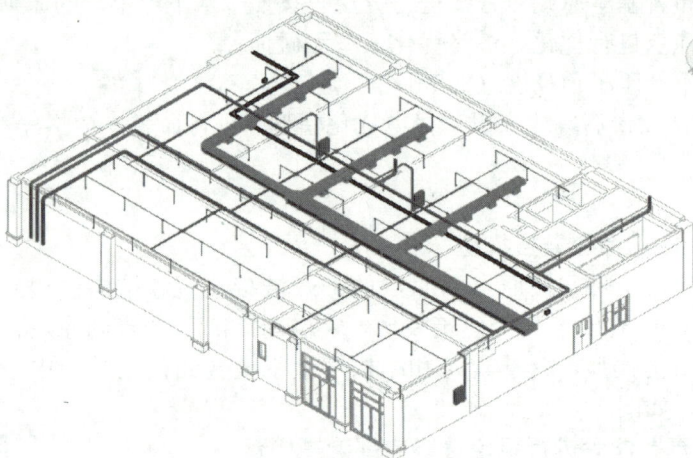

图 7-1　链接 Revit 模型

隐藏建筑模型
和结构模型

7.3.2　设置三维视图参数

1. 隐藏建筑模型和结构模型

单击"视图"➤"可见性/图形"，在过滤器列表中勾选"建筑"和"结构"，在可见性列表中将建筑结构图元的可见性全部不选，完成后应用，隐藏建筑模型和结构模型，如图 7-5、图 7-6 所示。

2. 过滤器中增加强电桥架，过滤器填充样式设置为蓝色

单击"视图"➤"可见性/图形"，单击"过滤器"选项卡➤"编辑/新建(E)..."，新建一个过滤器，名称改为"强电桥架"，点击"确定"，如图 7-7 所示。

过滤器中增加
强电桥架，过
滤器填充样式
设置为蓝色

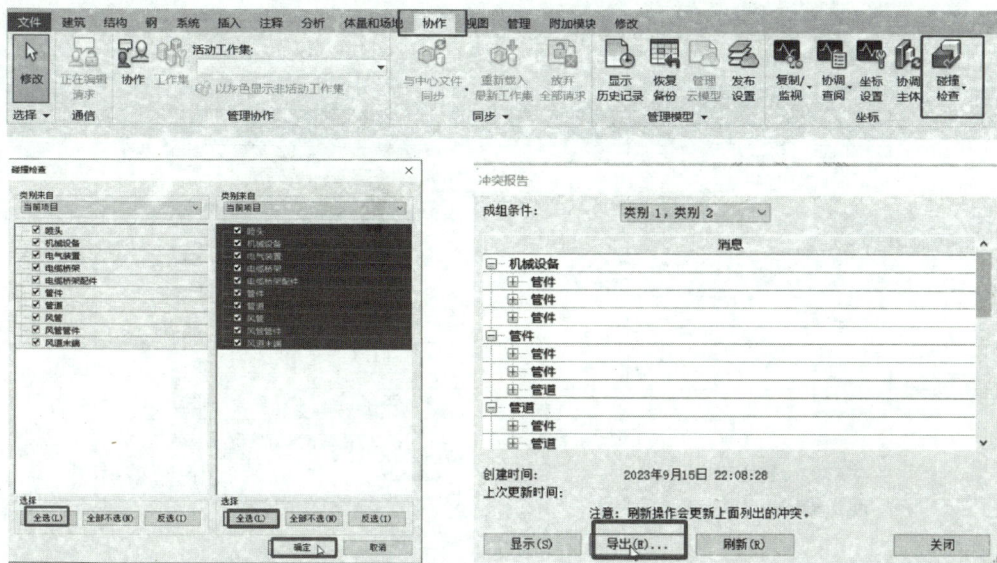

图 7-2 运行碰撞检查

图 7-3 机电管线与结构碰撞

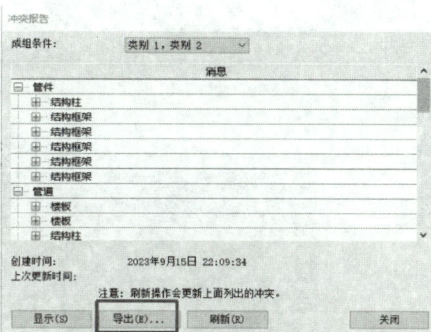

图 7-4 导出机电和结构的碰撞报告

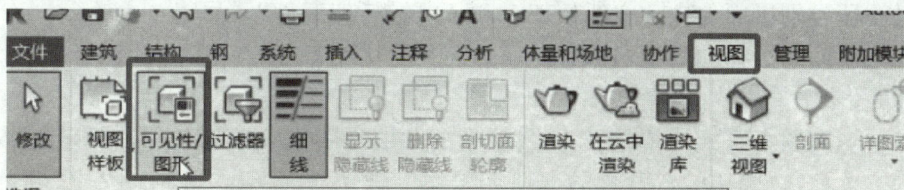

图 7-5 视图可见性

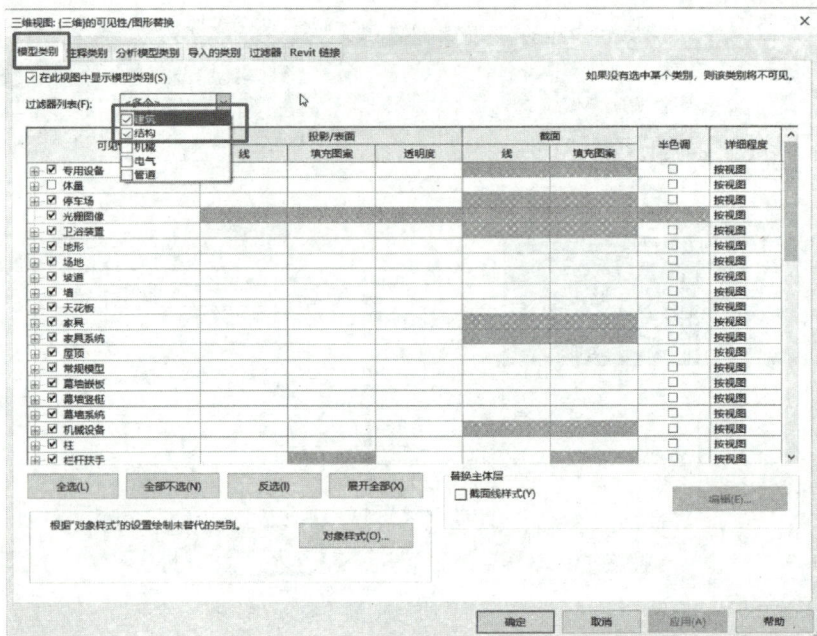

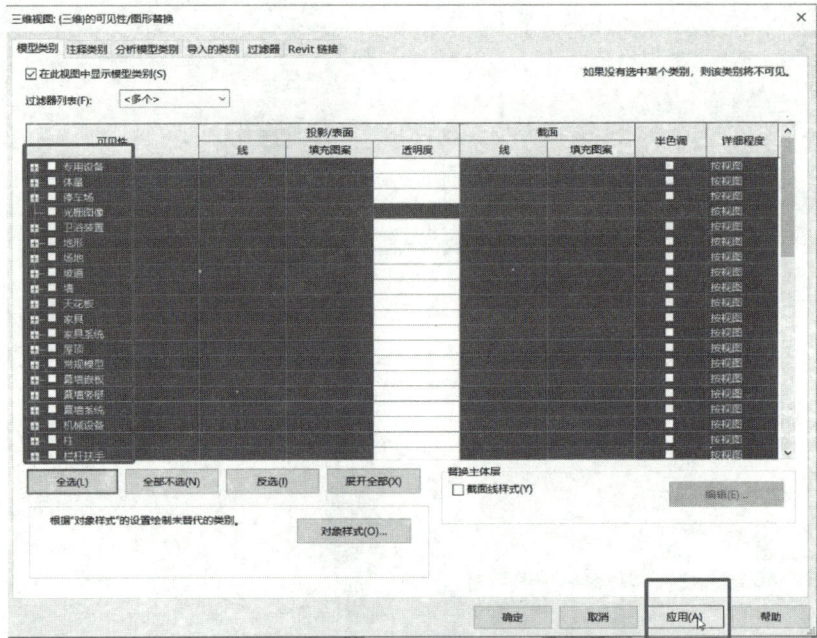

图 7-6　选择模型显示

在过滤器类别里面勾选"电缆桥架"和"电缆桥架配件"，如图 7-8 所示。

过滤器规则里选择"类型名称""等于""强电桥架"，点击"应用"➤"确定"，如图 7-9 所示。

单击"填充图案"下的"替换"，将前景的"填充图案"改为"＜实体填充＞"，"颜色"改为"蓝色"；同样的，背景的"填充图案"改为"＜实体填充＞"，"颜色"改为"蓝色"，单击"确定"，完成填充样式的替换，如图 7-10 所示。

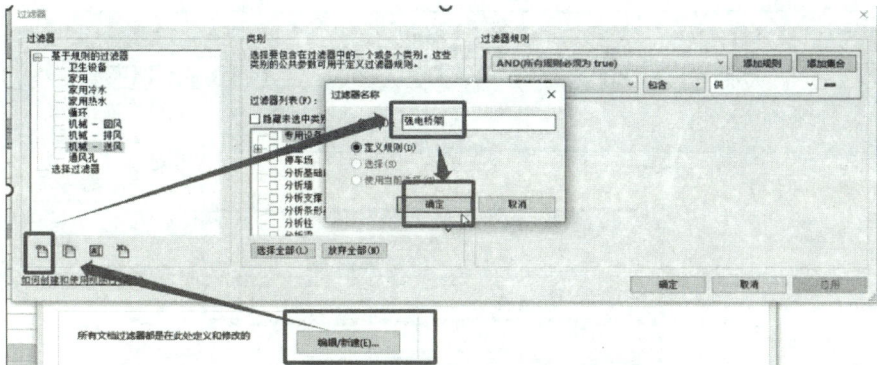

图 7-7　新建电缆桥架过滤器

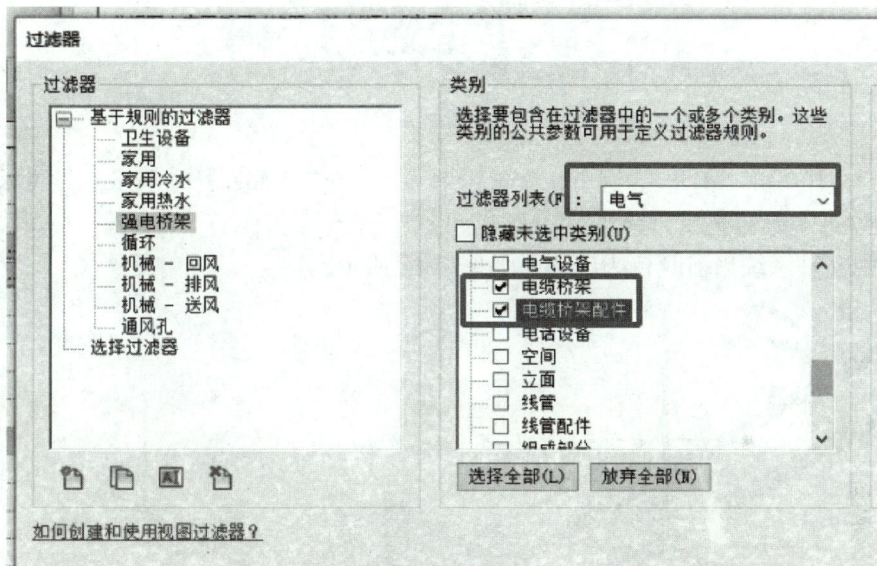

图 7-8　选择过滤类别

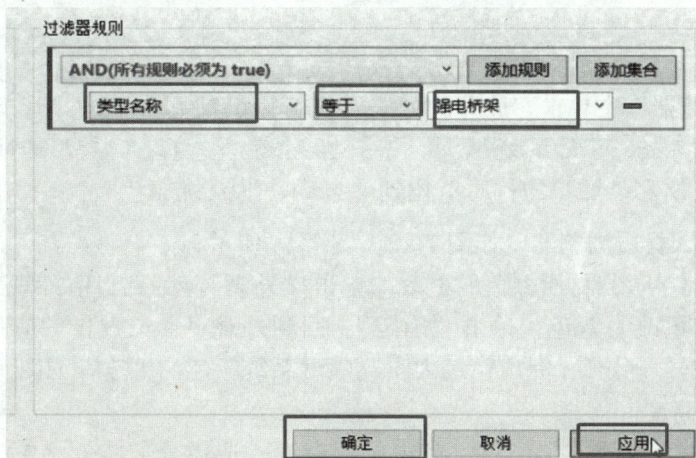

图 7-9　设置过滤器规则

可见性	投影/表面			截面	
	线	填充图案	透明度	线	填充图
☑	替换...	替换...	替换...	替换...	

填充样式图形 ×

样式替换

前景 ☑可见
填充图案：〈实体填充〉 ▼ ...
颜色：■ 蓝色

背景 ☑可见
填充图案：〈实体填充〉 ▼ ...
颜色：■ 蓝色

这些设置会如何影响视图图形？

清除替换　　　　　确定　　　取消

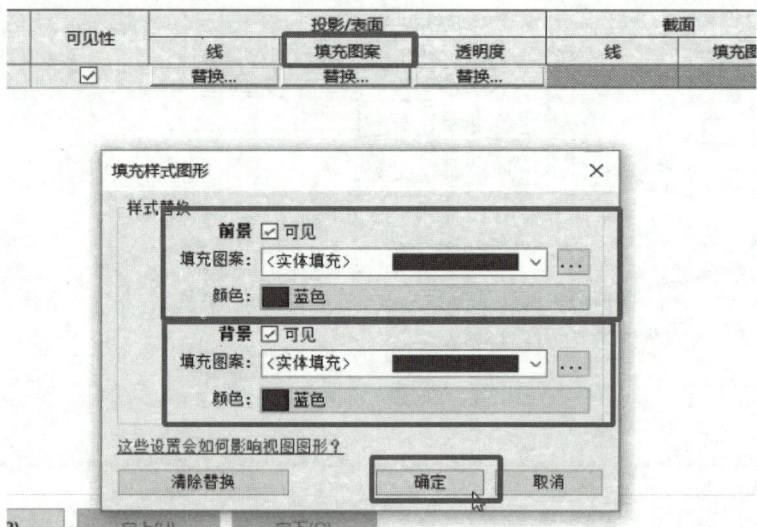

图 7-10　设置填充图案

点击"应用"并"确定"，强电桥架就设置为"蓝色"，如图 7-11 所示。

3. 喷淋系统颜色更改为紫色

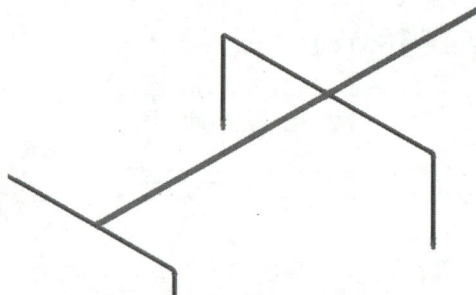

模型中喷淋系统当前颜色为红色，如图 7-12 所示。

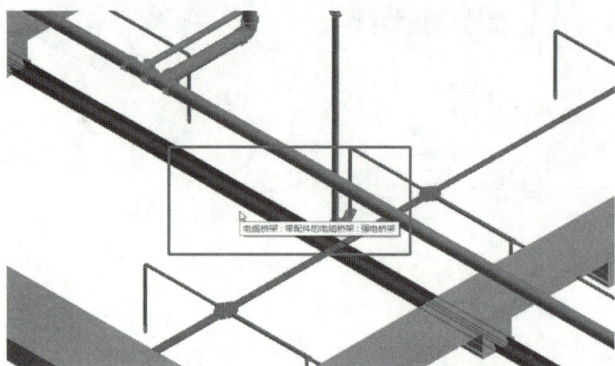

喷淋系统颜色
更改为紫色

图 7-11　强电桥架颜色显示

图 7-12　模型中喷淋系统当前红色

在"项目浏览器"中单击"族"的"＋"进行族的展开，单击"管道系统"➤"自动喷水灭火系统"，单击鼠标右键，选择"类型属性(P)..."，在"材质和装饰"的材质里找到"自动喷淋系统颜色"，单击右边的"□"，进入材质浏览器，如图 7-13、图 7-14 所示。

调整风口高度

在材质浏览器中进行材质颜色的更改，单击"外观"，可见当前外观颜色为红色，单击"颜色"，将红色改为紫色，单击"确定"。回到外观页面，点击"应用"并"确定"。在类型属性内点击"确定"，完成系统内自动喷淋系统颜色的更改，如图 7-15 所示。

4. 调整风口高度

在三维视图中，选择一个风口，单击鼠标右键"选择全部实例（A）"➤"在整个项目中（E）"，选择项目的全部风口，如图 7-16 所示。

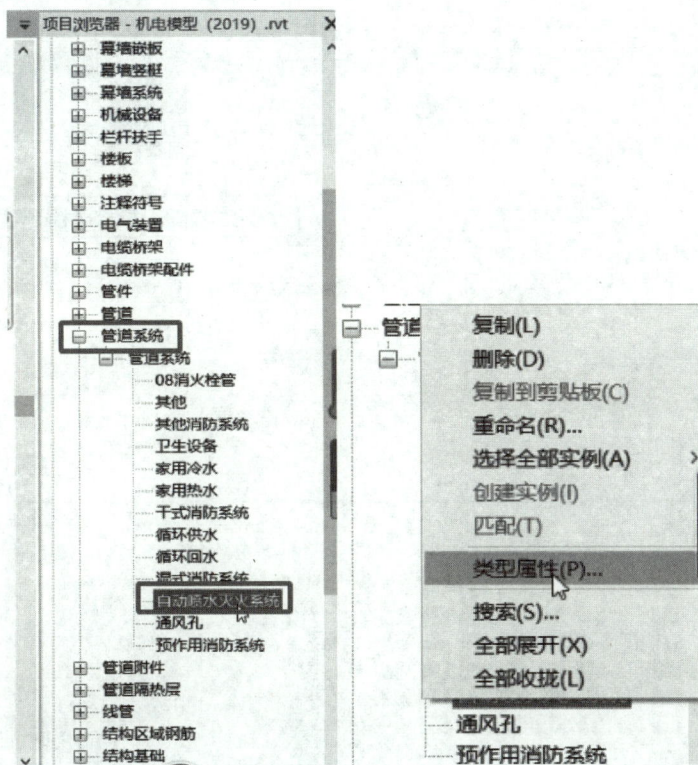

图 7-13　设置自喷系统类型属性

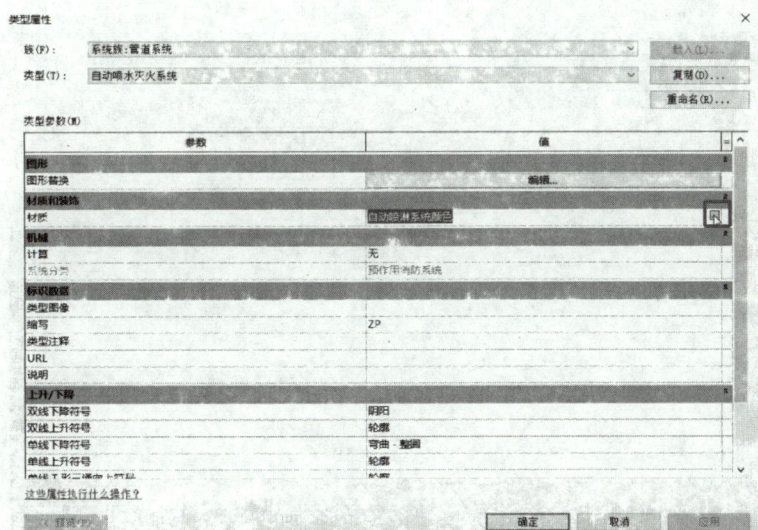

图 7-14　材质设置

在"属性栏"的"约束"中可以看到，风口的偏移量为 3000mm，因为吊顶高度为 2.5m，需要将风口偏移量改为 2500mm，那么整个项目的风口高度都被调整为吊顶高度，也就是合适的高度，如图 7-17 所示。

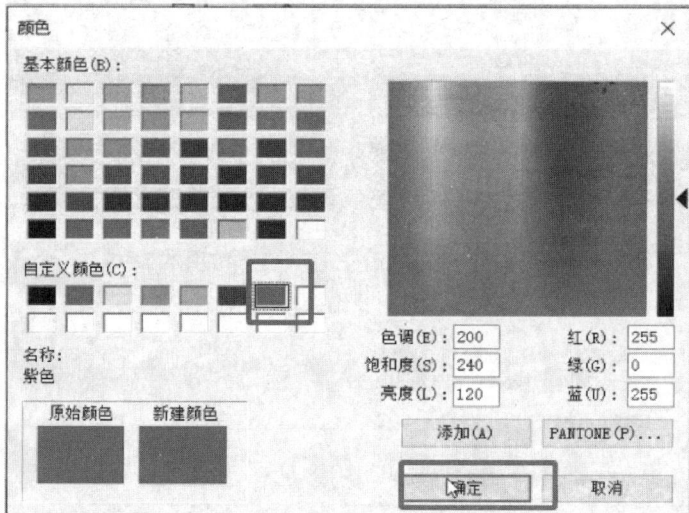

(a)

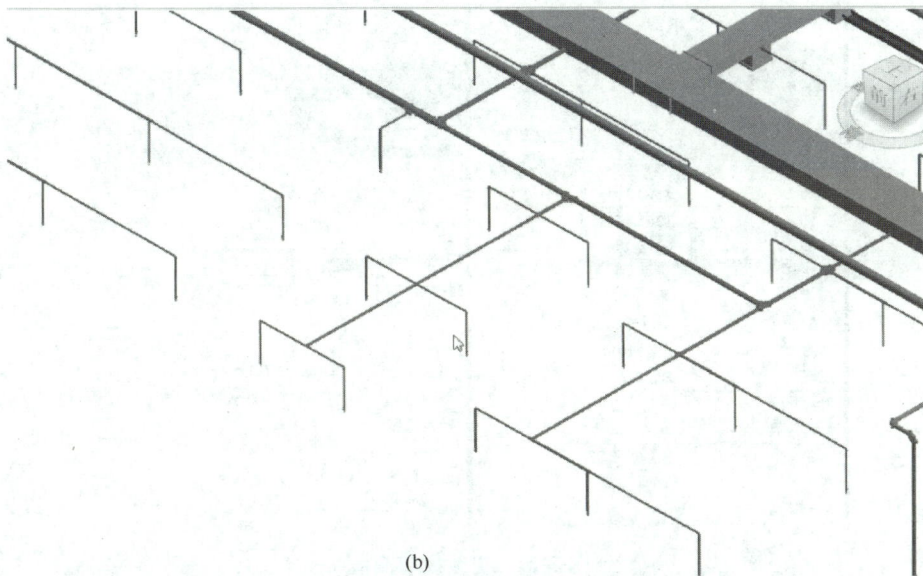

(b)

图 7-15 更改自喷系统颜色为紫色

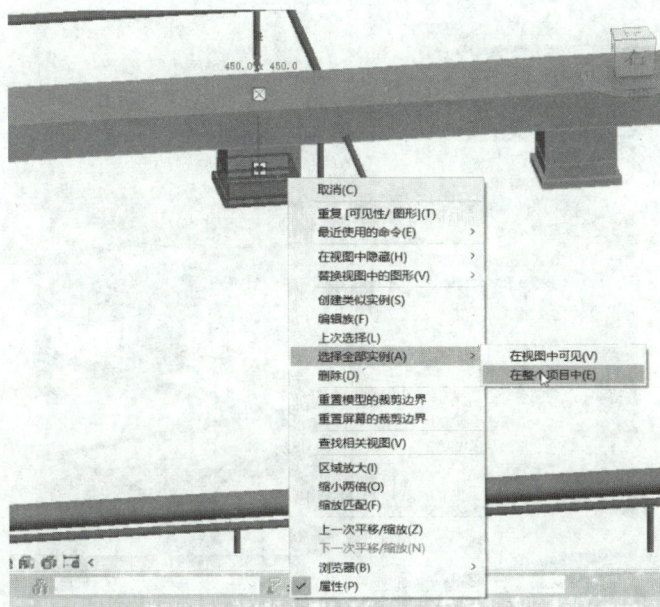

图 7-16 选择全部风口

7.3.3 管线协调优化

按照管线布置原则对管线进行分层，按照水下电上的原则进行优化，风管是在水和电的中间（详见本章 7.1 管线优化原则）。

1. 调整电缆桥架的高度

鼠标单击选择蓝色电缆桥架，右键单击"选择全部实例（A）"▶"在整个项目中（E）"，来选择项目中所有的电缆桥架，如图 7-18 所示。

按照管线布置原则对管线进行分层

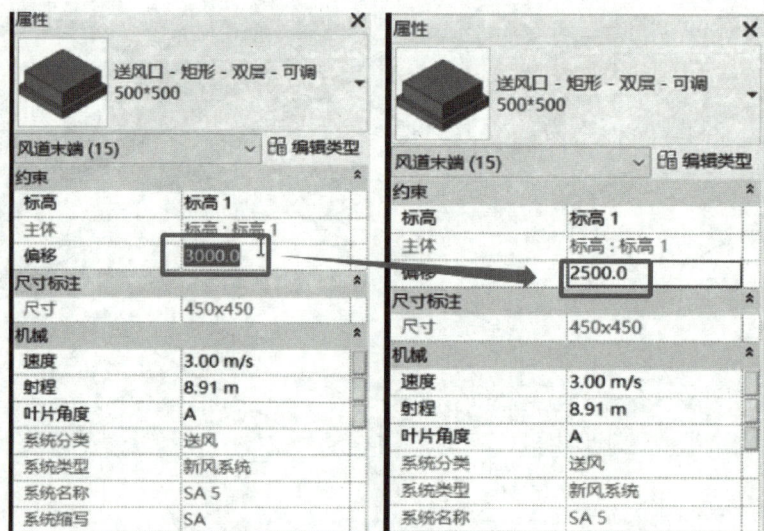

图 7-17　更改风口高度

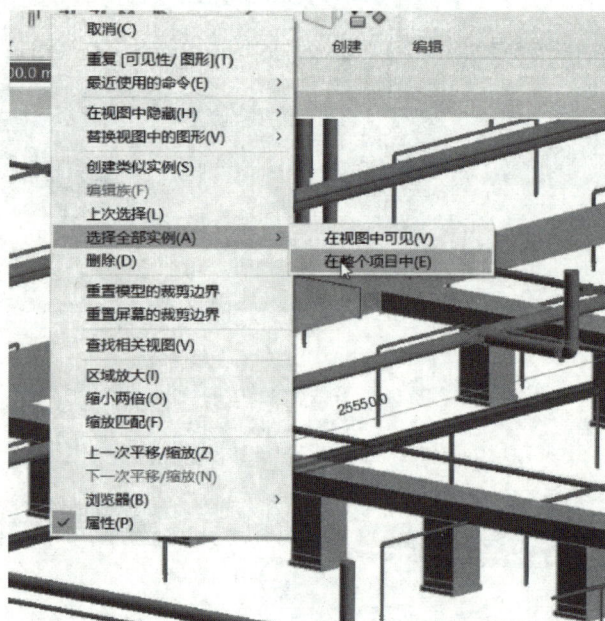

图 7-18　选择全部电缆桥架

　　观察页面左侧"属性栏"的"约束"，可以看到当前电缆桥架的偏移量为 3000mm，将其调整到相对较高的高度 3600mm，如图 7-19 所示。

　　2. 调整风管的高度

　　选择一节风管，属性栏中其原始高度为 3500mm，根据管线协调优化原则，风管高度应在水和电之间，可以将风管高度调整为 3300mm，如图 7-20 所示。

　　将鼠标虚浮于某一节风管上，按键盘上的"Tab"键，直到所有风管为选中状态，单击"确定"，如图 7-21 所示。

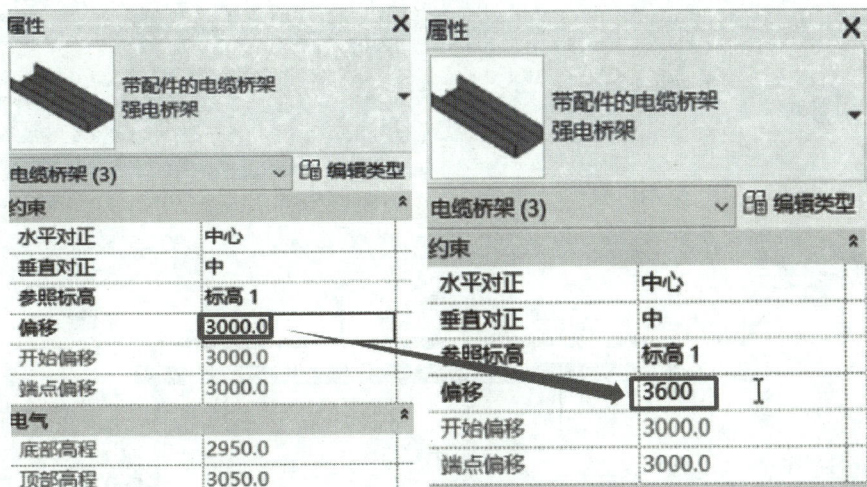

图 7-19　调整电缆桥架的高度

点击"View Cube"来到"前视图"，点击"移动"命令，勾选"约束"，鼠标下移，输入数字"200"，完成所有风管的高度调整，如图 7-22 所示。

需要注意的是，由于刚刚整体风管系统高度的调整，导致风口位置比刚才调整的 2500mm 低了 200mm，现在需要将其调整到吊顶高度（2500mm），操作同上（调整风管高度），如图 7-23 所示。

3. 调整喷淋管线高度

同样的方式选择项目中所有喷淋系统管线，进行偏移量的调整，如图 7-24 所示。

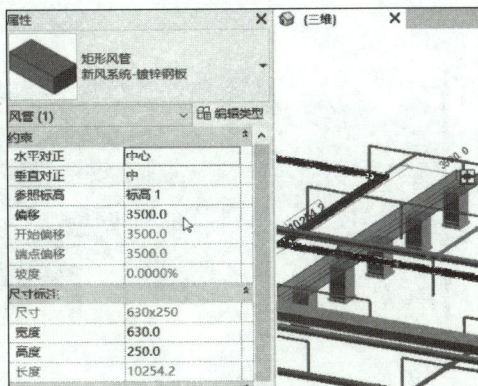

图 7-20　调整风管高度

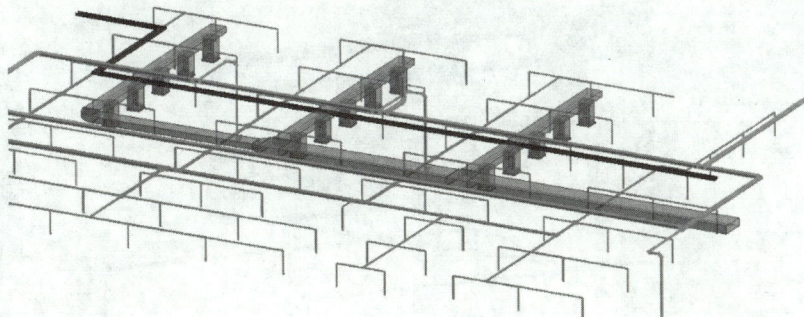

图 7-21　选择所有风管

用"移动"命令进行喷淋管线整体高度的调整（详见风管高度调整），将喷淋管线高度由 3400mm 调整为 3000mm，如图 7-25 所示。

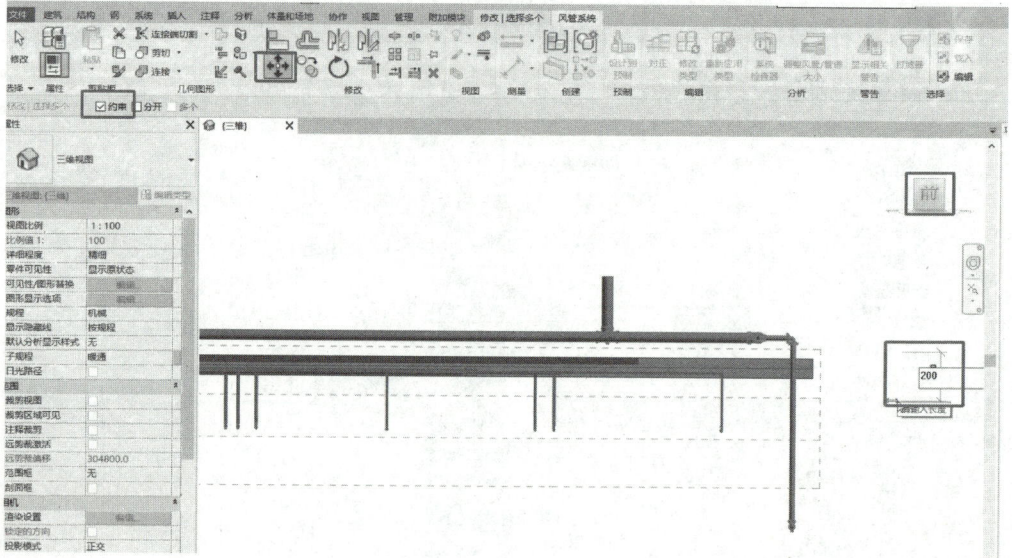

图 7-22　修改风管高度

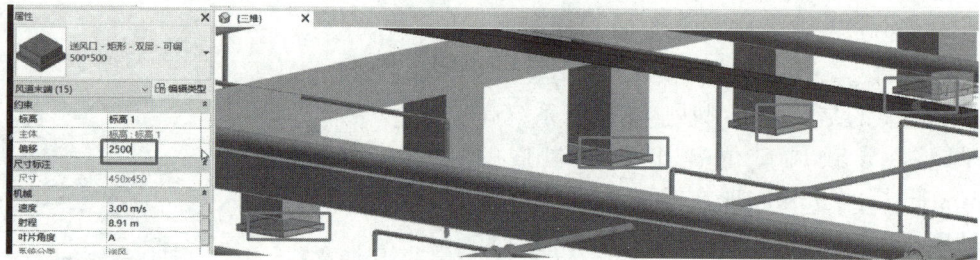

图 7-23　修改风口高度

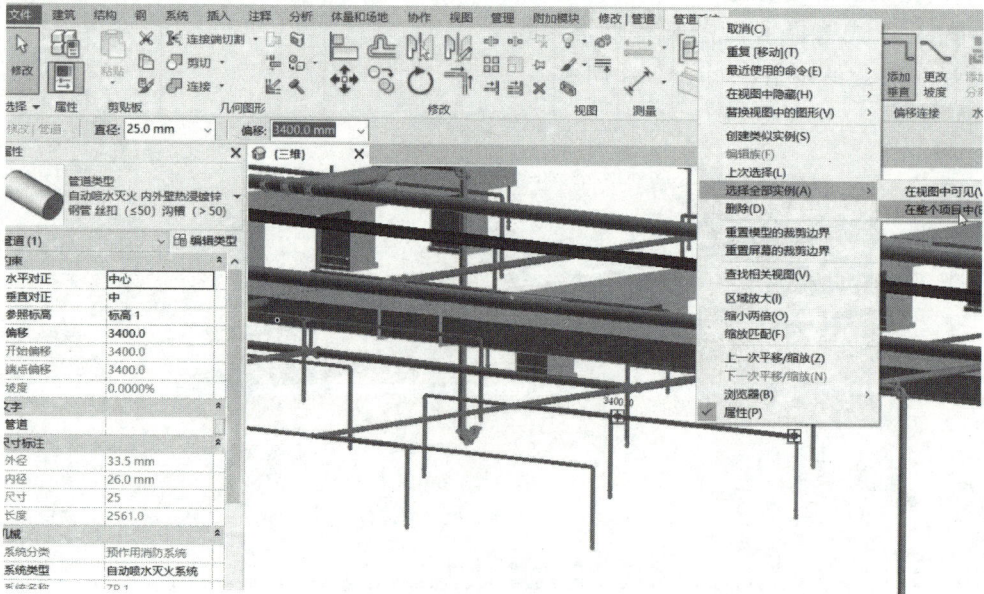

图 7-24　选择全部喷淋管线

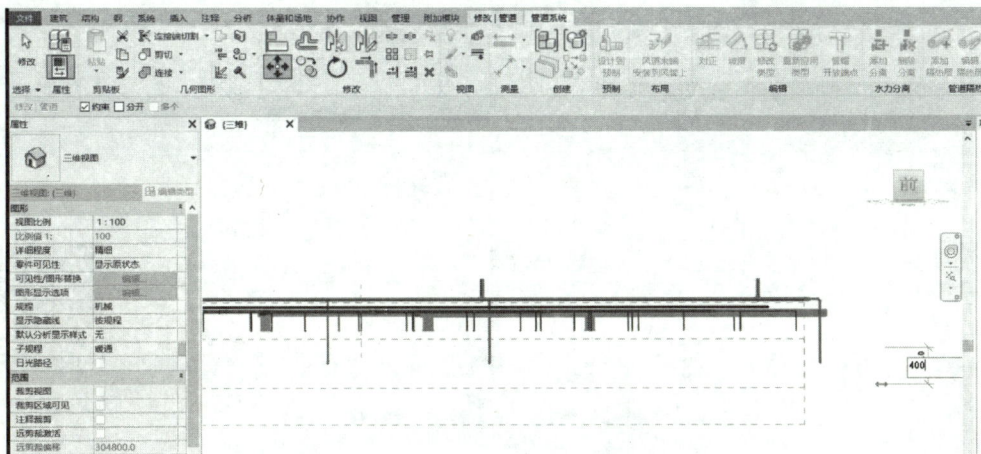

图 7-25　调整喷淋管线高度

至此，我们完成了电缆桥架、风管系统、喷淋系统管线的分层，如图 7-26 所示。有些管线可能存在漏选、未完成移动等操作命令，需要进一步在三维视图中进行模型观察，发现有高度未改变的管线，通过手动拖拽进行单个管线高度的调整。

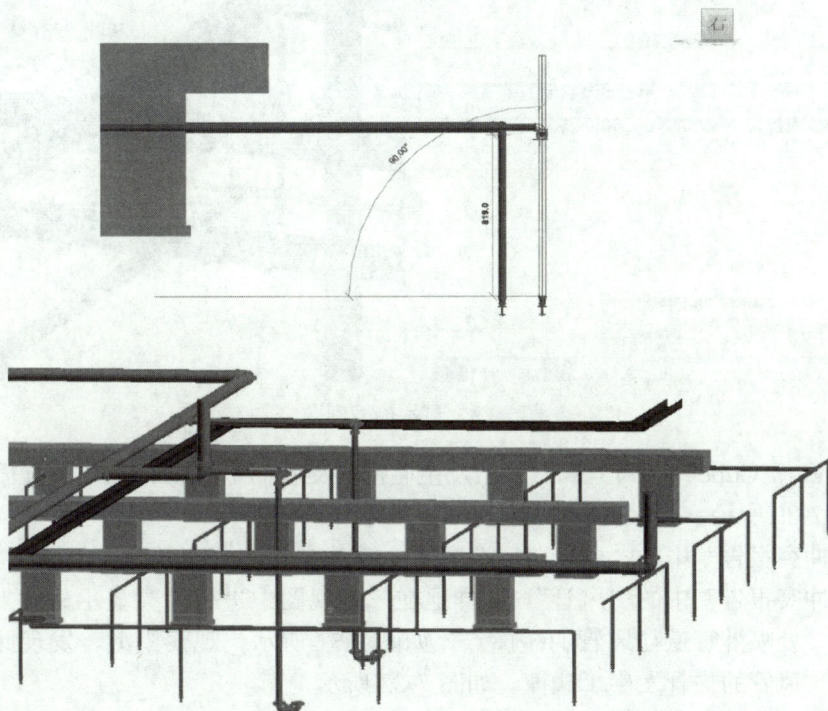

图 7-26　完成风管系统、电缆桥架、喷淋系统管线的分层

4. 管线碰撞点优化

再次运行"碰撞检查"，左侧和右侧均选择电缆桥架、风管、管道，单击"确定"进行管线的碰撞检查，如图 7-27 所示。

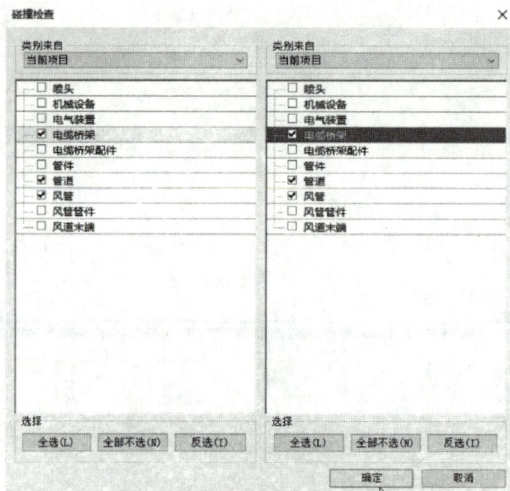

管线碰撞点优化

图 7-27　再次运行碰撞检查

单击管道冲突报告，单击"显示（S）"，在三维视图中显示出了碰撞冲突点，发高亮显示是管道和管道之间的一个碰撞，如图 7-28 所示。

图 7-28　显示碰撞问题

单击"View Cube"来到上视图，把发生碰撞的支管向下移动，完成碰撞管线位置的调整，如图 7-29 所示。

点击"冲突报告"中的"刷新（R）"按钮，观察碰撞点是否消除，如图 7-30 所示。

点击"冲突报告"中的"风管"，同样地在三维视图中进行高亮显示碰撞点，观察模型，发现了 3 处喷淋管道与风管的碰撞点，如图 7-31 所示。观察模型，发现此处碰撞点为喷淋管线与风管的支管发生了碰撞，如图 7-32 所示。

管线调整的方法是选择喷淋管向左移动 200mm，再次点击"冲突报告"的"刷新（R）"按钮，观察碰撞点是否消除，如图 7-33 所示。软件显示，模型中管道之间的所有碰撞点均已消除。

再次运行"碰撞检查"命令，显示"未检测到冲突！"，完成管线碰撞点的优化，如图 7-34 所示。

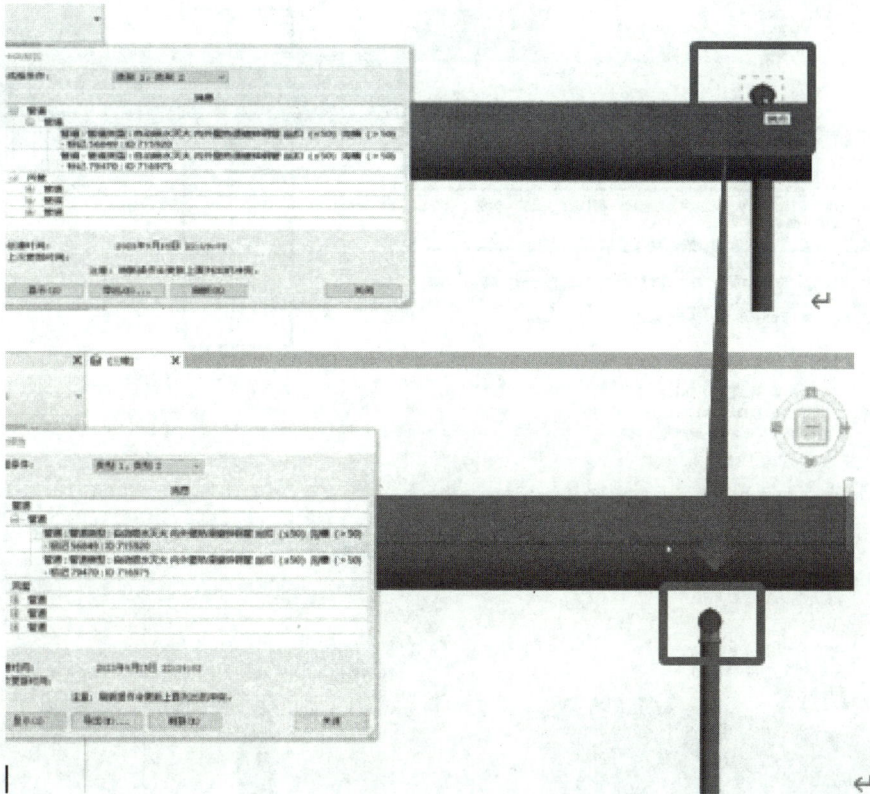

图 7-29 完成碰撞管线位置的调整

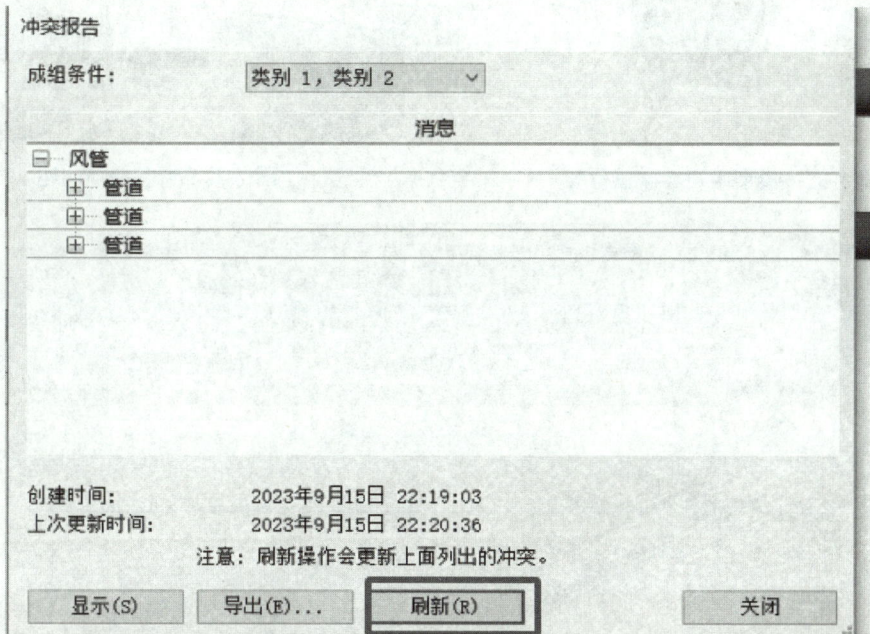

图 7-30 刷新碰撞检查

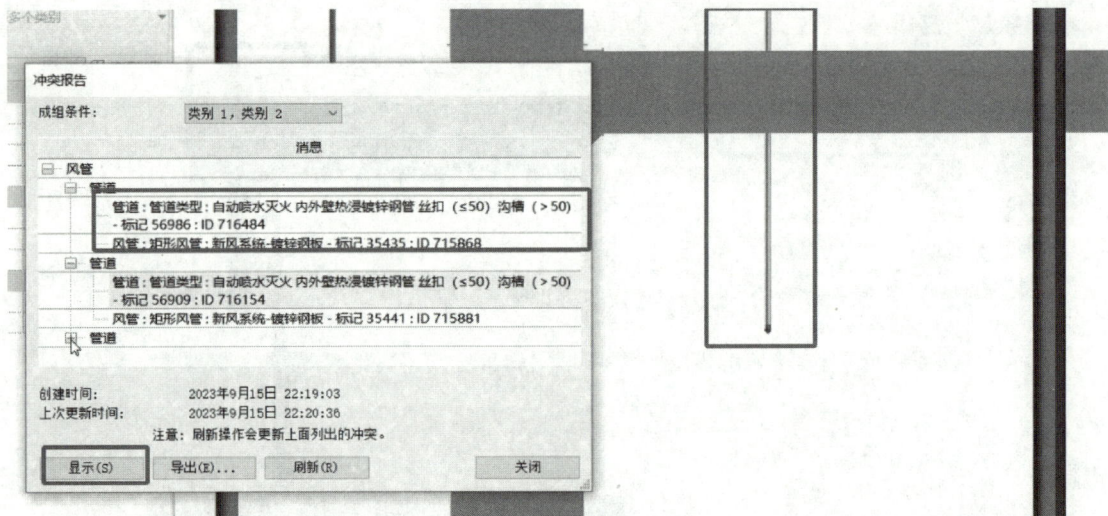

图 7-31　点击风管碰撞点

图 7-32　模型中观察碰撞位置

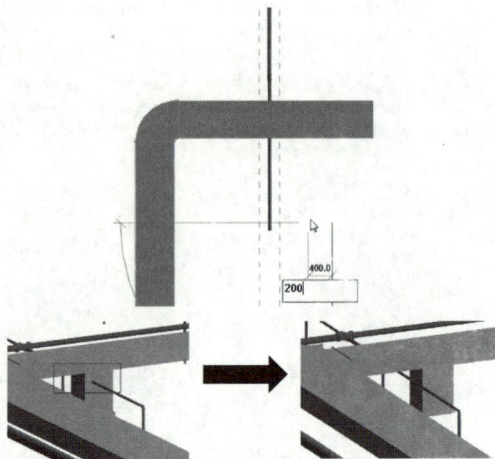

图 7-33　调整碰撞问题

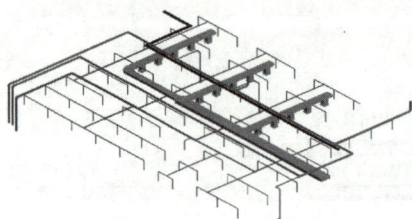

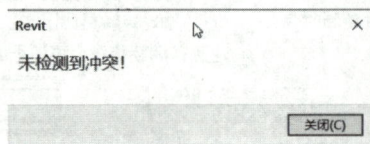

图 7-34　再次运行碰撞检查

最后，查看模型，确保模型中管线的高度均不低于吊顶高度（2500mm），依次进行喷淋头、喷淋管线、风口、风管、电缆桥架高度的检查。

喷淋头的高度应为模型高度的最低点，点击选择喷淋头，单击右键"选择全部实例（A）"➤"在视图中可见（E）"来选择模型中所有的喷淋头，将其偏移量改为2500mm，如图7-35所示。

管线优化确认无误后，将优化模型保存为项目文件，如图7-36所示。

图 7-35　调整喷头高度

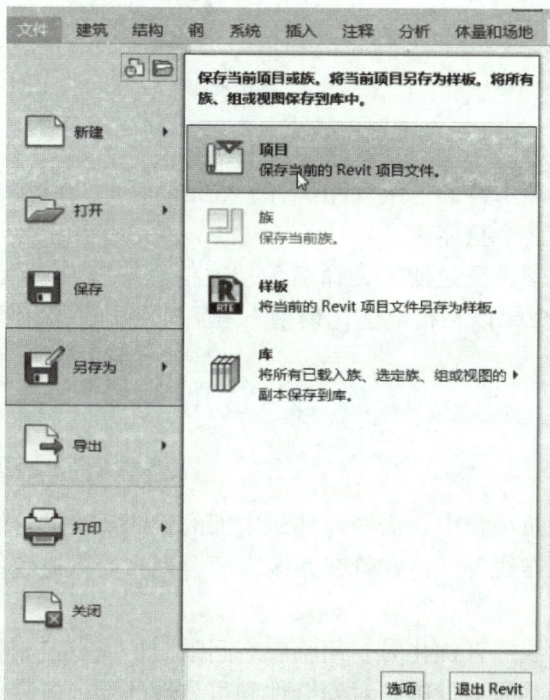

图 7-36　保存项目文件

7.4　实践操作

2020年第三期1+X中级建筑设备考试（碰撞检查）。

打开考生资料文件夹"机电模型.rvt"项目文件，运用软件自带的碰撞检测功能对模型进行碰撞检测，如图7-37所示，根据专业调整原则进行修改，并完善三维图形中的太阳能热水器的连接管网，按要求对三维视图下的通信桥架设置颜色，成果以考试系统规定的格式进行提交。

（1）对机电模型所有图元间进行碰撞检查并导出报告，以"机电碰撞报告＋考生姓名.html!"为文件名保存到考生文件夹。

（2）在"模型中桥架不可调整移动，设备机组水平移动距离不受限制"的要求及相关

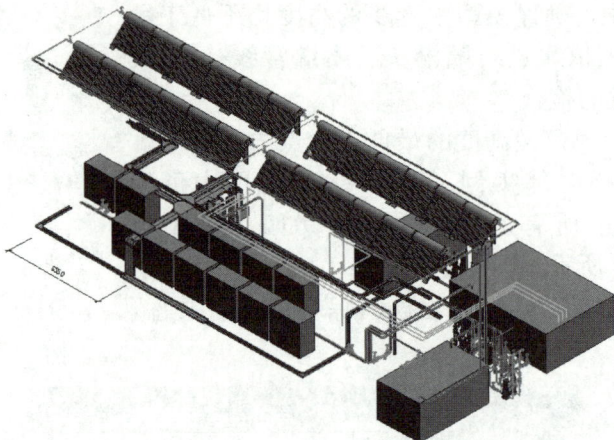

图 7-37　机电模型

机电碰撞调整原则下，解决模型中管线间的碰撞问题。

（3）模型中太阳能热水器的连接管网中有一处是断开的，请将它连接，并使得太阳能热水器的连接管网形成一个整体。

（4）请在三维视图下设置过滤器，命名为"通信桥架"，对模型中的通信桥架设置成红色实心轮廓线，最终成果以"机电优化模型＋考生姓名．n"保存到考生文件夹。

思 政 提 升

1. 案例分析

在一个大型医院建筑项目中，需要对建筑内部的管线系统进行综合优化，包括给水排水管、通风系统、电气布线等。这些管线系统需要合理布局以避免相互干扰，确保医院运营的高效性和安全性。

项目团队在进行管线综合优化时，面临着空间限制、成本控制和未来可持续发展的挑战。同时，医院作为公共服务设施，对安全性和可靠性的要求极高。

项目团队采用 BIM 技术进行三维建模和碰撞检测，通过多专业协同工作，优化管线布局，减少材料浪费，并考虑到未来的维护和升级需求。

通过 BIM 技术的应用，项目团队成功实现了管线系统的优化布局，不仅提高了建筑质量和安全性，还节约了成本，并为医院的未来发展留出了空间。

2. 思政元素

（1）责任感培养

讨论管线系统故障可能带来的后果，强调在设计和施工过程中对安全和质量的关注。

（2）团队合作精神

分析项目成功的关键因素，包括不同专业背景团队成员之间的有效沟通和协作。

（3）创新意识

案例分析中，探讨如何运用 BIM 技术进行创新设计，如模块化设计和预制建造。

（4）可持续发展观念

讨论如何在管线综合优化中考虑环境保护、资源节约和未来可维护性。

3. 思政目标

（1）通过案例，培养学生对社会和公众安全的高度责任感。

（2）强调跨学科团队合作的重要性，以及每个成员在团队中的作用。

（3）鼓励学生通过 BIM 技术寻找创新的解决方案，以应对复杂的工程挑战。

（4）提升学生对可持续发展的认识，并将其应用于建筑设计和工程实践中。

本 章 小 结

BIM 技术管线综合具有较强的优势，它可以以三维可视化的方式呈现复杂管线排布的实际情况，有利于各专业设计人员、施工人员直观分析管道排布，是各主要参与方协同工作的重要桥梁。为更合理地发挥 BIM 的优势，提高管线综合的效率和质量，结合管综原则和软件的应用，在基于 BIM 技术进行管综优化时，现将项目中易出现的失误及问题总结如下：

（1）建模时，必须保证图模一致，在导入各专业图纸与模型轴网对齐后应将图纸锁定，避免后期建模操作失误拖动图纸而引起后边模型与图纸不对应，增大工作量。

（2）在管综优化前整理清楚净高、管道检修可操作空间、吊顶或支吊架的预留空间、各专业管道之间水平间距（是否具有保温层）要求，优化时对管道排布有清楚的间距原则，可提高工作效率。

（3）管综优化前将立管与各层管道截断，再进行管线调整，可减少软件运行的压力，提高软件操作速度。

（4）喷淋支管和大量喷淋立管、喷头的加入增加了软件的运行难度，对于体量较大的项目若将所有的喷淋管道连接起来，在修改喷淋系统时软件运行会很卡顿，影响管综工作效率。根据项目需求，在管综优化前可先将喷淋主干管与支管断开，将管径不大于 50mm 的支管单独提取出来作为独立的模型储存。管综优化时只调整喷淋主干管，支管的调整工作可通过管综模型链接导入进行单独调整，可较大地提高工作效率。

（5）在管综优化的时候，应该注意各管道的参照标高是否为建筑层表面标高，以确定管道底部距离建筑层表面真实的间距。

（6）管综优化时，需注意各专业管道的始末端，如强电桥架是否对应强电井，在优化管线时避免移动始末端，是否影响管线重要路由。

课 后 习 题

1. 管线综合优化的一般原则是什么？

2. 简述碰撞检测的一般实施步骤。

模块3

BIM技术应用

第8章　BIM技术应用概述

【内容提要】

本章主要讲述 BIM 技术在设计、施工、运维等项目不同阶段的应用，通过建立机电各专业 BIM 模型，配合协调并优化机房及管井设置，优化主管路敷设路线，进行碰撞检测、三维管线综合、竖向净空优化等基本应用，同时，BIM 模型可以用于材料设备选择、消防疏散模拟等。

【知识目标】

（1）能叙述 BIM 技术在设计、施工、运维阶段的应用点；
（2）能对机电工程的 BIM 应用进行阐述。

【能力目标】

（1）熟悉 BIM 技术机电各专业的应用；
（2）阐述 BIM 技术管线综合优化应用。

【思政与素养目标】

（1）求真精神，基本的科学原理和方法的运用；
（2）尊重事实和证据，有实证意识和严谨的求知态度；
（3）逻辑清晰，能运用科学的思维方式认识事物、解决问题、指导行为等。

【学习任务】

学习任务	知识要点
BIM 技术设计阶段应用主要内容	熟悉 BIM 技术设计阶段应用主要内容和实施流程
BIM 技术施工阶段应用主要内容	熟悉 BIM 技术施工阶段应用主要内容和实施流程
BIM 技术维保及后期运营应用主要内容	熟悉 BIM 技术维保及后期运营应用主要内容和实施流程

建筑信息模型（Building Information Modeling，"BIM"）技术是促进绿色建筑发展，提高城市建设管理智能化水平、实现工程建设领域转型升级的革命性技术。

对标国际最高标准、最好水平，持续推动技术攻坚克难、人才培养、企业转型和政府治理水平提升。BIM 技术应用取得重大突破，应用水平和软件创新能力得到大幅提升，与城市规划建设管理的融合进一步深化，成为建设行业普遍应用的基础性数字化技术，在工程规划、设计、施工、运维阶段形成以 BIM 三维设计和 BIM 数字化表达的建造新业态。BIM 技术在建筑运维和智慧城市管理方面的应用逐步深化，经济和社会效益显著增强，应用和管理水平持续保持全国前列，为全面推进城市数字化转型、建设国际数字之都提供有力的技术支撑（摘自：《上海市全面推进建筑信息模型技术深化应用的实施意见》上海市住房和城乡建设管理委员会，上海市发展和改革委员会，上海市经济和信息化委员会，上海市规划和自然资源局，2023 年 9 月 25 日）。

《上海市全面推进建筑信息模型技术深化应用的实施意见》的通知（沪住建规范联〔2023〕14 号），该意见指出全面贯彻创新驱动发展战略和人民城市重要理念，以助力打造具有世界影响力的国际数字之都为核心目标，以 BIM 技术与城市建设和管理深度融合为主线，坚持问题导向、系统谋划、整体推进，进一步优化完善配套政策环境和标准体系，营造高水平开放、包容、安全、有序的制度规则和标准体系；进一步提升政府、企业和专业人员的应用能力，为 BIM 技术高质量应用和发展提供坚实的人才支撑；进一步推动规划、设计、建造和运维管理模式创新，实现"一模到底"，一体化全过程智慧建造和运营管理；进一步推动基于 BIM 技术的各类信息智能技术集成应用，打造一批宜居、韧性、智慧的绿色生态城区，为城市信息模型（City Information Modeling，简称"CIM"）和新型城市基础设施建设的全面推进提供强有力的支撑和保障。

8.1　BIM 技术在项目各阶段的应用概述

BIM 技术是以三维可视化为特征的建筑信息模型的信息集成和管理技术。该技术使应用单位使用 BIM 建模软件构建建筑信息模型，模型包含建筑所有构件、设备等几何和非几何信息以及它们之间关系信息，模型信息在建设阶段不断深化和增加。建设、设计、施工、运维等单位使用一系列应用软件，利用统一建筑信息模型进行虚拟设计和施工，实现项目协同管理，减少错误、节约成本、提高效益和质量。工程竣工后，利用建筑信息模型实施建筑运维管理，提高运维效率。BIM 技术不仅适用于规模大、复杂的工程，也适用于一般工程；不仅适用于房屋建筑工程，也适用于市政基础设施等其他工程。BIM 技术的主要应用价值如图 8-1 所示：

（1）工程设计：利用三维可视化设计和仿真模拟技术实现性能化模拟分析、绿色建筑性能评估和装配式建筑虚拟设计，有利于建设、设计和施工等单位沟通，优化方案，减少设计错误、提高建筑性能和设计质量。

（2）工程施工：利用建筑信息模型的专业之间的协同，有利于发现和定位不同专业之间或不同系统之间的冲突，减少错漏碰缺，减少返工和工程频繁变更等问题。利用施工进度管理模型，开展项目现场施工方案模拟及优化、建筑虚拟建造及优化、进度模拟和资源管理及优化，有利于提高建筑工程的施工效率，提高施工工序安排的合理性。施工过程造价管理模型可以进行工程量计算和计价，增加工程投资的透明度，有利于控制项目施工成本。

（3）运维管理：利用建筑信息模型的建筑信息和运维信息，实现基于模型的建筑运维

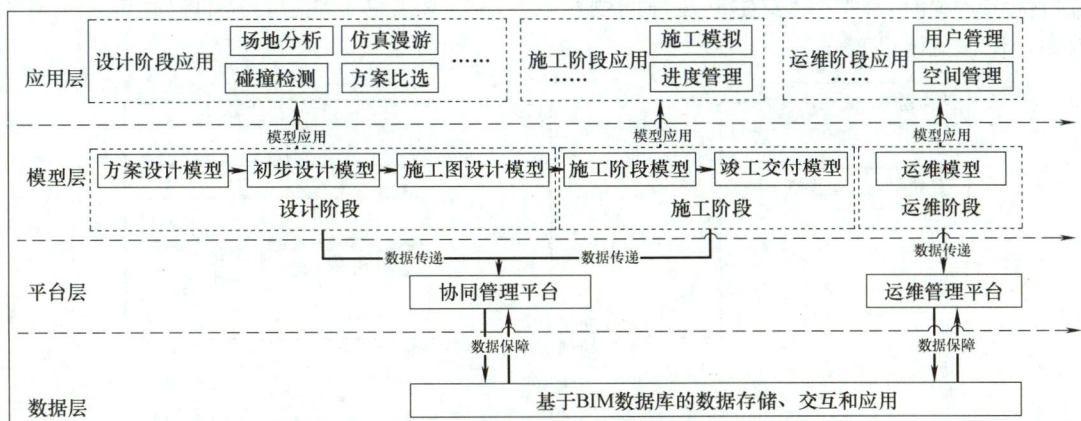

图 8-1　BIM 技术的主要应用价值

管理，实现设施、空间和应急等管理，降低运维成本，有利于提高项目运营和维护管理水平。

（4）城市管理：基于 BIM 技术的城市建筑大数据存储与利用，有利于解决建筑项目长期运营和维护过程中的数据存储、动态更新与各种数据利用问题，为本市智慧城市建设提供建筑的基础信息。同时，城市建筑信息模型数据的开放，能够实现建筑信息提供者、项目管理者与用户之间实时、方便的信息交互，有利于营造丰富多彩、健康安全的城市环境，提高城市基础设施设备的公共服务水平。

8.2　BIM 技术在机电安装工程中的应用

8.2.1　设计阶段应用

通过 BIM 技术进行机电各系统设计并建立初步设计模型，可利用 BIM 设计软件中的综合模拟分析工具模拟各系统的运行过程，综合各要素，通过调整参数，最终确定最佳方案。在施工图出图阶段，随着 BIM 出图技术的发展和成熟，有效提高了利用 BIM 输出成符合当前标准要求的施工图的效率。

8.2.2　在施工安装阶段的应用

公共建筑相比于一般住宅类建筑，其功能丰富多样，建筑机电设备种类繁多，管线设置错综复杂，在管道集中区容易发生管道碰撞。管道布置的合理性和美观性在传统的二维设计中较难体现，容易对工程质量产生严重影响，也容易影响机电系统运行的稳定性和建筑物本身的使用状态。

由于当前处于建设项目上游的设计阶段，尚未完全采用 BIM 模式的设计工作流程，设计成果交付依然停留在传统的二维施工图阶段，部分设计院尝试进行优化后的 BIM 模型交付，但市场比例依然很小。为了提升施工安装总体质量和施工管理水平，施工企业在施工安装时需要进行 BIM 模型的创建及优化。首先运用 BIM 软件完成管道模拟布置，并通过三维模型验证设计图纸的合理性。通过对 BIM 三维模型进行审阅，对管道布局方案进行优化，及时发现可能发生的碰撞问题，减少后期返工怠工现象，从而提高施工质量和效率，流程见图 8-2。

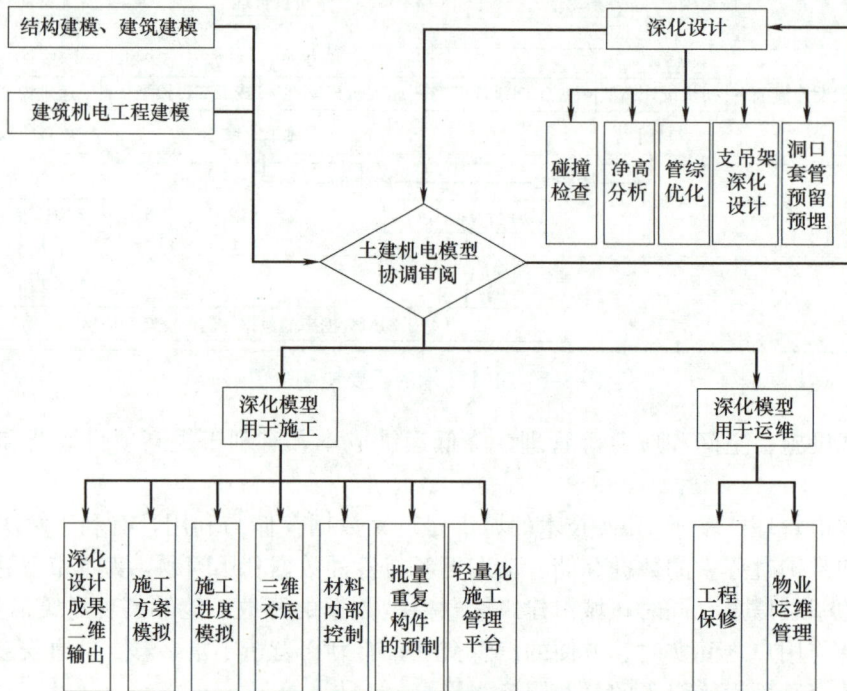

图 8-2　机电工程中 BIM 应用流程

（1）管线碰撞。管线碰撞包括硬碰撞和软碰撞。硬碰撞是指实体间的碰撞，必须进行调整；软碰撞是指两个实体之间虽然存在碰撞，但在一定条件下允许这种碰撞。当两个实体之间的距离不满足施工所要求的最小间距时，容易影响施工安装及后期维护检修，此时也需要进行调整，碰撞检测如图 8-3 所示。

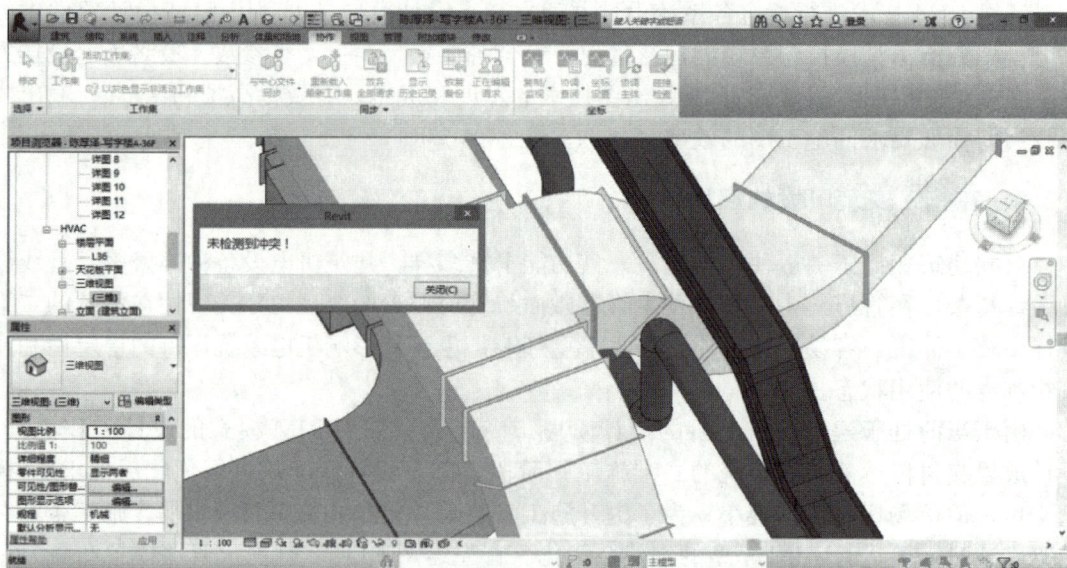

图 8-3　喷淋管与风管无碰撞

（2）净高分析。实际工程中，机电工程和装饰工程安装完成后，下方空间属于建设单位重点关注内容，见图 8-4，获取最大的净高空间具有非常重要的意义。通过 BIM 技术进行建筑物净高分析，可以全方位分析，快速发现关键部位并进行调整。

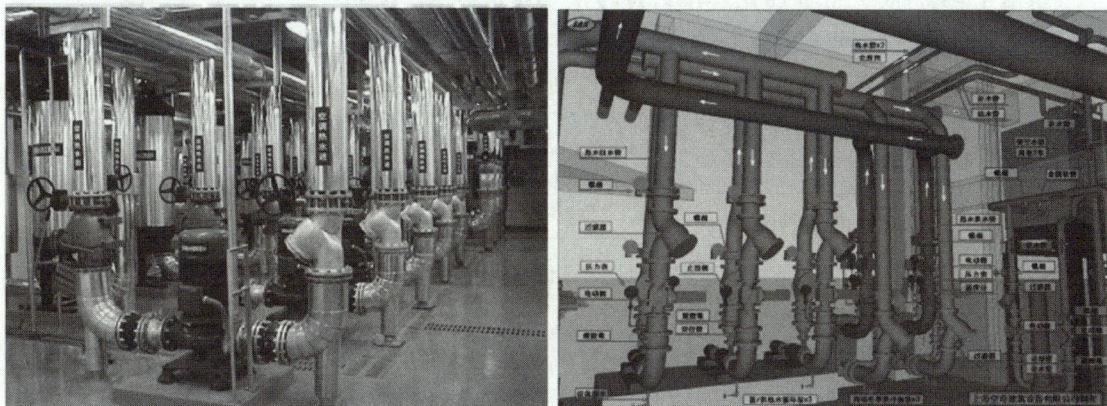

图 8-4　机房 BIM 建模与现场施工图片

（3）设备运输路径分析。在公共建筑实际机电设备安装工程中，部分大型设备需要安装在建筑物地下或地上狭小空间，通过 BIM 技术进行设备进场路线模拟，可以防止因设备尺寸过大无法进场的问题出现。如预制化、模块化的预制构件体积较大，需要现场运输和吊装，通过 BIM 技术可以使机电设备的工厂化预制、模块化安装成为可能。

（4）施工模拟。建筑机电工程涉及专业多、管线系统种类多，各系统相互独立，安装过程又互相交叉，制定合理的施工工序计划和进度计划具有重要意义。通过 BIM 技术进行施工模拟，审阅进度计划的合理性和可行性，可以提前发现潜在的施工计划问题，从而提高施工效率。

（5）成本控制方面的应用。机电工程安装方面的材料控制存在粗放式管理、浪费现象严重等问题。对于工程参与各方，提高材料利用率，创造更大的利润空间是共同的利益目标。通过 BIM 技术的应用，可以确定最佳的施工计划，通过预制化、模块化构件的实施，加快施工进度和提升安装质量，减少材料浪费，节省安装工期，缩减机电安装成本。

（6）三维审阅及交底。在模型创建及优化过程中，对模型进行三维可视化审阅，以检验最终的设计方案。通过三维可视化技术，可以直观地发现设计方案中存在的问题，全方位地审阅设计方案的合理性和美观性，提高审阅效率。采用三维可视化交底，可以直观进行工程技术交底及安全技术交底。三维模型可视化技术提高了现场交底的沟通效率及准确度，改变了传统的项目生产模式和沟通模式，提高了项目生产效率和管理成效。

（7）工程参与各方协同管理。在机电安装工程中涉及的工程信息繁多，需要交流协调的工程参与施工队伍较多。BIM 协同建造平台为高效沟通提供了便利条件。通过协同平台信息实时共享，形成闭环管理，使得工程参与各方均可以根据自身所处的团队权限及时获取信息，高效地进行机电安装施工。

8.2.3　在工程保修及后期运维阶段的应用

项目交付使用后，机电工程的保修是项目整体保修中的重点。公共建筑机电工程信息量庞大，后期工程保修或运维阶段的维保中，调阅传统的纸质工程信息档案获取相关工程信息的方式效率较低。因此，借助 BIM 技术可以实时获取任意部位的工程信息、设备信息，通过运维数据积累，为后期智能化运维提供可行性。

机电工程各阶段 BIM 应用关键点及技术手段如图 8-5 所示。

应用阶段	主要应用点	关键点	技术手段或平台
设计阶段或深化设计阶段	1.碰撞检查； 2.净高分析； 3.预留预埋； 4.支吊架深化设计	1.根据BIM应用目标制定项目建模标准； 2.协同设计，提高效率，避免信息孤岛； 3.BIM应用的组织保障	Bentley OBD平台、Magicad软件、鸿业BIM space
施工安装及验收阶段	1.施工方案模拟，检阅进度计划及施工方案的合理性； 2.三维交底； 3.机电工程BIM算量，材料控制精细化管理； 4.构件预制	1.BIM应用的组织保障，项目采用以BIM技术为主要工具的管理模式； 2.BIM应用平台的建立与应用； 3.数据安全性及可靠性； 4.物资供应模式的优化及改进； 5.具备复杂节点或批量化构件预制的内部条件及外部条件，技术经济可行	广联达5D平台、鲁班iWorks平台、广联达BIMFACE、品茗CCBIM、圭土云、Revizto、Twinmotion、SYNCHRO Pro
工程保修及运维阶段	1.设备、构件信息查询； 2.物业运行模拟分析； 3.运维记录数据存储，为智能化运维做大数据积累	1.施工模型转为运维模型，采用BIM保修或运维管理； 2.EPC总承包项目或PPP项目可优先尝试使用	广联达BIMFACE、圭土云

图 8-5　机电工程各阶段 BIM 应用关键点及技术手段

8.3　实践操作

请针对"初始阶段-项目启动与需求"进行实践任务。

收集目标：使学生熟悉项目启动流程和需求收集方法。

操作任务：创建一个项目启动会议的议程，确定项目目标和需求。

实践步骤：确定项目利益相关者和他们的需求，制定项目目标和范围，准备项目启动会议的议程和文档。

成果要求：学生需提交会议议程、利益相关者列表和需求文档。

思 政 提 升

【思政案例】　BIM 技术在抗击新冠肺炎疫情中大显身手

1. 案例简介

2020 年初，新冠肺炎病毒突如其来，全国上下在党中央的统一领导下行动起来，抗击疫情。1 月下旬，武汉市政府根据疫情防控需要，参考北京小汤山非典医院模式，建造一座专门收治新型肺炎患者的医院。一座可容纳 1000 张床位的火神山医院，总共用了 10 天时间建设完成，2 月 2 日正式交付，总建筑面积 3.39 万平方米。1 月 25 日，武汉政府又加盖一所"雷神山医院"，2 月 5 日交付使用。两所医院以小时计算的建设进度，在万众瞩目下演绎了新时代的中国速度。

大家一定有个疑问，"火神山、雷神山医院"为什么能迅速完成？其实这两所医院的建设主要是采用了行业最前沿的装配式建筑和 BIM 技术，最大限度地采用拼装式工业化成品，大幅减少现场作业的工作量，节约了大量的时间。在 10 天建造工期中，BIM 和装配式技术应用的三大关键点：

（1）项目精细化管理，使用 BIM 技术保证施工质量、缩短工期进度、节约成本、降低劳动力成本和减少废物，提高建设项目管理效率和沟通协作效率。所有关于参与者、建筑材料、建筑机械、规划和其他方面的信息都被纳入建筑信息模型中，BIM 4D 和 BIM 5D 是基于模型的可交付成果，用于诸如存在能力分析、项目交付计划、材料需求计划和成本估算等活动。

（2）仿真模拟，建筑性能优化利用 BIM 技术提前进行场布及各种设施模拟，按照建筑建设的特点，对采光、管线布置、能耗分析等进行优化模拟，确定最优建筑方案和施工方案。

（3）参数化设计，可视化管控充分发挥了"BIM＋装配式建筑"的优势，包括参数化设计、构件化生产、装配化施工、数字化运维，全过程都充分应用了 BIM 技术的优势，包括参数化设计、可视化交底、基于模型的竣工运维等，使项目的全生命周期都处于数字化管控之下。BIM 技术不仅提供有关建筑质量、进度以及成本的信息，还实现了无纸化加工建造。

2. 思政元素

2020 年初突如其来的新冠肺炎疫情，让所有的中国人无比团结。特别是在党中央领导下，全国各地动员医疗力量支援湖北。土木工程专业在抗击疫情战役中，也不会缺席。在武汉急需医院收治病患时，土木人也迅速出动。火神山医院在 10 天之内修建完成体现了"中国速度"，也体现了中国"举国体制集中力量办大事"的优势。通过此次事件，能够提高学生对我国的制度自信和文化自信，同时，也能认识到自己专业知识的重要性。

3. 思政目标

（1）通过案例学习，让学生了解到"举国体制集中力量办大事"的独特优势，提升学生对于我国的制度自信与文化自信。

（2）激发学生的爱国热情，鼓励学生学习专业知识，并在需要的时候勇敢站出来用专业知识尽自己所能为国家和人民做贡献。

本 章 小 结

BIM 技术是以三维可视化为特征的建筑信息模型的信息集成和管理技术。该技术使应用单位使用 BIM 建模软件构建建筑信息模型，模型包含建筑所有构件、设备等几何和非几何信息以及它们之间关系信息，模型信息按建设阶段不断深化和增加。建设、设计、施工、运维等单位使用一系列应用软件，利用统一建筑信息模型进行虚拟设计和施工，实现项目协同管理，减少错误、节约成本、提高效益和质量。工程竣工后，利用建筑信息模型实施建筑运维管理，提高运维效率。

课 后 习 题

1. BIM 技术的应用有哪些？
2. BIM 技术设计阶段的应用可以实现哪些价值？
3. 说说 BIM 技术运维管理系统应用的发展趋势。

第9章　BIM技术全生命周期应用案例分析

【内容提要】

本章主要讲述 BIM 技术在设计、施工、运维等建筑全生命周期的应用，以一个真实工程案例分析各个阶段 BIM 技术的应用点、应用价值和应用效果，探索全生命周期 BIM 技术应用的可行性，解决了园区、建筑和设备的多层级数字孪生模型构建、异构数据融合的难题，真正实现基于 BIM 技术的全生命周期应用。

【知识目标】

（1）能叙述 BIM 技术在设计、施工、运维阶段的应用点；
（2）能对案例项目 BIM 技术全生命周期 BIM 技术应用的应用效果和应用价值进行阐述。

【能力目标】

（1）熟悉 BIM 技术建设周期的应用点；
（2）阐述 BIM 技术应用效果；
（3）熟悉 BIM 运维管理系统平台。

【思政与素养目标】

（1）求真精神，基本的科学原理和方法的运用；
（2）尊重事实和证据，有实证意识和严谨的求知态度；
（3）逻辑清晰，能运用科学的思维方式认识事物、解决问题、指导行为等。

【学习任务】

学习任务	知识要点
基于 BIM 的设计管控技术	熟悉基于 BIM 的设计管控技术主要内容
基于 BIM 的招投标管控技术	熟悉基于 BIM 的招投标管控技术主要内容
基于 BIM 的建造管控技术	熟悉基于 BIM 的建造管控技术主要内容
基于 BIM 的运维管理系统	熟悉基于 BIM 的运维管理系统的主要内容和应用流程、应用效果分析

目前 BIM 在应用推广过程中，最大的一个阻碍就在于 BIM 未能在设计评审、工程报验、竣工验收、招投标等重要环节发挥主导作用，从而使 BIM 只能作为 CAD 图纸的辅助工具，而非权威成果，BIM 在建造全过程的应用需要制度和管控体系上的保障。基于 BIM 的项目建造全过程管控体系包括四个关键要素，即组织要素、过程要素、应用要素及集成要素，这四个要素相互关联，形成管理体系框架的四面体模型。

我国项目建设常见组织模式包括设计施工分离模式（施工总承包模式）、设计施工一体化模式、EPC 模式等。案例项目采用的是设计施工分离模式，但各方均愿意基于 BIM 进行全过程管控，包括业主方、代建方、设计院、工程监理、施工总承包方以及各施工分包等。医院建筑的建设和运营主体都是医院，这有利于从全过程角度应用 BIM 技术。

过程要素是指在建设过程的工作流和信息流。传统的建设过程被认为是彼此分裂并按顺序进行的。基于 BIM 的全过程管控技术需要对部分传统流程进行改造，譬如基于 BIM 对暖通空调、给水排水、电气、医用气体、轨道小车、气动物流等多专业同步深化设计，最后形成各专业协调一致的 BIM 模型，改变了原来各专业线性设计的工作流程。

应用要素指支持 BIM 创建、分析和应用的软件硬件系统，包括 BIM 设计软件、碰撞检测软件、施工模拟软件、BIM 建造管理平台、BIM 运维管理平台等。其中，BIM 运维管理平台是 BIM 从施工走向运维的关键，也是目前最为不成熟的应用系统。

集成要素是指将不同阶段不同应用产生的 BIM 信息进行集成，形成建筑生命期大数据，为医院建筑运维提供数据基础。由于建筑生产过程产生的数据众多、格式多样，如何将这些信息有效地集成和共享是一个难点问题。

以下为某医院项目 BIM 技术全生命周期案例应用分析。

9.1　项目概况

某医院新建综合楼于 2016 年 8 月开工建设，计划于 2019 年底竣工，总建筑面积为 57670m^2，工期较为紧张；主楼地上 18 层，裙房地上 8 层；下设 3 层地下室。在该工程建设过程中，院方通过整合设计方、监理方、施工总承包方以及各家施工分包，创建各专业 BIM 模型，管线综合后 BIM 出施工图，应用 BIM 平台进行建设过程进度、质量、安全管控和成本估算，并以运维为导向完善 BIM 模型。并且该医院还以已建成的儿科楼为试点，探索了基于 BIM 的医院建筑运维管理技术，为在新建儿外科楼中实际运用基于 BIM 的建设全过程管控技术奠定基础。儿外科楼于 2014 年竣工，建筑面积 17920m^2，包括儿外科急诊、门诊、手术室、ICU、病房等。

BIM 技术全生命周期应用案例

9.2　基于 BIM 的设计管控技术

基于 BIM 的医院建筑设计技术以满足医疗需求和绿色节能为主要目标，包括基于 BIM 的设计方案和空间布局三维展现、管线综合、净高控制、停车位分析、人流分析、BIM 出图等。

9.2.1　基于 BIM 的空间布局展现

从宏观层面，展现各房间的使用部门信息，譬如门诊、急诊、医技、住院、动力保障等，分析不同楼层的空间分布合理性，如图 9-1 所示。儿科综合楼 B1-B2 主要是车库和动力保障空间，F1-F3 主要是门诊用房，F4-F6 主要是医技用房，主楼上部是病房；该布置方案可减少就医人员的行走路线，也可减少竖向交通压力，较为合理。

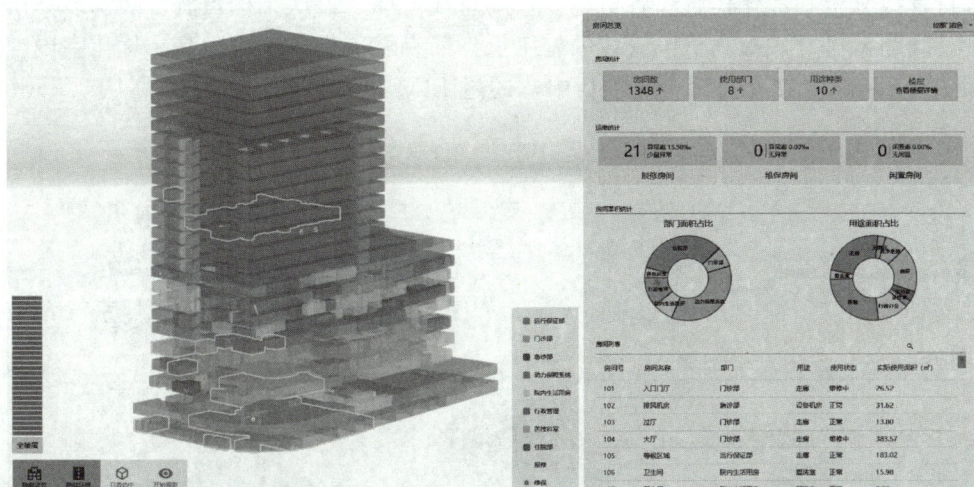

图 9-1　空间布置宏观分析

从微观层面，基于 BIM 技术可建立门诊大厅、候诊大厅、手术室、诊疗室、设备间等复杂空间的空间布局情况，并结合 VR 设备展现高度真实感的设计方案，使医生、护士、运维管理人员等用户能够在建造之前直观地体验建筑设计的视觉效果。如图 9-2 所示，其是儿科综合楼某候诊大厅的视觉效果，活泼可爱的装修效果有助于缓解儿童就医紧张感。

图 9-2　基于 BIM 的门诊大厅空间布局展现

9.2.2　停车位分析

解决停车问题已经是现代化医院建设的一个重要要求。基于精细化的 BIM 模型，将土建、机电、精装模型进行拟合，通过自动分析及漫游操作，可对医院新建建筑的车位进行全方位的检验，通过统计合格的车位数量，检验车位数是否达到使用需求。

9.2.3 基于BIM的管线综合与净高控制

大厅、走廊等公共区域的标高控制对医院建设至关重要，否则容易导致空间过于压抑，影响就诊和工作体验。基于BIM的管线综合技术通过建立机电管线模型，基于三维模型进行管线分析和优化，解决各机电专业间管线碰撞、二次结构留洞、装饰装修吊顶标高等疑难问题，可有效提高机电管线的施工操作简易性、提升使用净高、优化室内空间深度，如图9-3所示，在儿科综合楼项目中，通过BIM技术将门诊大厅净高从3.55m提高到3.95m。

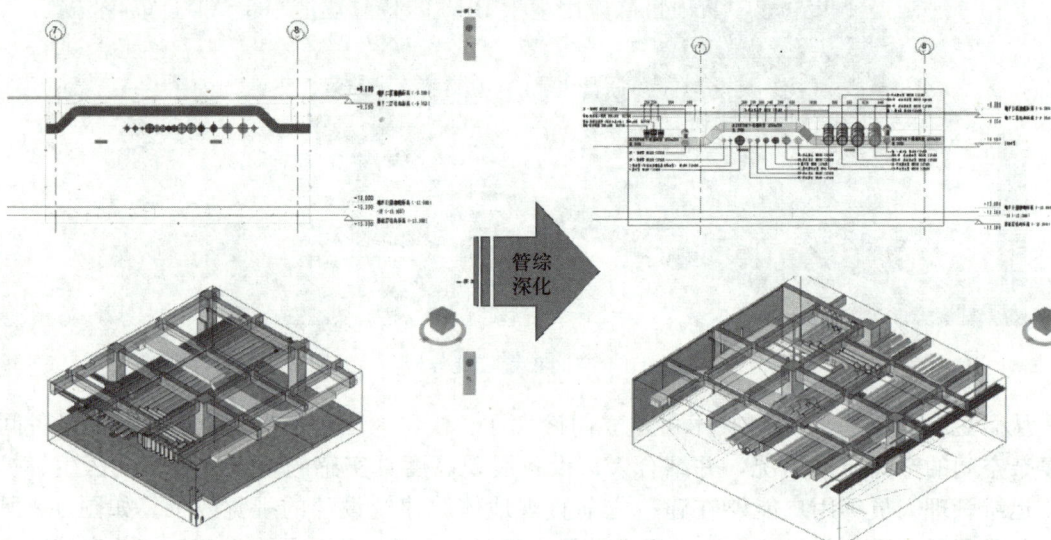

图9-3　管线综合和净高优化

9.2.4 基于BIM技术的人流分析

医院建筑内部存在医护人员流程、病人就医流程、污物运输流程、洁物运输流程等不同流程。医院建筑设计应以人为本，尽量做到病人、医护人员流程简单，洁物分流，不出现人员过于聚集的地方。应用BIM模型和人流分析软件可进行三维的人流模拟和疏散模拟，保障医院建筑满足医疗需求。

9.3 基于BIM的招投标管控技术

建筑施工招投标一般采用广联达、鲁班等算量软件根据招标图纸建立三维模型，然后进行工程算量。该方式建立的三维模型未能集成设计模型，也难以在施工管理中使用。而直接采用BIM软件基于BIM模型进行算量，可实现设计、招投标、施工跨阶段的信息集成与共享，更适用于基于BIM的全过程管控技术。

在该医院儿外科楼的应用探索中发现，基于BIM的算量与传统算量软件在原理和结果上基本一致，但可节省大量建模工作量。另外，基于 BIM 算量可将各个构件的工程量和清单导出 Excel 文件，供建造过程的产值计算、竣工结算等使用。基于 BIM 的算量软件在混凝土结构、砌体结构、钢结构等专业较为准确，技术上已比较成熟。但是由于图纸仍是法律规定的设计成果，基于 BIM 进行算量应用仍不够广泛，仍未被相关主管部门接受，因此基于 BIM 的算量结果仍是辅助性数据，仅供参考。

9.4　基于 BIM 的建造管控技术

基于 BIM 的医院建筑建造管控技术可实现施工方案模拟、进度管理、质量管理、安全管理等方面的可视化、精细化、流程化管控，支持项目各方面信息的自动收集和集成。

在儿科综合楼建造过程中，项目部应用基于 BIM 的智慧建造平台（以下简称 BIM 平台）进行总体管控。院方、监理、设计方、施工总包和各个分包均可基于该平台进行管控，具体包括以下功能：

（1）进度管理

基于 BIM 技术可实现施工进度查看、施工计划管理、实际进度录入和进度对比分析等。可结合录入的实际进度和计划进度分析各施工段的进度执行情况，在三维视角下查看超时未开始、超时未完成的工作，如图 9-4 所示，从而方便业主有针对性地推进工程进度。

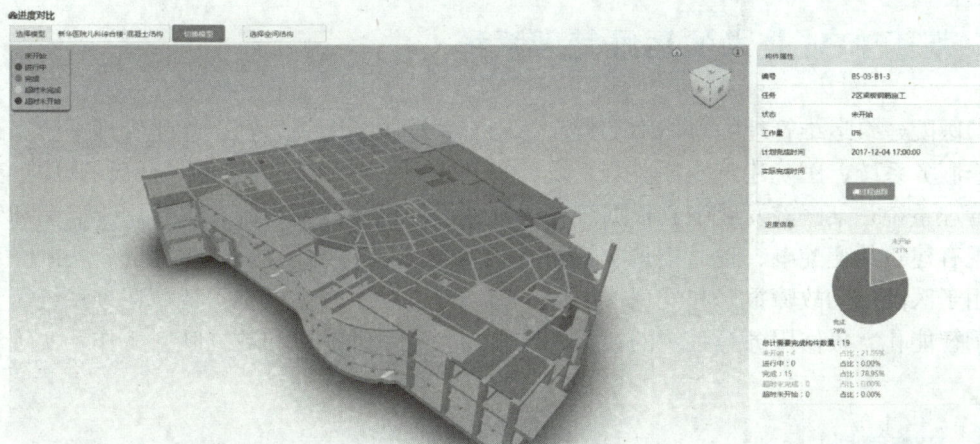

图 9-4　进度对比分析

（2）质量管理

基于 BIM 的质量管理支持管理人员通过手机微信发起、处理、关闭、追踪工程质量整改单。监理和业主使用微信拍照、输入文字或语音描述来发起质量问题；BIM 平台通过微信自动通知相关施工单位；施工单位使用微信直接将处理后情况通过照片和文字方式提交，实现在线的质量整改管理，方便业主分析项目质量通病和质量问题整改的及时性。在施工现场，管理人员也可以通过 iPad 查看 BIM 模型与现场的区别，发起质量问题，如图 9-5 所示。

（3）安全管理

基于 BIM 的安全管理可将施工现场的视频监控与 BIM 模型集成，支持在 BIM 平台

图 9-5　使用 iPad 查看 BIM 模型

中调用选定位置的视频画面，辅助对施工现场进行安全监管。

9.5　基于 BIM 技术的运维管理系统

某医院建筑运维管理的总体水平较高，已有系统包括医院后勤智能化管理平台、1665号报修服务系统、医院建筑能耗监测系统、资产管理系统和视频监控系统等。其中后勤智能化管理系统是某医院发展中心根据统一标准建设的设备监测系统，主要用于监测和管理医院既有建筑的变配电、暖通空调、锅炉热力等重点设备的运行状态。1665 号报修系统主要用于医院后勤故障报修和处理。因此，为了建立数字孪生模型，智慧运维系统需要接入后勤智能化、报修服务等系统的数据，这涉及大量系统对接和数据映射工作，实施难度较高。

9.5.1　实施策划

1. 总体技术路线

建筑智慧运维系统实施的总体技术路线如图 9-6 所示，包括四个阶段九项工作。与新建建筑实施路线的最大不同在于，需要重新创建运维模型和需要根据运维需求在建筑上新增部分监测传感器等，以解决既有建筑原有智能化系统点位不充分的问题。

2. 医院建筑运维现状分析

（1）既有建筑图纸不准确，BIM 建模需要大量现场查勘工作

儿外楼、门诊大楼等既有建筑在使用过程中都有一些改造，这些改造工作的图纸等资料缺失严重，从而导致 BIM 建模时拿不到准确的图纸。因此，为了创建满足运维需求的数字孪生模型，需要进行大量现场查勘工作，包括主要设备位置和信息核查，给水排水和空调主干管网核查，供配电回路核查，房间实际使用情况核查等工作。对于改造较大的设

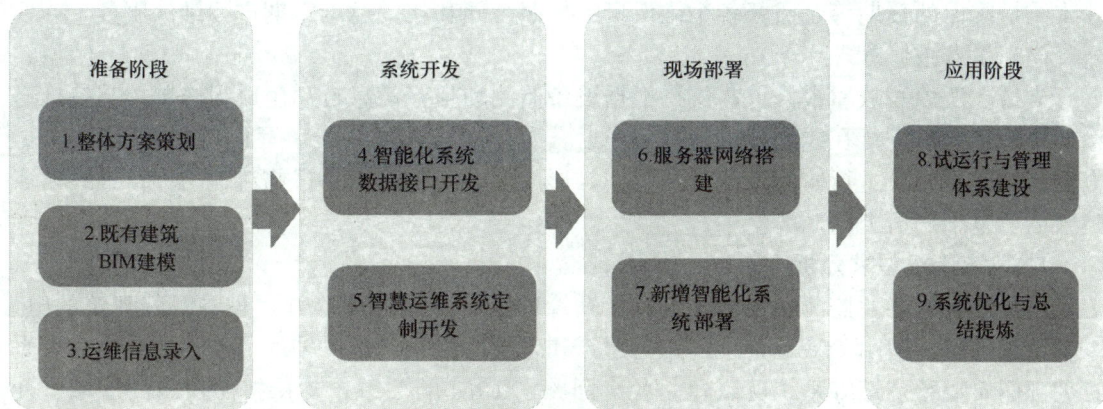

图 9-6　既有建筑智慧运维系统实施流程

备机房或走廊吊顶的管线排布，需要通过三维激光扫描、实景测绘等方式进行现场策划，然后通过逆向建模，形成 BIM 模型。

（2）已有智能化系统数据对接难度高

既有建筑的 BA 等系统的供应商已退场，并且 BA 系统监测点位表和数据接口等资料缺失，导致智慧运维系统难以与 BA 等智能化系统对接。另外 BA 系统中各种监测点位可能超过一千个，由于竣工资料中信息不全或不准确，导致各个点位安装的位置、控制的设备、报警阈值等信息缺失，只有原供应商保存了。针对该问题，智慧运维系统实施单位协同专业的智能化人员通过资料学习、现场勘查以及与原供应商、BA 维护单位沟通等多个途径，进行资料审核和完善。

（3）已有智能化系统数据准确性有待提升

既有建筑中部署的 BA、视频监控系统、能耗监控系统、报修服务等运维信息系统可能存在系统缺项、点位较少或技术落后等问题，从而造成集成效果不佳。譬如，儿外科楼的视频监控系统采用的是模拟摄像头，即便转化为数字摄像头，分辨率也较低；能耗监控系统可能只针对总回路布置，未针对各个子回路布置传感器。因此能监测的分项较粗，未达到智慧运维要求。

3. 设备管理需求分析

后勤部门对使用模型进行建筑设备管理的主要需求包括电子台账、运行监控、设备在线维护和维修管理等方面。

（1）设备电子台账管理

在数字孪生模型中可以查看各类建筑设备的电子台账和空间位置，电子台账包括设备编号、名称等产品信息以及维护信息。

（2）设备运行管理

通过网页等模式方便地在三维模型中查看各个设备的运行状态和报警消息，支持根据系统、构件分类等方式在三维模型中隐藏无关系统，只显示相关的系统，譬如只查看空调风系统，隐藏空调水系统等。

（3）设备维护管理

支持在模型上记录各个设备的维保过程信息，调阅维保计划和历史维保工作，以及下一次维护维保的日期等，监督各个维保班组按照合同和相关标准定期进行维保服务。

（4）设备报修管理

支持在线填写故障报修单，支持根据设备监测和报警信息自动生成报修单；支持推送给运维管理人员进行在线处理；修理完成后，支持维修人员在线填写设备修理反馈信息，方便运维管理人员进行验收、评价和归档，形成一个完整的设备报修流程闭环，最终形成建筑的"电子病历卡"。

4. 节能管理需求分析

虽然医院的能耗监测系统已经支持后勤管理人员通过网页等方式查看医院建筑的电、水的计量情况，但由于缺乏各个回路与建筑和系统的关系，难以辅助节能管理决策。后勤管理部门希望智慧运维系统可以建立各个回路与 BIM 的关系，支持按照建筑的区域、使用部门、系统和设备类型等多个维度进行统计分析，辅助识别用能异常的区域和系统。

5. 安防管理需求分析

医院安保部门主要负责建筑视频监控、出入口管理、入侵报警、消防报警等系统的应用，保障医院安全运行。虽然医院已经在消控中心 24 小时值守，但安保部门仍希望智慧运维系统提供以下需求：

（1）视频监控系统

支持在三维模型中显示视频监控摄像头的具体位置、角度等信息，支持在模型中查看选中摄像头的视频监控画面，方便管理决策。特别是当领导对摄像头命名不熟悉的情况下，方便领导快速定位和查询相关摄像头的画面。

（2）入侵报警系统管理

支持基于模型查询入侵报警系统的点位以及报警状态，当系统报警时，可自动调取附近的摄像头，查询附近状态。

（3）人流统计分析

应用人流统计系统对医院主要出入口进行进出人数监测。支持基于模型查询各个出入口的人数以及各个区域的总人数；根据出入口特点，对出入人数进行预警分析。

6. 空间资产需求分析

某医院资产管理部已引进了用友 HRP 系统用于医院资产管理。HRP 系统以表格形式详细记录了各个房间台账信息，包括楼层、房间号、使用部门、建筑面积、实际面积等。但该系统不能查询房间具体的空间位置和面积数据。另外，该系统的建筑面积数据可能与实际面积有差异。因此，某医院资产部希望智慧运维系统具有以下功能：

（1）支持导入竣工模型，自动生成空间台账，包括空间名称、编号、建筑面积、使用面积等信息。

（2）支持便捷地根据使用需求更新房间的使用部门等信息。

（3）支持基于模型查看空间的布局、使用功能。

（4）支持定期对房间运维情况统计分析，包括各个科室或部门的空间占用比例、使用效率等，辅助领导决策。

7. 新建建筑数字孪生模型构建方法

新建建筑数字孪生模型构建是在竣工模型基础上完成的，具体包括竣工模型审核、模型转化、系统机理构建、智能化系统数据融合和轻量化处理等步骤，如图 9-7 所示。

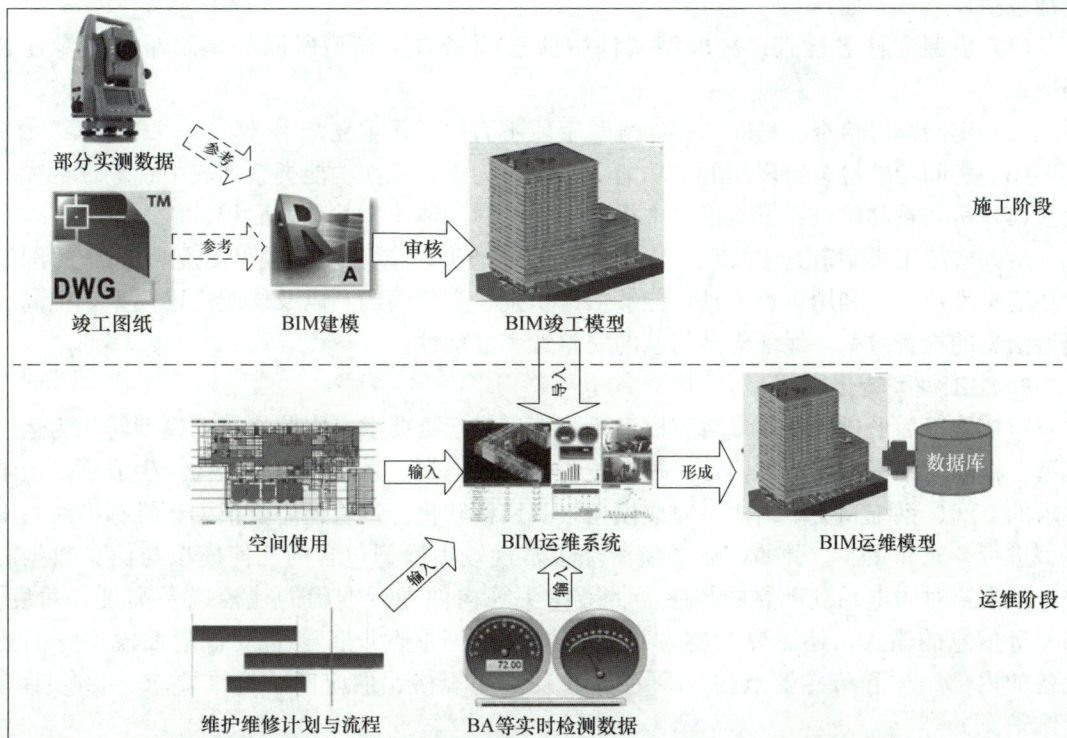

图 9-7　新建建筑数字孪生模型构建

8. 竣工模型审查

新大楼的竣工模型包括建筑、结构、暖通空调、电气、给水排水、弱电系统、电梯、精装饰、医用气体、污水处理等各专业的模型，并由不同参加方完成，准确性和完整性各不相同。为确保竣工模型的几何完整性和属性信息准确性，智慧运维系统实施单位根据运维 BIM 标准对各专业模型进行审核。

首先利用模型检查工具，根据标准中的检查规则，自动审查模型中空间信息、设备属性信息和机电系统物理连接等关键要素的完整性，如图 9-8 所示。例如，针对建筑房间的

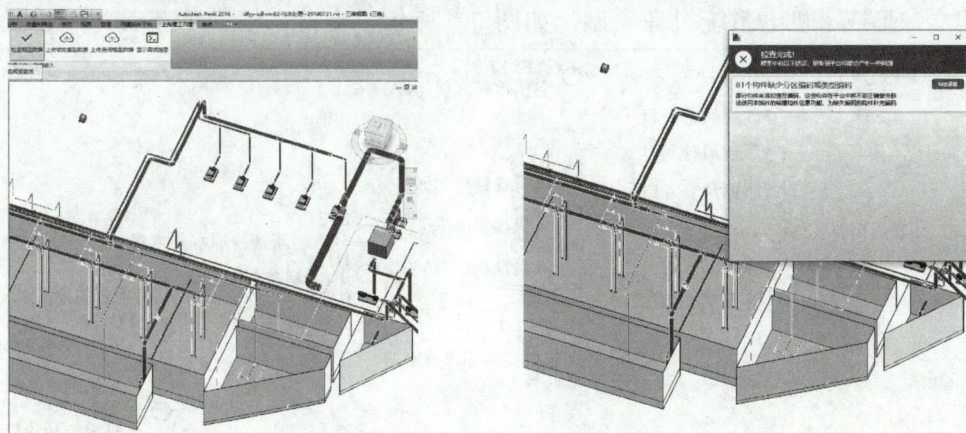

图 9-8　模型自动化审查工具

规则包括以下几方面：

（1）模型文件名检查：从模型文件中能正确提取出模型所属的建筑单体、专业和楼层；

（2）房间编号检查：房间的"编号"字段不为空，无重复；

（3）房间功能检查：房间的"功能"字段不为空，且在功能类型列表中；

（4）房间轮廓检查：可从模型中提取封闭的房间体块，并计算面积。

新大楼竣工模型审查中发现129个房间名称缺失，15个房间编号重复，68个房间缺少功能类型数据。利用审查工具，能够快速识别、定位问题，以及修改完善模型，提高了模型信息的检查效率，保证模型信息的完整性和准确性。

9. 竣工模型转化

审核修正后形成的高质量竣工模型仍不能满足运维要求，因此将竣工模型转化为运维模型。根据运维标准和要求，首先根据竣工模型的空间、系统和类型结构，生成满足运维要求的空间、系统和类型结构，完成模型组织结构转化。接着还需要根据运维标准对竣工模型进行补充和完善。譬如，运维模型除了常规竣工模型包含的几何模型与信息数据之外，还需要对弱电系统部署的传感器、摄像头等构件进行准确的建模以及高度、角度、编号等信息的输入，还需要对空调机组、排风机等重点设备建立设备精细模型，描述设备的内部结构和传感器点位，录入各种设备的规格、供应商、运维要求、保修期等运维信息。

新大楼的竣工模型转化仅耗时约2天时间，范围包括新大楼的建筑空间、空调系统、送风排风系统、给水排水系统等十余个系统模型。转化过程中，从模型中提取出33636个构件的信息，提取了696个设备信息。最终，将所有专业的模型有机融合，为数字孪生模型构建提供基础。

10. 机电系统机理建模

新大楼模型中设备、管线之间的物理连接关系错误、缺漏较多。譬如，管道末端与设备物理上重合看似连接，但实际并未建立关联关系；设备与管道连接未指明方向。本项目采用机电系统连接自动修复技术和方法，用时2天左右，完成了机电系统物理连接的修复。然后采用机电系统逻辑模型自动生成算法，一个小时完成16万个设备之间的连接关系的建立，形成了机电系统机理模型，如图9-9所示，支持在模型中查看每一个设备的

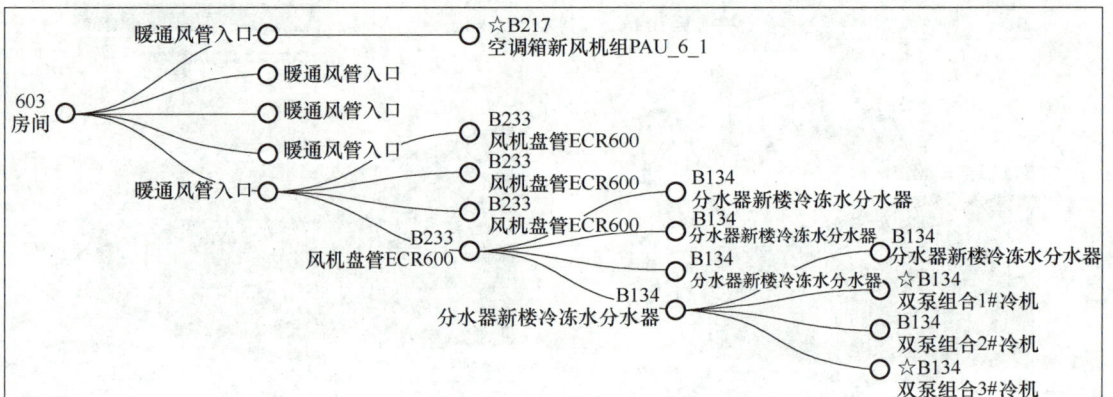

图9-9　各个机电设备的上、下游关系展示

上、下游关系，也可以在模型中展示设备之间的管道中介质流向，如图 9-10 所示，方便运维管理人员查询使用。

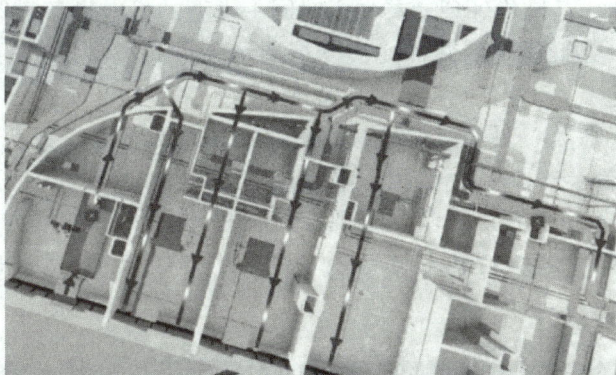

图 9-10 机电设备间管道的介质流向展示

11. 智能化系统数据融合

新大楼的各种智能化系统提供的通信协议差异大，跨系统的数据集成难度大。但在参建各方的支持下，医院在智能化系统招标时就明确了各个系统数据开放的通信协议和数据需求，并在建设过程中明确要求各系统供应商按照四级编码体系对智能化系统的传感器进行编号。以某 BA 系统为例，项目共接入传感器点位 4306 个，都根据四级编号要求对传感器进行编号。然后根据 BIM 模型和接入的传感器数据的标识字段，自动建立动态数据点位与模型中相应设备、房间、楼层的关联关系。如传感器点位"PAU-1F-02 送风温度"自动关联到设备"PAU-1F-02"。最后，BA 系统的 DDC 将采集的传感器数据，通过智能网关以每 15 秒一次的频率按照 MQTT 流的形式推送到数字孪生模型，实现运行状态数据与 BIM 的融合。

最终，新大楼建筑数字孪生模型实现了楼宇自控、能耗计量、机房环控、视频监控、入侵报警、人脸识别、移动式设备定位、电梯监测、医用气体监测、污水处理监控等 30 个系统的数据融合，包括 4000 多个传感器，如图 9-11 所示。

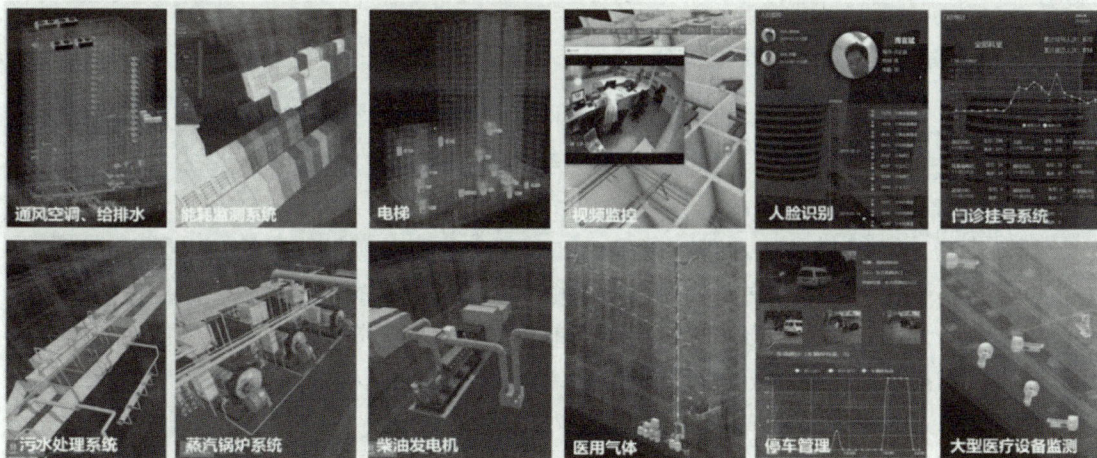

图 9-11 智能化系统与数字孪生模型的数据融合

12. 几何模型轻量化

针对竣工模型构件数量多、全专业集成渲染效率低的问题，采用面向运维的模型轻量化方法对几何模型进行轻量化处理。首先，对同一类型的机电设备只保留该设备类型的一份几何数据，通过渲染管线中的几何变换支持展示大量同类型设备的不同位置和状态信息。其次，根据机电系统逻辑关系，合并同一连接路径上材质、管径等信息相同的管件，减少构件数量。最后，采用分区域、分系统的加载策略，实现根据实际场景需求加载所需的模型元素，减少模型体量。项目模型渲染时，减少了80%以上构件数量，降低了90%的几何模型三角面数量，实现在保留模型真实感的同时，提升模型渲染效率，为基于模型的智慧运维提供技术支撑。某医院的冷热源机房的最终渲染效果如图9-12所示。

图 9-12 某医院冷热源机房渲染效果

9.5.2 既有建筑数字孪生模型构建

既有建筑数字孪生模型构建与新建建筑的最大不同在于，需要重新创建运维模型、录入运维历史数据和已运行较长时间的智能化系统数据对接，工作量较大。

1. 既有建筑 BIM 创建

既有建筑 BIM 建模的技术路线如图9-13所示。主要参照最终版的竣工图纸建模，并对机电设备集中的重点部位进行实测实量，根据实际情况对竣工模型修正，保证模型与实物尽可能一致。对于竣工图纸未表现清楚的地方或图纸与建筑实体不一致的区域，需要应用激光点云扫描仪、全站仪等进行实测实量。最终建立的既有建筑 BIM 模型包括的内容如表9-1所示。BIM 模型完成后，还需要录入相关属性信息，具体包括：

（1）系统电子竣工图；

（2）建筑设备竣工资料，包括使用手册、维保手册和调试报告等；

（3）现场查勘采集的照片和策划数据等。

最终完成的儿外科楼的空调水系统和风系统模型如图 9-14 和图 9-15 所示。

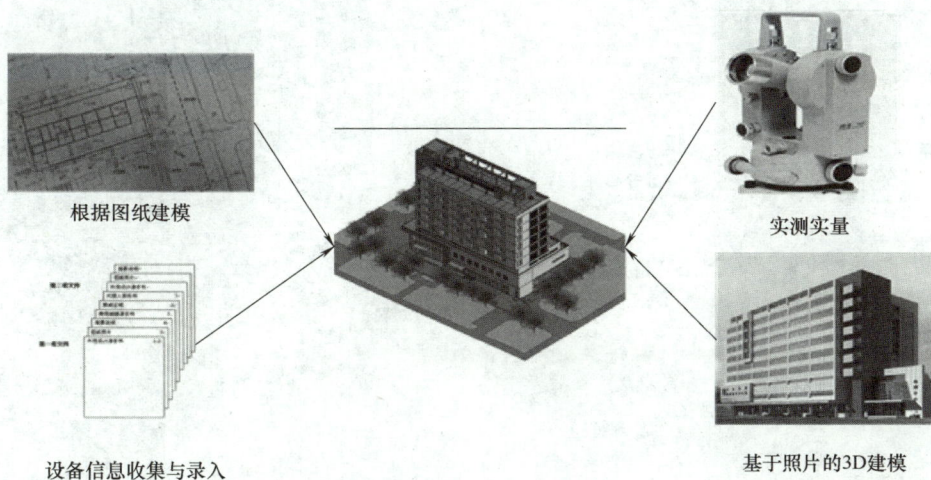

图 9-13 既有建筑 BIM 建模方法

既有建筑 BIM 建模内容   表 9-1

专业	建模内容
建筑	（1）建筑部件的实际尺寸和位置：墙、门窗（幕墙）、楼梯、电梯、阳台、雨篷、台阶、夹层等
	（2）主要建筑设备和固定家具的实际尺寸和位置：卫生器具、隔断等
	（3）主要建筑装饰构件的实际尺寸和位置：栏杆、扶手等
结构	（1）主要构件的实际尺寸和位置：结构柱、结构板、结构墙、桁架、网架、钢平台夹层等
	（2）其他构件的实际尺寸和位置：楼梯、坡道、排水沟、集水坑等
暖通	（1）主要设备的实际尺寸和位置：新风机组、空调器、通风机、散热器、水箱等
	（2）管道、风道的实际尺寸和位置（如管径、标高等）
	（3）风道末端（风口）的近似形状、基本尺寸、实际位置
给排水	（1）主要设备的实际尺寸和位置：换热设备、水箱水池等
	（2）给水排水管道的实际尺寸和位置（如管径、标高等）
电气	（1）主要设备的实际尺寸和位置：机柜、配电箱、变压器、发电机等
	（2）其他设备的近似形状、基本尺寸、实际位置：照明具、报警器、警铃、探测器等

2. 模型检查

由于缺乏接管验收的过程，既有建筑的 BIM 检查主要由运维单位根据运维需求在现场对模型进行检查，判断信息是否准确、完整，是否符合运维要求，如图 9-16 所示。检查工作主要包括设施设备的查验、调试、培训、资料收集等工作，检查结果如表 9-2 和图 9-17 所示。若在检查过程中，发现模型存在问题，直接在模型中记录问题，发送给相关单位进行修改和完善。

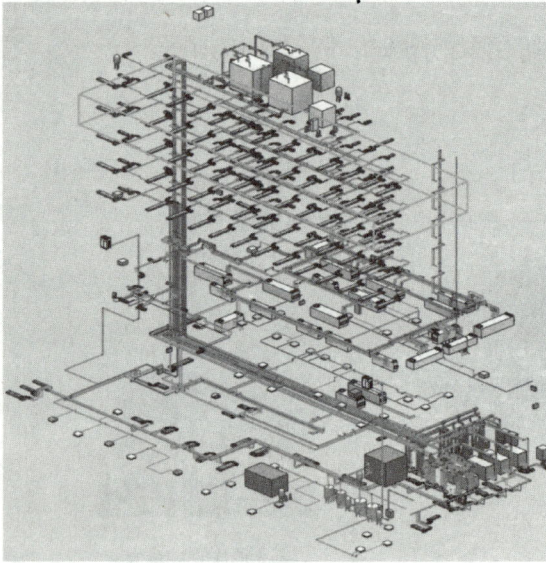

图 9-14　儿外科楼空调水模型

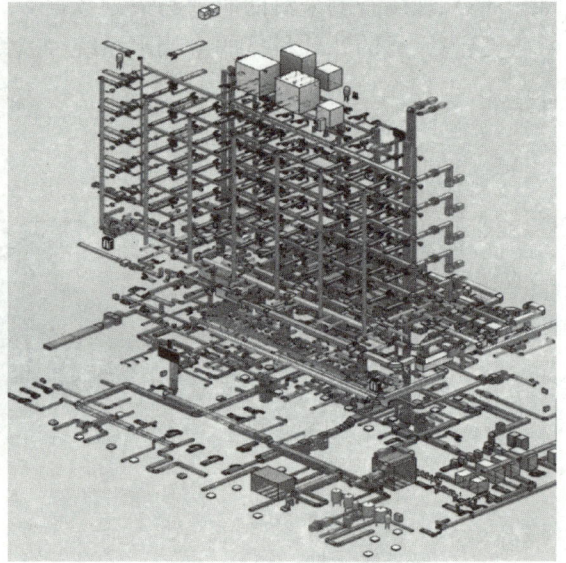

图 9-15　儿外科楼空调风模型

模型接管验收内容统计　　　　　　　　　　　　　　　　　表 9-2

统计类别	项目 1
建筑面积(m²)	16000
验收房间数(个)	719
验收设备数(个)	295
收集文档数(个)	187
工程文档数(个)	39

图 9-16　运维单位检查模型

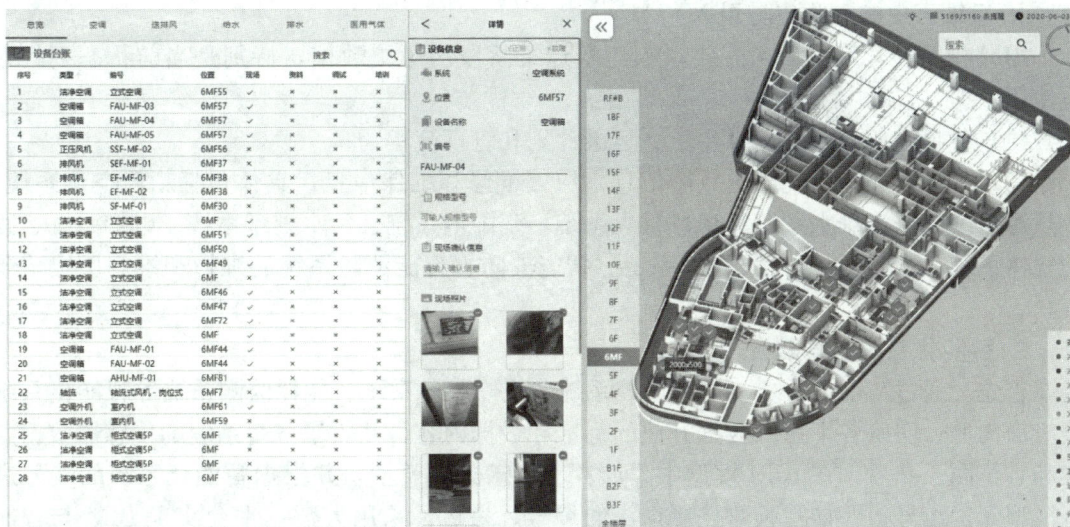

图 9-17　模型监测过程的问题记录

3. 模型转化

儿外科楼项目仅耗时 2 天时间就完成了建筑空间、暖通空调、送排风、给水排水等模型的竣工模型向运维模型转化。转化过程中在模型中提取出了 33636 个构件的模型信息，提取了 596 个设备的模型信息，根据预设规则预匹配了 358 种类型，并人工匹配了余下的 100 多个类型的构件。匹配完成之后，系统根据匹配规则，将竣工模型中信息转换为运维阶段所需要的信息，如图 9-18 所示。

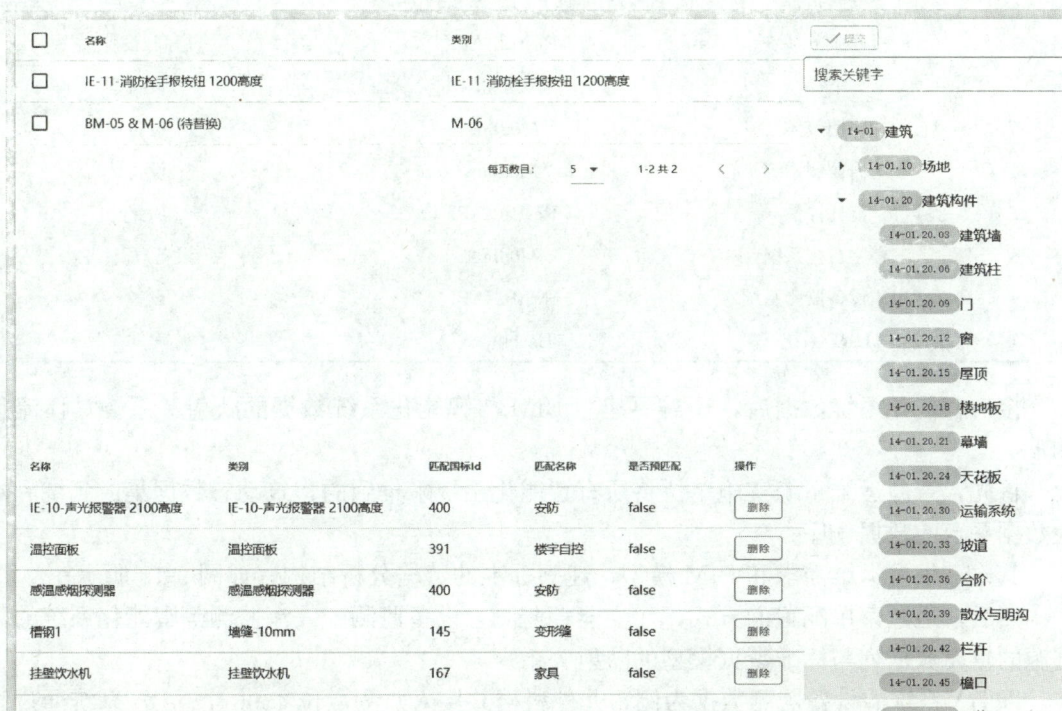

图 9-18　模型信息匹配映射实际应用案例

4. 运维历史信息收集与录入

BIM 模型转化完成后，需要录入建筑运维阶段的历史数据，特别是当前状态下的建筑使用数据，包括：

（1）各个设备或系统运维要求、运维计划和管理流程；

（2）各个设备和系统历史故障信息、历史维修和维保信息，具体包括新风空调系统、冷热源系统、给水排水系统、送风排风系统、变配电系统、污水处理系统、电梯系统、医用气体系统、大型医技设备、BA 系统、智能安防、智能消防系统的维护和维修历史记录资料。

5. 智能化系统数据融合

首先，通过与 BA 系统、视频监控系统、报修服务系统、能耗监测系统等智能化系统供应商沟通，明确各个系统数据开放的标准和数据内容，并收集各个系统的传感器数据点表和点位图。然后，在 BIM 模型中添加各个传感器的模型，并根据智能化系统的编号进行模型元素编号，譬如视频监控摄像头的编号。最后，采用大数据平台实现 BIM 与智能化系统数据对接，并根据模型中传感器的编号信息实现 BIM 中元素与监测数据的匹配，建立数字孪生模型。由于既有建筑智能化系统传感器数据编号已经固定，难以修改，只能通过在模型中添加智能化系统的编码，实现快速匹配。各系统的数据对接协议，具体如表 9-3 所示。

智能化系统对接协议　　　　　　　　　　　表 9-3

序号	对接的系统名称	通信协议	模型匹配层级
1	视频监控	海康 HTTP API	设备
2	安防报警	基于 TCP 的厂家私有协议	设备
3	报修服务系统	Restful API	房间/设备
4	电梯	OPC	设备
5	医用气体	Modbus	设备
6	电力监测系统	Modbus	设备
7	能耗计量	Restful API	回路
8	楼宇自控系统	Modbus	设备/配件
9	申康设备监测系统	Restful API	设备
10	HRP 系统	Excel 格式	房间

接入智能化系统数据后，还需要建立 BIM 与智能化系统数据的映射关系。具体流程如下：

首先，智慧运维系统实施单位将所有智能化系统采集到的建筑动态数据集成到统一的大数据平台的数据仓库；

其次，根据运维需求和 BIM 模型，建立标准的数据分析结构，如图 9-19 所示；

然后，通过菜单配置的方式，建立能耗监测、设备监测、人流监测等智能化系统的数据源的重要数据列与标准数据模型的映射关系。

以 BA 系统的设备监测数据为例，儿外科楼共接入监测点位 4306 个。BA 系统通过智能网关每 15 秒以 MQTT 流的形式将数据推送到大平台，如图 9-20 所示，再通过菜单式配置监测数据的编号列与 BIM 中设备编号列的映射关系。然后根据 BIM 中设备编号数据和动态监测数据的设备编号，自动建立监测数据和模型构件之间的关联关系，如传感器点位"PAU-1F-02 送风温度"自动关联到设备"PAU-1F-02"。

与传统通过定制数据接口的方式相比，本项目数据融合过程无任何定制开发工作，提高了数据融合效率，并且该方法可以兼容动态监测数据与系统、设备、配件和空间等各个层级进行映射，为后续的智慧化管理与分析奠定基础。

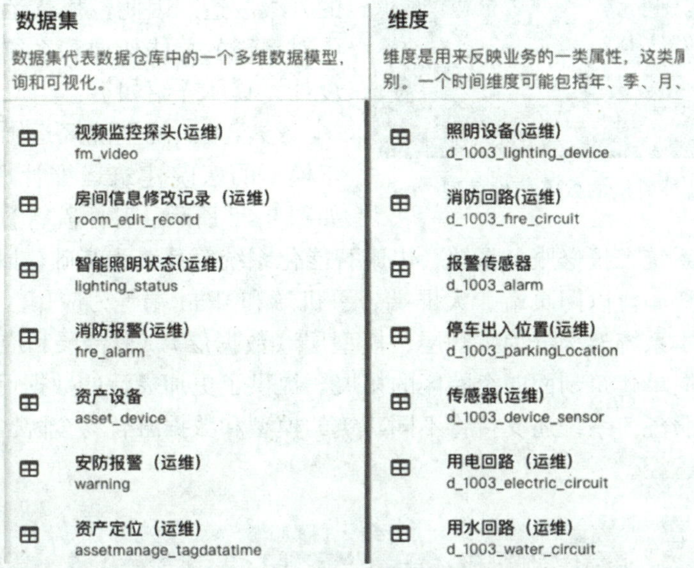

图 9-19 动态数据模型

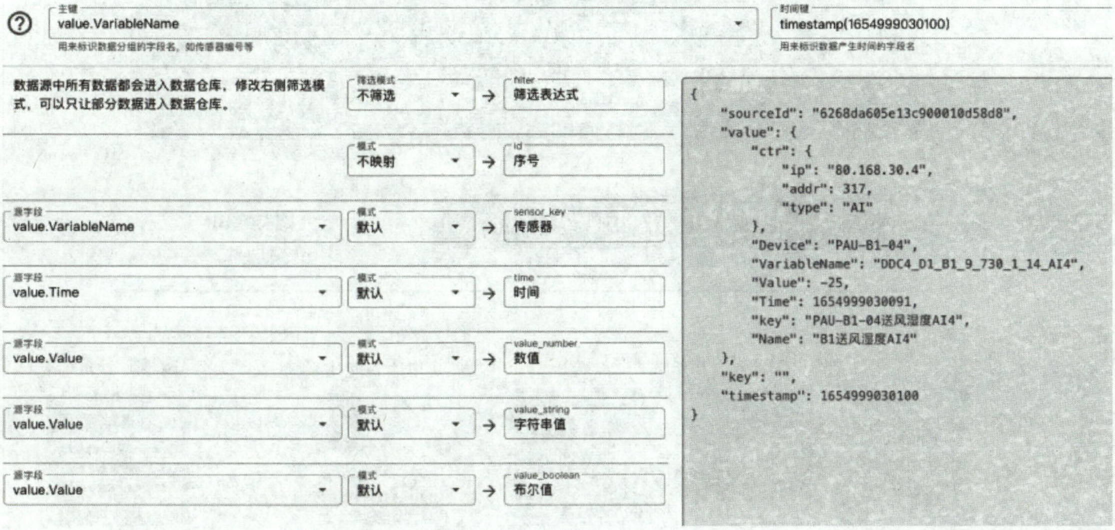

图 9-20 设备传感器映射配置

总体而言，儿外科项目半个月实现了楼宇自控、能耗监测、医院气体等多个系统的2000 多个传感器的动态数据融合，最终成功构建包括建筑信息、运行机理和动态数据的

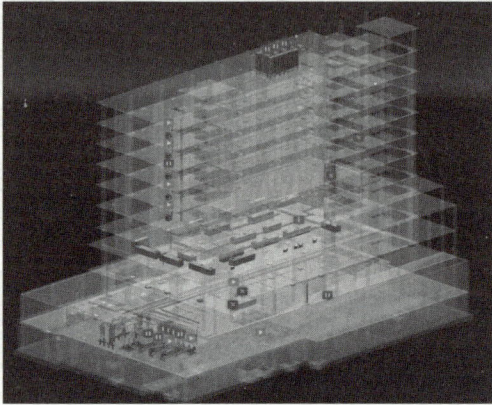

图 9-21　儿外科楼的数字孪生模型

数字孪生模型，如图 9-21 所示。

9.5.3　智慧运维系统建设

某医院智慧运维系统建设是从全院区的角度策划和设计的，然后根据需求逐步将各个楼宇的数据接入，逐渐推进智慧运维管理的升级改造。因此，智慧运维系统建设过程中对系统的总体架构和系统功能进行了详细设计，具体介绍如下：

结合某医院全院区运维需求，设计了基于模型的医院建筑运维管理系统总体架构，如图 9-22 所示。某医院智慧运维系统以各楼宇的楼宇智能化系统、报修服务系统、申康智能化系统等系统为基础，以数字孪生模型和智能运维算法为核心，以网页端、大屏端、手机端和 iPad 端等为应用。与已有智慧运维系统架构类似，本系统架构分为感知层、模型层（数据层）、平台层和应用层。同时，系统架构实现从面向单建筑到面向全院区的拓展，提供了更加灵活的数据可视化报表和更加全面的数据分析服务。系统还支持将不同建筑的模型和数据融合为全院区的完整模型，支持全院区集成化管控。

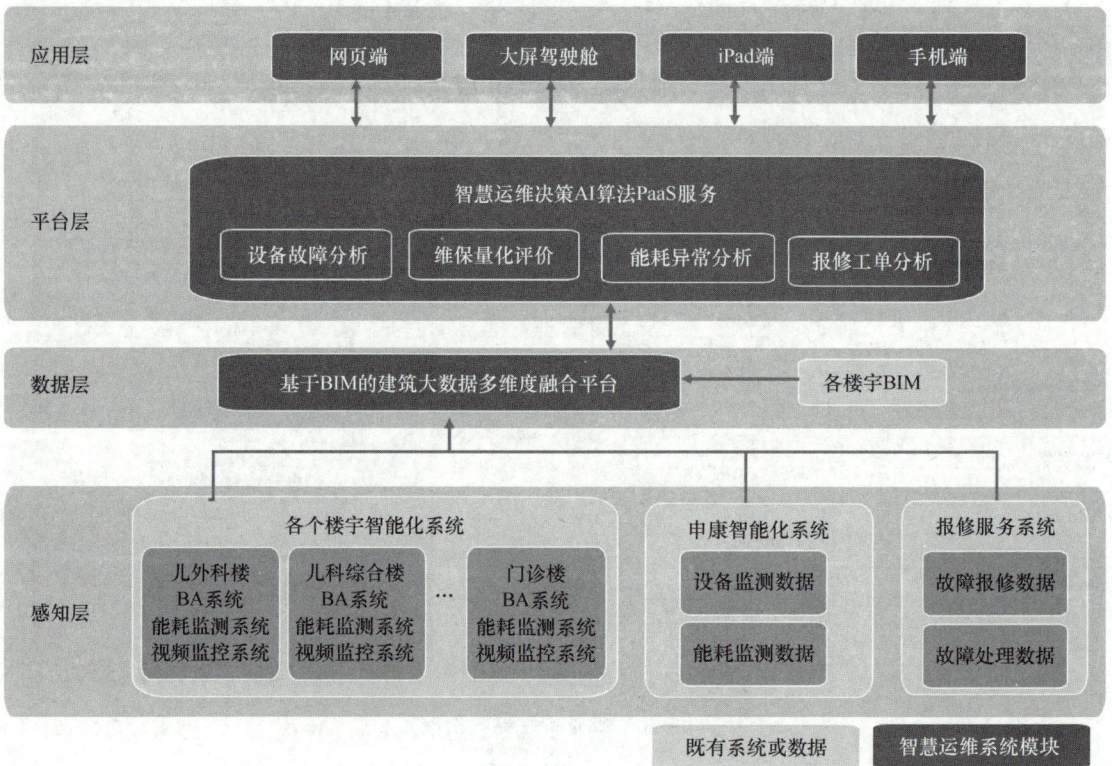

图 9-22　某医院全院区智慧运维系统架构

1. 应用内容

智慧运维系统建设完成后，系统建设单位配合医院完成了智慧运维管理体系建设和应用推广，具体包括设施设备运行管理、建筑低碳运行管理、智慧安防管理、空间运维管理等功能。某医院还专门建设了智慧运维指挥中心，实现后勤管理部、基建部、安保部和资产管理部的集成化管理和决策，如图 9-23 所示。

图 9-23　某医院智慧运维指挥中心

（1）设施设备智慧运维管理

某医院后勤管理部使用智慧运维系统进行医院建筑设备管理，包括运行管理、维保管理，并通过故障预测等功能实现主动式维保管理与决策，从而提升设备管理效率，减少设备故障。

（2）建筑运维培训

为了让智慧运维系统融入医院建筑运维管理工作中，系统建设单位对运维管理相关人员进行分批次有针对性的培训，建立了基于模型的医院运维管理制度。

一方面，通过给医院中高层管理者进行培训，让运维管理人员充分了解智慧运维的理念，能够应用系统形成分析报告，并能熟练通过运维管理系统布置和分配相关任务。

另一方面，通过对运维操作人员进行培训，让运维操作人员熟悉自己业务所涉及的模块功能，并能熟练操作，推动在线化的管理流程。特别是对新建筑、新设备不熟悉的新到岗运维人员，应用智慧运维系统能提升他们对建筑布局、管线走向、系统运行逻辑、设备运行状态和维护维修操作等的直观认知，方便新人快速进入工作状态。

（3）设备运行与维修管理

运维管理人员使用智慧运维系统实时远程监测设备运行状态。若监测到设备预警，系统会根据设备位置和类型自动发起和分配故障报修，推送给相应维修班组，如图 9-24 所示。系统还会进一步分析检索故障设备的上下游逻辑控制关

图 9-24　故障设备信息推送

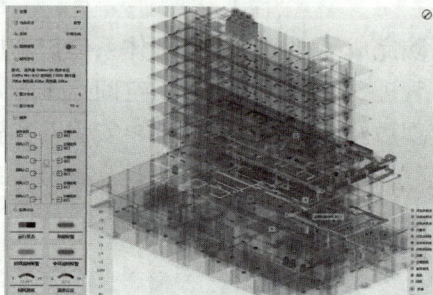

图 9-25　单个设备的溯源

系，分析故障影响范围，确定故障处理紧急程度，如图 9-25 所示。然后维修班组进行现场处理，并使用手机端录入维修过程信息。最后运维指挥中心人员可以通过电话进行回访，也可以邀请报修人员或相关人员通过移动端进行评价，完成工单闭环处理。运维管理人员还会使用智慧运维系统生成设备运行报告周报、月报等，用于上报医院领导。

运维人员在设备日常巡检过程中，也会在模型中录入设备状态数据。若在巡检过程中发现问题，可以在移动端发起故障报修，记录详细的故障信息，然后由指挥中心管理人员根据故障位置和区域分配给相应班组。

（4）设备维保管理

某医院应用智慧运维系统实现了设备维保的智慧化管理，包括设备维保计划的工单化管理、维保工单自动推送、维保现场照片上传和处理以及维保工单评价等功能。除了某医院常驻的维保单位外，某医院的 21 家外包维保单位也使用智慧运维系统的移动端进行维保任务处理，如图 9-26 所示。维保工作覆盖某医院的空调系统、通风系统、洁净空调系统、变配电系统、电梯、医用气体系统、蒸汽系统、弱电系统和污水处理系统等系统。

某医院 2021 年度应用智慧运维系统完成的设备维保管理工作统计情况如图 9-27 所示，包括驻场的维保任务 200 项，总完成量 200 项，完成率为 100%；外包维保工作 4391 项，按时完成量 4155 项，完成率为 95%。

另外，针对建筑设备维保工作质量难以量化评价的问题，某医院使用智慧运维系统对维保质量较差情况进行智能识别，从而对维保单位质量进行量化评价。如图 9-28 所示，自动识别出大量电梯、自动门维保单位维保后一周内相关设备仍出现故障的情况。

譬如，某日干保楼 8# 电梯维保后 3 天内出现了 2 次故障，如图 9-29 所示。急诊楼 6# 电梯一个月共完成维保 2 次，第一次维保完成后 9 天内发生故障 2 次，第二次维保完成后 5 天内发生故障 2 次。针对以上分析结果，运维管理人员对维保单位提出的改进意见包括，将干保楼（1～9# 电梯、干污电梯）、综合楼（综 5、6 电梯）、急诊楼（所有电梯）、外科楼（尤其外污、外食、外双、外手术等电梯）和儿科楼（儿1和儿污电梯）列为重点维保维修对象。

（5）故障预测与主动式维护

某医院使用设备故障预测功能，根据设备运行状态数据和环境数据自动识别故障风险比较大的净化空调、电梯和排风机等设备，提前进行维保。以净化空调机组为例，智慧运

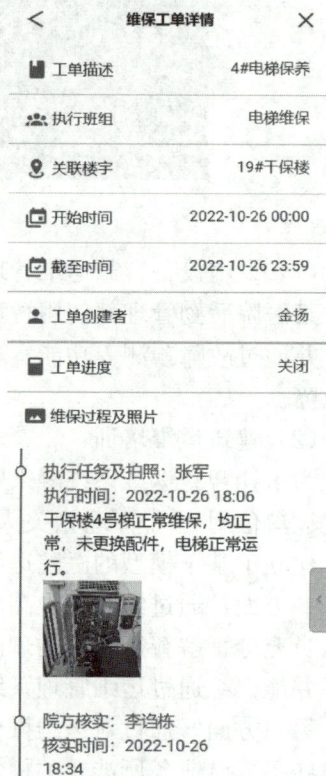

图 9-26　使用移动端进行维保管理

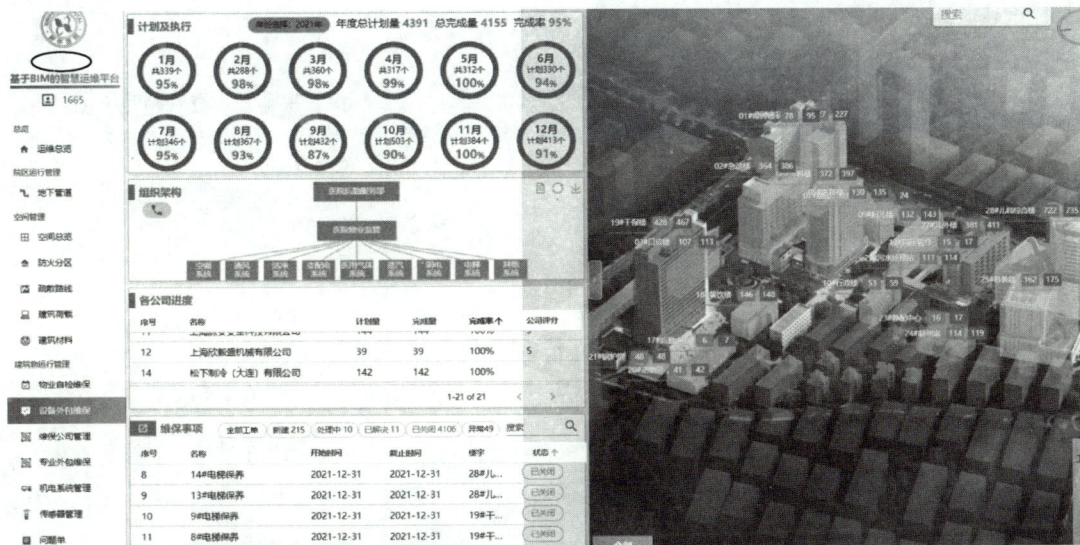

图 9-27　设备外包维保情况

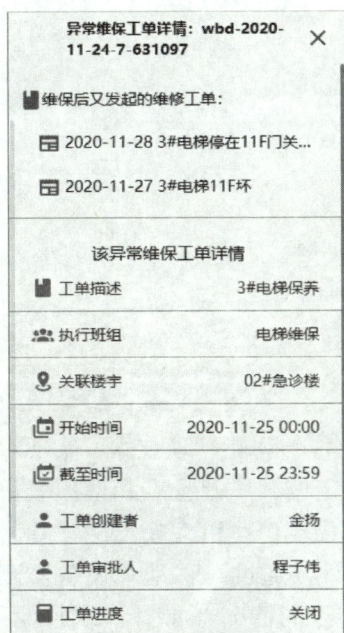

图 9-28　电梯异常维保任务

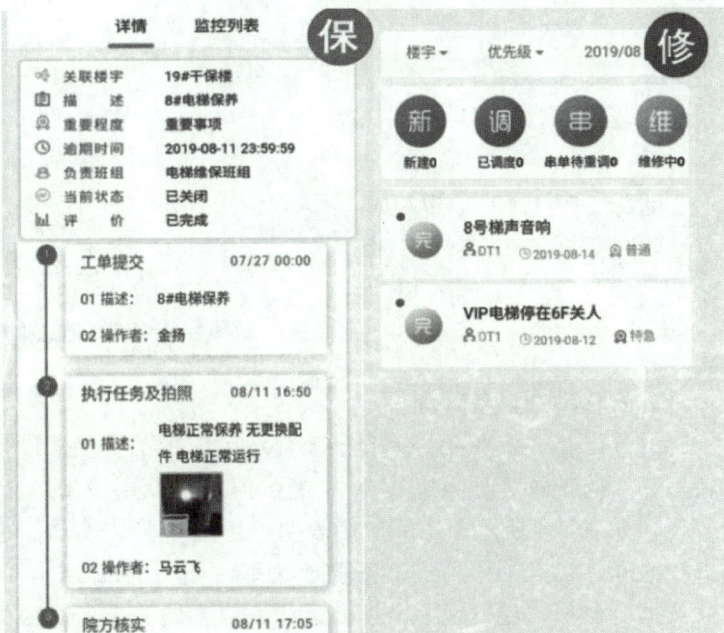

图 9-29　干保楼电梯维保后出现故障

维系统总共提取了 183 次故障报修的数据，以及 512 次正常运行数据，进行净化空调机组故障预测。智能识别到过滤网压差、送风温湿度或振动幅度超过阈值等情况，预测空调可能出现积灰、堵塞、螺丝松动等故障 25 次，提醒运维人员去主动巡查、清洁、润滑或紧固螺丝，避免空调出现制冷或制热效果差的问题，减少用户报修和应急事件，如图 9-30所示。

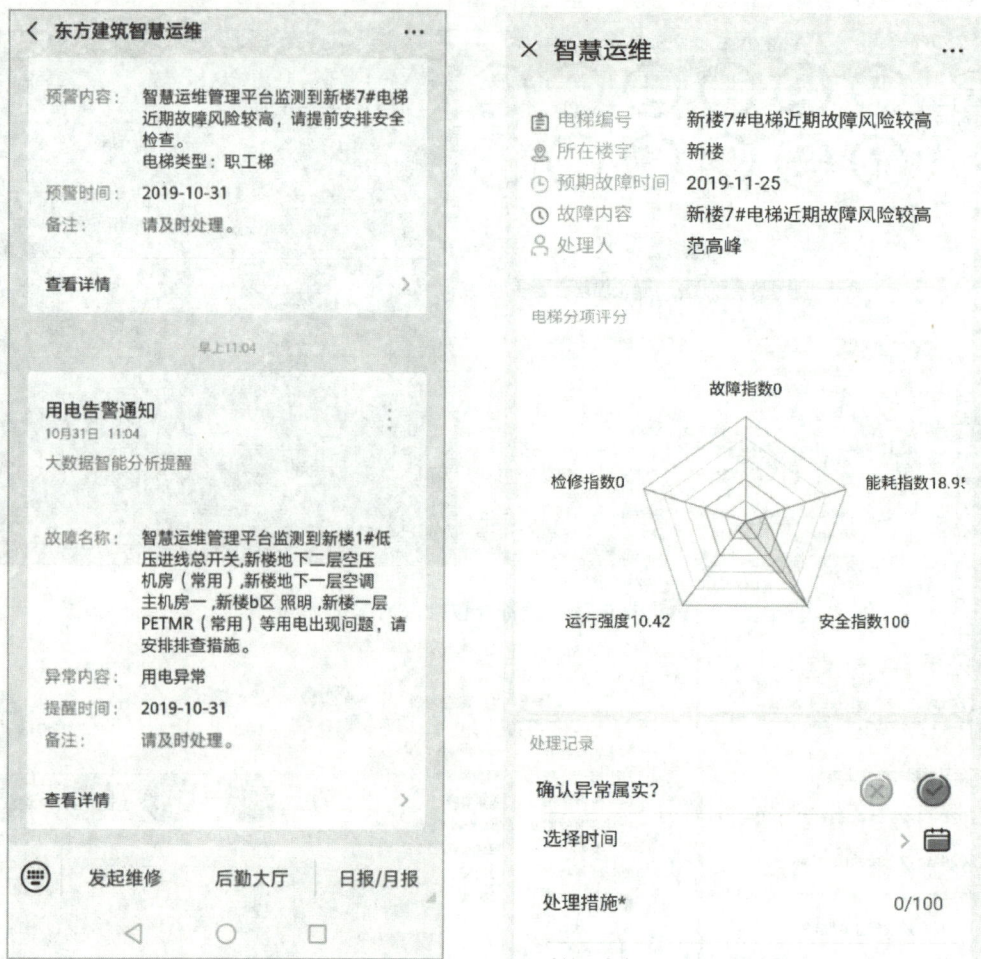

图 9-30　故障智能识别和消息推送

（6）移动式设备管理

另外，某医院在儿科综合楼 5 楼示范应用了移动式设备定位与智能管理技术，实现对转运床、监护仪、呼吸机等 60 个高价值医院专用设备的智能定位、一键盘点和使用效率分析，如表 9-4 所示。实际应用表明，通过对移动式设备的室内定位，可大幅缩减设备的查找时间，提升了移动式设备管理效率，如图 9-31 所示。另外，通过对移动式设备监测大数据的分析，还发现了个别转运床一直在同一个房间很少转运的情况，如图 9-32 所示。分析表明在儿科综合楼刚投入使用时，转运床处于富裕状态。

（7）建筑低碳运维管理

某医院后勤管理部经常应用智慧运维系统查询各个建筑的用电和用水情况，并应用能耗异常识别算法，及时发现开空调、开窗和水管阀门未关等能源浪费问题。譬如，智慧运维系统智能识别到"五楼空调系统"回路在某天中午用能明显超过正常情况，如图 9-33 所示。通过实地检查，发现五楼大会议室存在中午同时开窗和开空调的情况。

使用室内定位的手术区移动式设备　　　　　　　　　　　　　　　　表 9-4

科室	名称	数量	科室	名称	数量
麻醉科	注射泵	7	手术室	转运车	6
	麻醉机	5		蒸汽灭菌器	2
	监护仪	9		内窥镜	15
心脏科	血液回收机	2		高清摄像机	1
	血液分析仪	2		分析仪	1
	心肺机	1		电刀	4
	吸引器	2		除颤仪	2
	水箱	1			

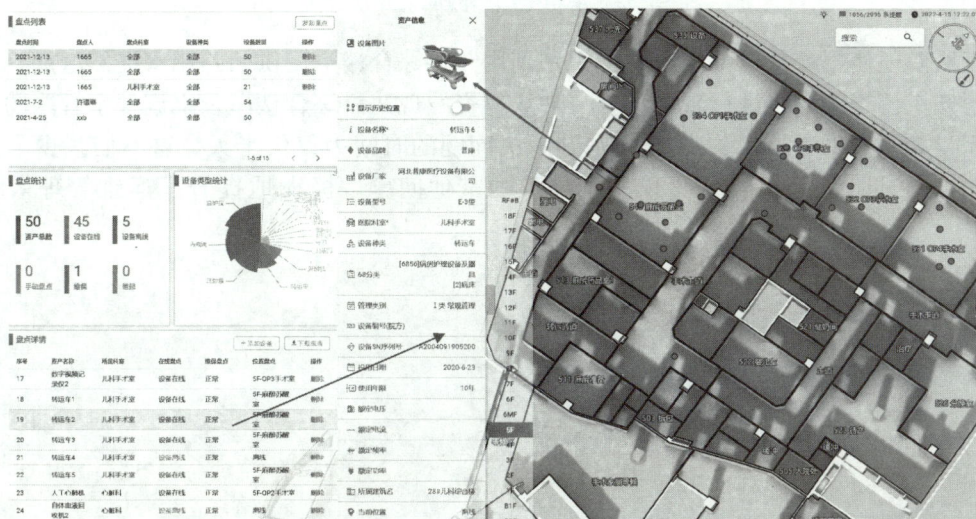

图 9-31　移动式设备智能定位与快速盘点

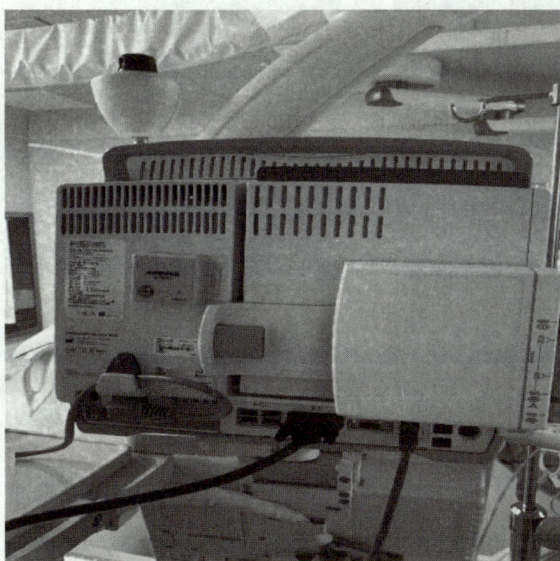

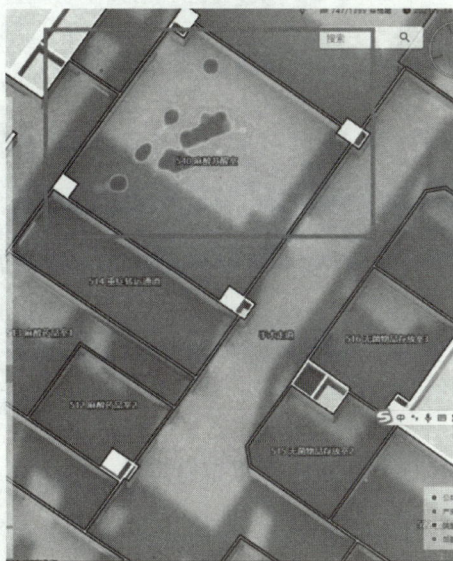

图 9-32　应用定位技术发现某转运床一直在一个房间中使用

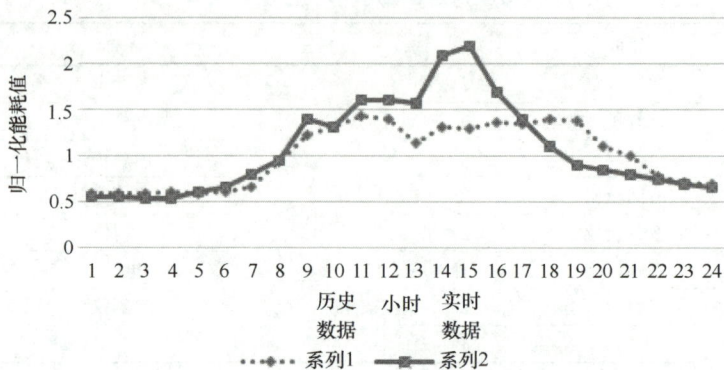

图 9-33　某用电回路的能耗异常行为

　　某医院还使用智慧运维系统智能识别到用儿科综合楼空调供回路用水突然增加，系统主动通知空调运维班组进行现场巡查。现场巡查发现儿科综合楼屋顶空调补水管网的阀门未关闭，如图 9-34 所示。从发现问题到解决问题的时间为仅仅半天，这不但减少了水资源浪费，同时还避免了因为屋顶积水导致的其他问题，极大地提升了运维管理效率和水平。

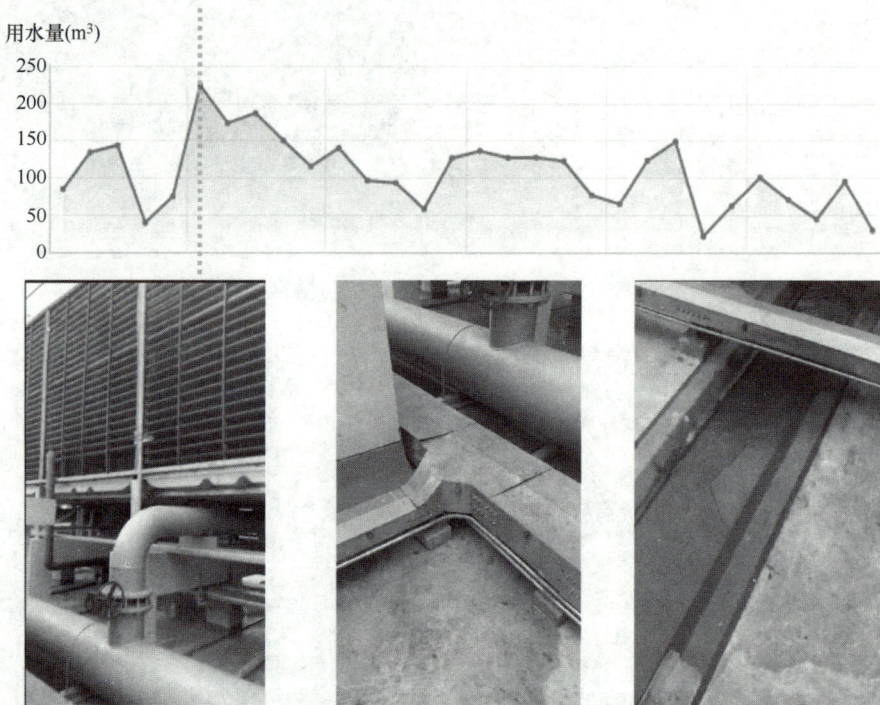

图 9-34　智能识别空调水回路能耗异常

　　（8）建筑空间运维管理

　　1）空调分配管理

　　某医院资产管理部基于模型完成了医院房间资产验收，建立了三维房间电子台账，并应用智慧运维系统对新建儿科综合楼的房间进行分配、盘点和管理，如图 9-35 所示。

2）大中修决策

某医院基建部使用数字孪生模型代替传统的建筑图纸查询工程信息，辅助大中修和改造的管理与决策。譬如，基建部2020年使用高频反复故障挖掘功能，对2019年一整年的21071条维修工单数据，合计约78万字符的维修描述进行了详细分析。分析发现，某医院不仅故障维修总量大（每月2000条左右），重复高频工单也较多（每月10~20组）。通过反复工单

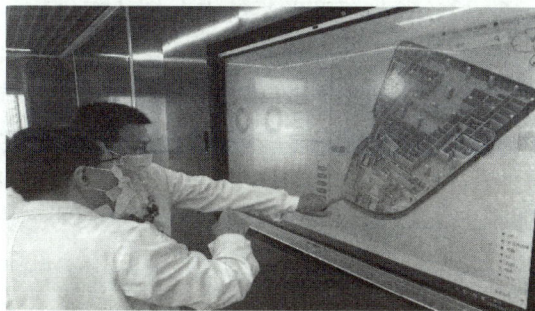

图 9-35　儿科综合楼房间分配管理

和高频工单的识别和定位，决定了5处需要大修的区域，包括某手术室的更衣室、某门诊区的照明系统和某急诊区的座椅等。通过大修改造后，某医院2021年单月比2020年单月故障量下降10%左右，其中反复故障下降50%以上。其中两个案例具体介绍如下：

① 综合楼1F西药房的更衣室反复工单识别

通过反复故障分析发现，某医院综合楼1F西药房的更衣室频繁出现故障报修，如图9-36所示，包括台盆漏水、墙面渗水等问题。再结合该建筑的大修改造历史信息和空调耗电信息分析发现，该房间门窗、吊顶、卫浴设施已经10年没有大修，设施已经老化。为了提高医护人员的使用体验，基建管理部门将该区域列入2021年的大修改造项目，通过局域改造解决顽疾问题，提升建筑性能。大修改造的方案如图9-37所示。

渗水	[逾期] 综1F 西药房女更衣室顶上漏水	2021-3-29
台盆	[逾期] 综1F 西药房女更衣室水斗漏水	2020-12-17
台盆	[逾期] 综1F 西药房女更衣室水斗下面漏水	2021-1-4
qt	[逾期] 综1F 西药房女更衣室引流管漏水厉害	2020-9-27
渗水	[逾期] 综1F 西药房女更衣室天花板漏水	2021-4-21
渗水	[逾期] 综1F 西药房女更衣室墙面渗水	2021-4-12

图 9-36　更衣室设施老化智能识别案例

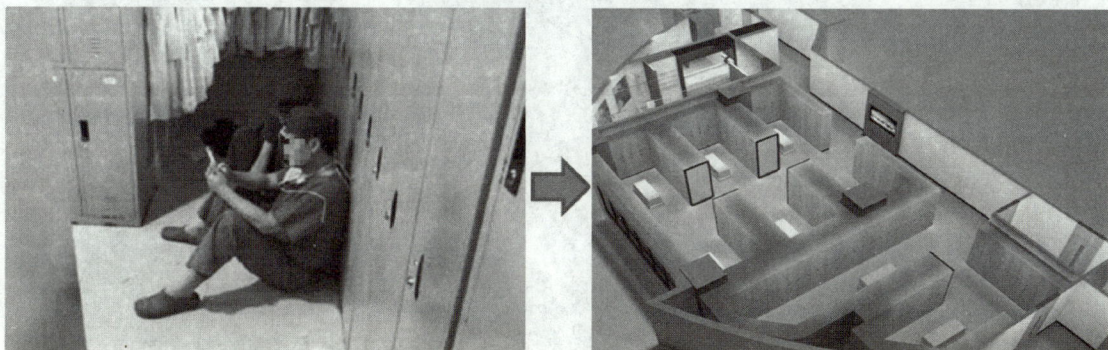

图 9-37　更衣室更新改造方案

② 门诊输液区照明系统老化智能识别

通过反复故障分析发现，门诊输液室出现高频反复故障——灯管不亮或损坏，2019年共出现了 15 次，如图 9-38 所示。考虑到门诊输液室是人员密集场所，照明故障可能影响护士输液和病人体验，需要快速解决。经专业班组现场分析，可能原因是该批灯管的质量不佳。后来，通过主动更换门诊区所有灯管解决了该问题，提升了医护人员和病人的使用体验。

01/04/2019 08:30:11	俞	杨	5	电	门诊输液室坏了好几根灯管(下午人少点去处理)
01/20/2019 08:24:20	俞	翟	0	电	输液登记处,顶灯灯管损坏
01/26/2019 09:16:22	杨	翟	6.4	电	输液室靠近里面墙壁,第二排,顶灯灯管俩只不亮
02/21/2019 09:18:29	俞	陈	6.4	电	门急诊通道小儿输液室门口一根灯管不亮
02/27/2019 08:55:49	俞	俞	6.8	电	门诊小儿输液室(1)坏一日光灯
03/16/2019 09:31:34	杨	翟	0.9	电	输液室最里面一间,有三根灯管不亮
05/16/2019 08:40:07	杨	张	5.7	电	门诊一楼输液室4盏格栅灯不亮
05/18/2019 10:44:09	杨	陈	7.4	电	门急诊通道(至小儿输液室)清洗灯板
05/22/2019 08:18:08	杨	张	8.4	电	门诊输液室二盏格栅灯不亮
06/21/2019 08:17:13	俞	杨	32	电	门诊输液室坏了几根灯管,下午输液人少时修理
07/09/2019 08:20:45	俞	陈	1.5	电	门诊输液室有好几根灯管不亮
07/20/2019 10:46:07	俞	陈	0	电	门诊输液室里高亮度长灯管不亮,晚点来维修
07/30/2019 08:45:23	俞	钱	7.7	电	急诊输液室33号座位上方一根日光灯不亮
08/15/2019 09:24:03	俞	钱	7.4	电	急诊输液室有一根灯管不亮
08/23/2019 13:07:23	钱	钱	3.6	电	门诊小儿输液室(1)门口和输液室内灯管不亮

图 9-38 门诊输液室照明高频反复故障识别

在建筑维修和改造决策中，工程部门还使用数字孪生模型查询各个房间的墙顶地做法、楼面荷载和防火分区等，辅助改造决策，减少了大量资料查阅时间。

3）安防与应急管理

① 智慧安防管理

某医院安保部使用智慧运维系统在三维模型中快速定位和查看各个视频监控的点位布置，调取视频监控画面。安保部还使用数字孪生模型监测建筑各个出入口的人流情况，如图 9-39 所示。当出入情况超过预计人数时，自动推送预警消息给安保人员，实现主动式安防管理。譬如，实际应用中，智慧运维系统曾经智能识别到某污物通道进入人数超过阈值的情况，主动提醒安保人员查看。安保人员调取该出入口的摄像头，如图 9-40 所示，发现确实存在外部人员为了避开测温和健康码查询等防疫程序，从内部出入口进入医院。因此，安保部通过主动派人管理该输入口，规避了人员交叉感染的风险。

图 9-39 出入口人流统计分析与预警

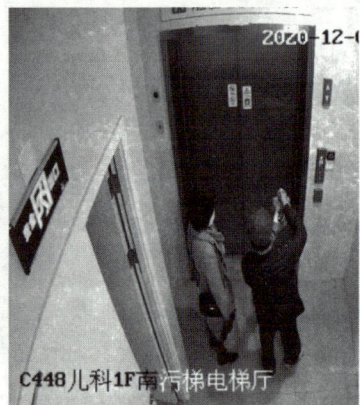

图 9-40 视频监控联动应用

　　② 智慧应急管理

　　在应急管理方面，某医院也探索应用了基于 BIM 和视频监控虚实融合的特殊人员定位与轨迹追踪技术。譬如，安保人员会使用智慧运维系统查看盗窃嫌疑人、医闹和遗失儿童等特殊人员在医院的行走轨迹，如图 9-41 所示，辅助安全保障和防疫管理，减少了大量人员排查时间。

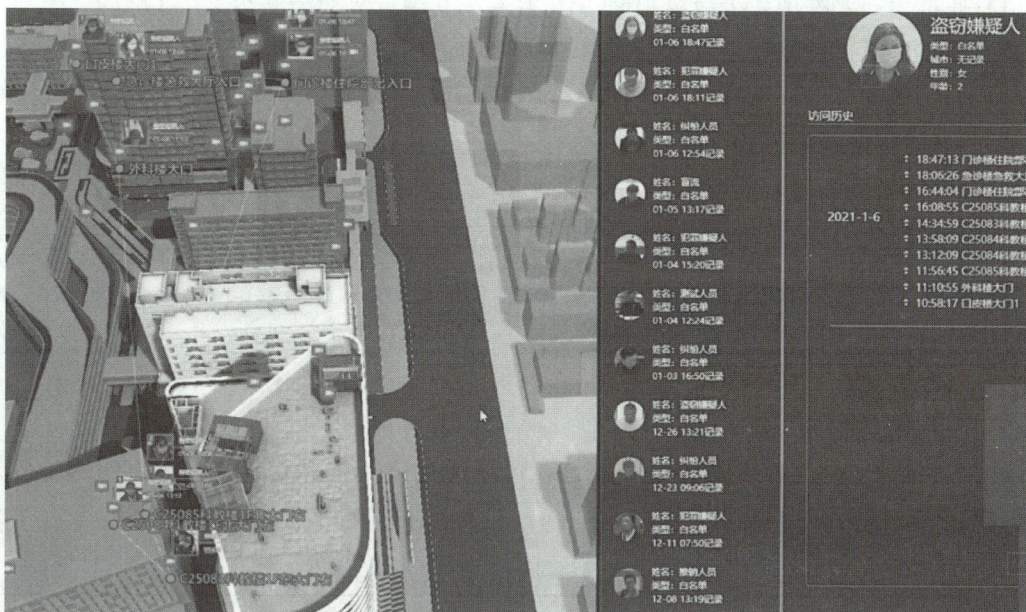

图 9-41　基于人脸识别的特殊人员轨迹追踪

　　在台风、暴雨等自然事件应急处理中，基建部门还使用智慧运维系统查询院区地下管网平面位置、标高、流线和实时流量，以及各个检修点的位置，如图 9-42 所示，包括污

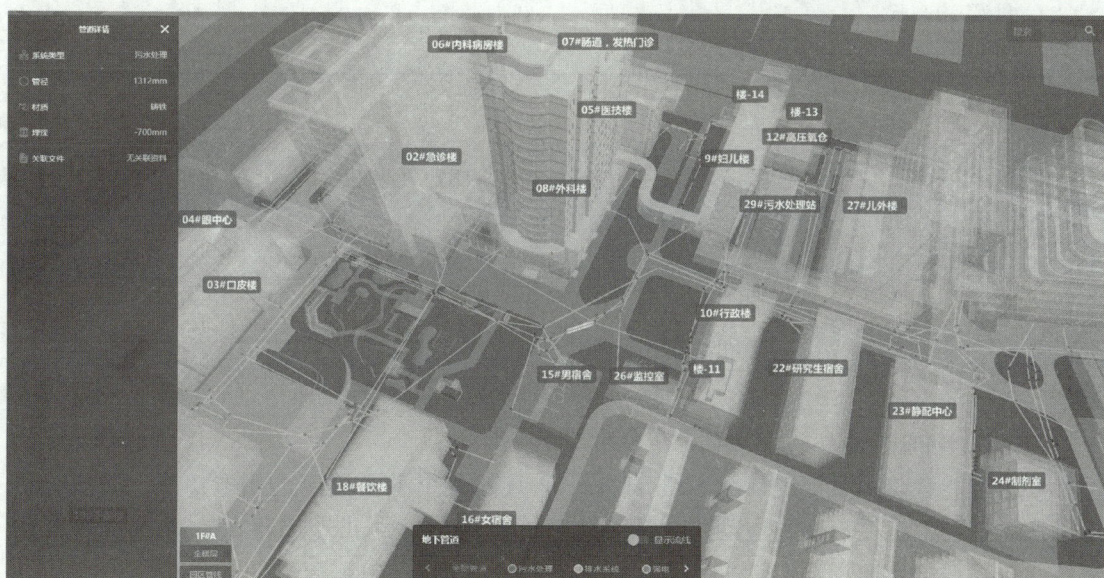

图 9-42　院区地下管道模型

水管、供水管、强电桥架等，辅助院区应急管理。

2. 应用效果

（1）经济效益分析

通过对某医院智慧运维系统使用两年多来的数据分析，发现智慧运维系统的经济价值显著，主要体现在：

1）通过主动式维护减少故障报修10％左右，其中反复故障减少20％以上；

2）通过可视化、集成化管理，设备维保工作量下降10％左右；

3）通过精细化节能管理减少了用电量5％以上。

（2）故障报修数据对比分析

根据某医院楼宇2020—2021年的故障数据，计算发现通过设备故障预测与反复故障处理，27♯儿外楼和28♯儿科综合楼的单位面积故障维修总量和反复故障情况均明显少于其他楼宇。其中，儿外楼单位面积故障数比其他楼宇少10％以上，反复故障减少22.0％以上。儿科综合楼单位面积故障数比其他楼宇少34.5％以上，反复故障少19.7％以上。并且，2021年儿外科楼和儿科综合楼的故障维修数量也下降了8％～10％，效果显著。

（3）设备运维工作量对比

根据各维保单位工作件数和时长统计，可见通过应用智慧运维系统，2021年的儿外科楼设备运维工作量比2020年减少12.0％，如表9-5所示，效果显著。

设备运维工作量对比 表9-5

	2020年	2021年
（1）维保单量	2900	2633
（2）单件管理时长	0.25	0.25
（3）总管理时长＝（1）×（2）	725	658.25
（4）维保工作时长	7992	7008
（5）总工作时长＝（3）+（4）	8717	7666.25

其中，2020年的设备运维工作总时长：

$$T_0 = 7992 + 0.25 \times 2900 = 8717 \text{ 小时}$$

2021年运维工作总时长为：

$$T_1 = 7008 + 0.25 \times 2633 = 7666.25 \text{ 小时}$$

同比变化：

$$r = \frac{7666.25 - 8717}{8717} \times 100\% = -12.05\%$$

（4）楼宇能耗对比

某医院能耗监测系统统计了2021年1～12月的各个主要楼宇的用电情况。对比分析可见，通过异常能耗识别和主动式、精细化节能管理，27♯儿外楼和28♯儿科综合楼的单位面积能耗明显低于其他楼宇（急诊楼、外科楼、科教楼），减少36.7％以上；其中儿科综合楼效果更加明确，比儿外楼还低9.2％。

（5）社会效益分析

某医院是国内首个全院区主要建筑全面使用智慧运维系统的大型综合性三甲医院。实际应用价值得到了医院和社会各界的高度认可。其社会价值具体包括以下几方面：

1）论证了数字孪生技术在既有建筑运维中的可行性和价值

本项目在儿外科楼、门诊综合楼、急诊楼等既有建筑运维中成功构建了建筑数字孪生模型，探索了既有建筑智慧运维系统实施的成套技术路线，论证了数字孪生技术在既有建筑运行、维护、节能、安防和建筑优化等方面的价值。

2）探索了大型医院群分阶段实施智慧运维技术的可行方案

本项目探索了在新老建筑数量超过 10 栋的大型三甲医院分阶段推进智慧运维技术实施的可行方案，解决了院区、建筑和设备的多层级数字孪生模型构建、异构数据融合的难题，实现了数据驱动的智慧运维，提升了运维效率和质量。

3）形成了医院建筑智慧运维应用标准

通过总结某医院、青岛胶州医院、深圳南山医院等医院的建筑智慧运维技术实践经验，形成了《医院运维建筑信息模型应用标准》T/CECS 1096—2022。这是国内首部运维 BIM 应用标准。该标准明确了智慧运维系统建设对运维 BIM 模型、智能化系统数据互用的基本要求，提出了空间管理、设备管理、能耗管理、安防管理等方面的应用内容，为我国广大医院探索 BIM 在建筑运维中的应用提供了参考。

9.6　实践操作

实训项目：BIM 综合运维管理系统实训操作

实训要求：

1. 掌握 BIM 运维管理系统的工单流程的日常运维管理方法；

2. 熟悉 BIM 运维管理系统的工单流程。

实训工具与材料：

BIM 运维管理系统的移动端 App、水管、水龙头、维修工具包。

实训步骤：

1. 工单提交阶段

用户可以通过工单管理 App 提交工单，描述问题和需求。工单应包含必要的信息，例如工单类型、紧急程度、详细描述等。工单提交后，系统会自动分配一个工单号，便于后续跟踪和处理。

2. 工单分配阶段

系统会将工单分配给相应的团队或个人。分配时需要考虑团队或个人的专业性、工作负荷、优先级等因素。分配后，团队或个人会收到通知，开始处理工单。

3. 工单处理阶段

团队开始处理工单，记录处理过程和结果。处理过程应遵循相应的工单处理流程，例如先进行初步分析和诊断，再制定具体的解决方案，最后进行测试和验证。处理过程中需要注意及时反馈工单处理进展和结果，以便后续跟踪和协调。

4. 工单审核阶段

工单处理完成后，需要进行审核和确认。审核过程应包括工单处理结果的评估和确认、工单处理记录的归档和保存等环节。审核过程中需要注意保证工单处理结果的准确性和完整性，以及工单处理记录的可追溯性。

5. 工单关闭阶段

审核通过后，工单可以被关闭。工单关闭后，系统会自动发送关闭通知给用户和相关人员。工单关闭后，相关的数据和记录应被归档和保存，以备将来的查阅和分析。

6. 工单统计阶段

系统可以生成各种工单统计和分析报告，帮助管理员了解工单处理情况和团队绩效。统计和分析报告应包括工单数量、处理时长、处理结果、满意度评价等指标，以便对工单管理流程进行优化和改进。

实训评价：

1. 学生在模拟环境中完成系统操作和数据统计与分析的准确性和效率。

2. 学生能否独立解决 BIM 运维工单、巡检、维保、故障处理等日常运维问题。

3. 学生对 BIM 系统运维和维护的理解程度。

思 政 提 升

【思政案例】 BIM 技术在港珠澳大桥中的应用

1. 案例简介

港珠澳大桥是在"一国两制"框架下粤港澳三地首次合作共建的超大型跨海通道，全长 55 公里，设计使用寿命 120 年，总投资约 1200 亿元人民币。大桥于 2003 年 8 月启动前期工作，2009 年 12 月开工建设，筹备和建设前后历时达十五年，于 2018 年 10 月开通营运。BIM 技术在港珠澳大桥的应用与管理主要有：

（1）路线线形设计

项目组将 Autodesk Revit 软件与中交二公院自主研发的路线专家系统结合，利用路线专家系统的平面坐标、纵断面高程以及坡度计算等功能。

（2）BIM 多专业协同设计

拱北隧道 BIM 建模项目由结构专业、交通工程专业、防排水工程专业及路基路面专业等四大专业协同设计完成，这是由于组成全专业拱北隧道 BIM 模型的构件较多。

（3）BIM 隧道设计流程

拱北隧道设计可以分为两类：工作井和特殊段建模，其 BIM 建模的主要流程有项目模板、标准构件、路线线形、横断面、管幕及附属构造，最后形成 BIM 设计成果。

（4）BIM 模型与出图

基于以上步骤，项目组完成了冻结曲线管幕、暗挖开挖断面 $345 m^2$ 拱北隧道 BIM 模型，以及东、西两侧工作井和周边主要建筑物拱北口岸 BIM 模型，如图 9-43 所示。

2. 思政元素

港珠澳大桥因其超大的建筑规模、空前的施工难度和顶尖的建造技术而闻名世界。通

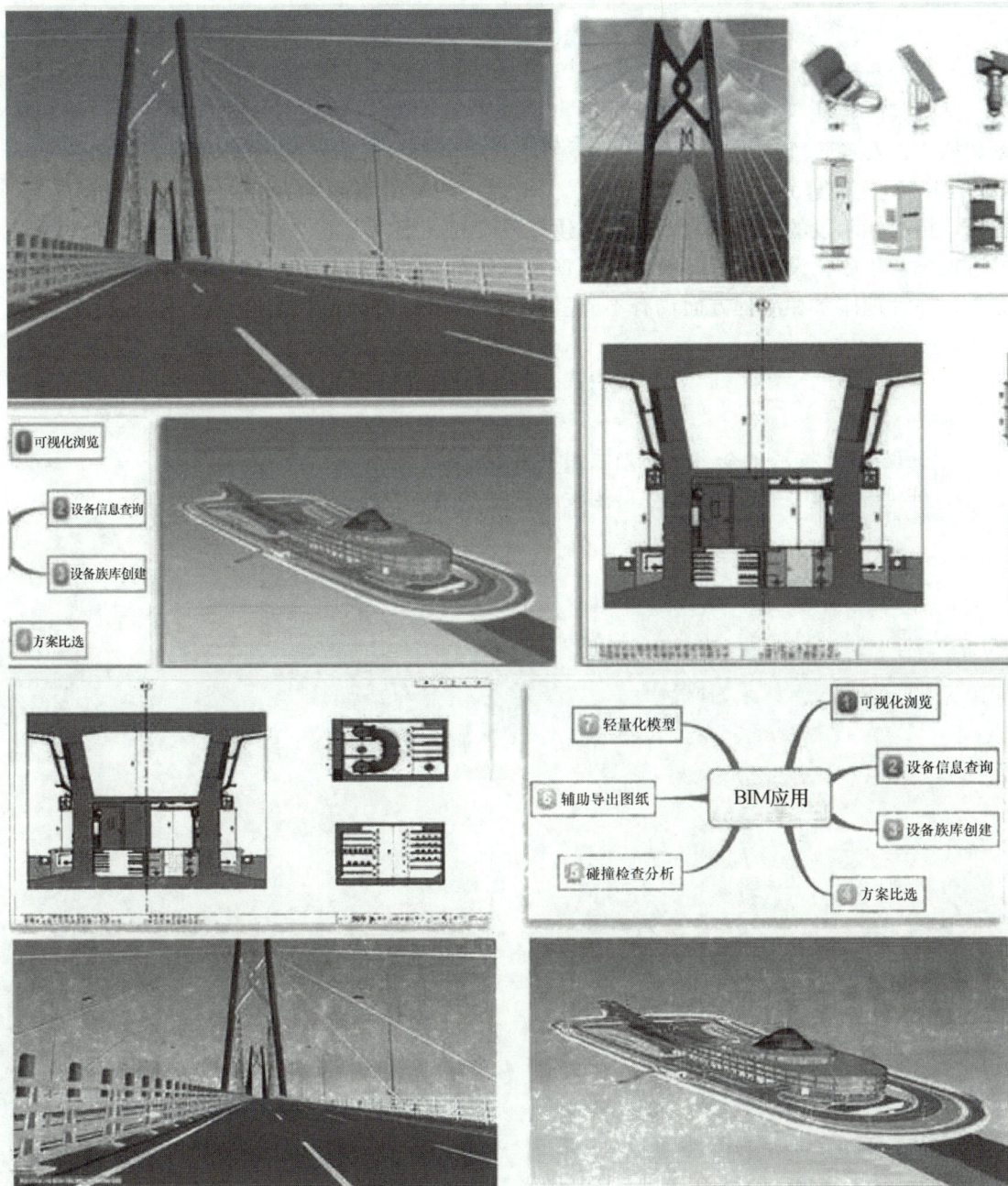

图 9-43　BIM 技术在港珠澳大桥中的应用展示

过本案例的介绍，让学生了解到我国的基建能力和水平，增加学生对国家发展道路的自信和自豪。

3. 思政目标

通过案例学习，让学生了解到国家的基建情况，并增加学生对国家发展道路的自信。

本 章 小 结

结合某医院项目建设实际案例，探讨了基于 BIM 进行医院建筑建造全过程管控的体系架构，以及各阶段基于 BIM 进行管控的要点和应用价值。目前 BIM 技术可以初步支持基于 BIM 的医院建筑建造全过程管控，包括设计阶段的空间规划分析、人流分析和管线综合，招投标阶段的算量与成本预算，建造阶段的进度、质量、安全管控，以及运维阶段的可视化、集成化设备运行管控和空间管理。但在应用软件和集成平台方面仍需要进一步完善，在管理体系和流程方面仍有不少阻碍，需要进一步改革和推动。

课 后 习 题

1. 说说 BIM 技术的全生命周期应用效果和价值。
2. 针对既有建筑的 BIM 数字孪生技术，技术难点在哪里？

参 考 文 献

［1］ 徐照，徐春社，袁竞峰. BIM 技术与现代化建筑运维管理［M］. 南京：东南大学出版社，2018.11.

［2］ 糜德志，张江波. BIM 运维管理［M］. 北京：化学工业出版社，2021.8.

［3］ 张学生，匡嘉智，李忠. 物联网＋BIM（构建数字孪生的未来）［M］. 北京：电子工业出版社，2021.4.

［4］ 陈凌杰，林标锋，卓海旋. BIM 应用：Revit 建筑案例教程［M］. 北京：北京大学出版社，2020.8.

［5］ 刘克剑，李海凌，贾红艳，肖金贵. 基于"BIM＋"的公共建筑运维管理［M］. 北京：机械工业出版社，2022.11.

［6］ 丁勇，张华玲，等. 建筑能源管理［M］. 北京：中国建筑工业出版社，2021.10.

［7］ 向雨宸. 基于 BIM 的建筑能耗管理研究——以某医疗库房项目为例［R］. 江西理工大学硕士学位论文，2016.12.

［8］ 韩小伟. 基于智慧能源建设的智慧城市发展的研究［R］. 华北电力大学硕士学位论文，2016.3.

［9］ 李丽，张先勇. 基于 BIM 的建筑机电建模教程［M］. 北京：机械工业出版社，2021.5.

［10］ 刘彬. 建筑设备工程 BIM 建模与应用［M］. 北京：中国电力出版社，2022.2.

［11］ 李慧民. BIM 技术应用基础教程［M］. 北京：冶金工业出版社，2017.

［12］ 王岩，计凌峰. BIM 建模基础与应用［M］. 北京：北京理工大学出版社，2019.

［13］ 柏慕进业. Autodesk Revit MEP 管线综合设计应用［M］. 北京：电子工业出版社，2011.

［14］ 黄亚斌，王全杰，杨勇. Revit 机电应用实训教程［M］. 北京：化学工业出版社，2016.

［15］ 廊坊市中科建筑产业化创新研究中心. 建筑设备 BIM 技术应用［M］. 北京：高等教育出版社，2020.

［16］ 赵军，印红梅，海光美. 建筑设备工程 BIM 技术［M］. 北京：化学工业出版社，2019.